大学生课外学术科研创新实践案例

徐向峰　周陶　庞豪　编著

北京航空航天大学出版社

内 容 简 介

本书以宜宾学院公共管理学院学生2011—2019年参加"挑战杯"四川省大学生课外学术科技作品竞赛的获奖作品为基础,通过筛选修改完善后汇编而成,并对每一个案例的选题背景和设计过程进行了详尽的说明和评述。本书中的九个典型案例均来源于编者指导学生课外学术科研实践活动的第一手资料,结合公共管理相关专业特点和大学生学术科研创新能力培养要求,充分体现了理论与实践相结合、教学与科研相交融的特色,可为从事创新创业教育的专业教师提供有益的参考,也可为参加课外学术科研创新实践活动的大学生提供专业的指导和帮助。

图书在版编目(CIP)数据

大学生课外学术科研创新实践案例 / 徐向峰,周陶,庞豪编著. --北京:北京航空航天大学出版社,2022.1
ISBN 978-7-5124-3693-0

Ⅰ. ①大… Ⅱ. ①徐… ②周… ③庞… Ⅲ. ①高等学校—科研—案例—汇编—四川 Ⅳ. ①G642

中国版本图书馆CIP数据核字(2022)第017000号

版权所有,侵权必究。

大学生课外学术科研创新实践案例

徐向峰　周陶　庞豪　编著

策划编辑　陈守平　　责任编辑　王瑛　刘桂艳

*

北京航空航天大学出版社出版发行

北京市海淀区学院路37号(邮编100191)　http://www.buaapress.com.cn

发行部电话:(010)82317024　传真:(010)82328026

读者信箱:goodtextbook@126.com　邮购电话:(010)82316936

北京富资园科技发展有限公司印装　各地书店经销

*

开本:787×1 092　1/16　印张:13.75　字数:352千字
2022年4月第1版　2022年4月第1次印刷　印数:3 000册
ISBN 978-7-5124-3693-0　定价:58.00元

若本书有倒页、脱页、缺页等印装质量问题,请与本社发行部联系调换。联系电话:(010)82317024

前　言

创新源于实践,大学生创新更是如此。课外科研创新教育与实践是培养学生创新精神和科研能力的重要环节及有效途径。"挑战杯"全国大学生课外学术科技作品竞赛是目前国内大学生最关注、最热门的全国性竞赛,为所有在校大学生提供了一个学术交流和创新实践的平台。但在很多像笔者所在高校一样的新建本科院校,由于学生自身学术水平和科研能力的限制,在进行课外科研创新教育和实践,特别是参加"挑战杯"这样的全国性竞赛的过程中,将面临着更大的困难和更多的问题,作品质量和竞赛成果难以有大的突破。本书以宜宾学院公共管理学院学生2011—2019年参加"挑战杯"四川省大学生课外学术科技作品竞赛的获奖作品为基础,根据选题方向和获奖等级进行了优化筛选,并从作品选题背景、方案设计过程、学术科研特色等方面进行了详尽的说明和评述,以期为高校特别是大多数普通本科院校中从事创新创业教育和研究的专业老师提供有益的参考。同时,本书也可作为高校创新创业和课外科研实践相关课程的教辅资料,为参与课外学术科研创新实践活动的大学生提供指导和帮助。

本书中的案例主要来源于笔者指导学生课外学术科研实践,参加"挑战杯"课外学术科技作品竞赛过程中的第一手资料,结合大学生学术科研创新能力培养要求,按照获奖等级和选题方向进行章节结构设计。全书共由9章内容构成,每章以一个"挑战杯"四川省大学生课外学术科技作品竞赛的获奖作品为主要案例模板,由指导老师对案例进行评述。其中,第1章、第5章、第6章、第7章由周陶副教授编写,第2章、第8章由庞豪讲师编写,第3章、第4章、第9章由徐向峰副教授编写,全书的统稿由徐向峰副教授完成,李裕坤副教授对本书的完成亦有贡献。

本书是宜宾学院创新创业示范课程项目"创业策划与创新训练"的成果之一,也得到了宜宾学院行政管理重点学科建设项目的资助,编写工作得到了宜宾学院教务处、科研与学科建设处、法学与公共管理学部领导及课程项目组同事的大力支持和帮助,其中案例部分的内容也有相关学生团队的努力和贡献,在此一并表示衷心的感谢。文中引用了一些相关的文献,在此对参考文献的作者表示感谢。

受限于编写者之水平和能力,本书难免有不完善之处,恳请读者批评指正。

编　者
2021年10月

目 录

第1章 "拜水长江·养心宜宾"

——宜宾市城市绿色发展综合评价研究 ··· 1

- 1.1 选题背景 ··· 1
- 1.2 作品展示
  "拜水长江·养心宜宾"——宜宾市城市绿色发展综合评价研究
  - 1.2.1 引 言 ··· 1
  - 1.2.2 绿色城市评价指标体系的构建 ·· 3
  - 1.2.3 宜宾城市绿色发展实证分析与对比 ·· 6
  - 1.2.4 宜宾城市绿色发展问题及建议 ·· 17
- 1.3 案例评析 ·· 19
- 参考文献 ··· 20

第2章 "情系乌蒙·聚志(智)筑梦"

——基于乌蒙山片区精准扶贫实施效果的样本实证分析 ················ 22

- 2.1 选题背景 ·· 22
- 2.2 作品展示
  "情系乌蒙·聚志(智)筑梦"——基于乌蒙山片区精准扶贫实施效果的样本实证分析
  ·· 23
  - 2.2.1 绪 论 ·· 23
  - 2.2.2 相关概念和理论价值 ··· 25
  - 2.2.3 乌蒙山片区现状 ·· 26
  - 2.2.4 调查问卷分析 ··· 27
  - 2.2.5 乌蒙山片区扶贫扶志(智)中的存在问题 ·· 34
  - 2.2.6 乌蒙山片区通过扶志(智)进行扶贫的建议 ·· 36
- 2.3 案例评析 ·· 40
- 附件 调查问卷 ·· 41
- 参考文献 ··· 45

第3章 置水之情:农村水利设施现状与对策研究 ······························· 47

- 3.1 选题背景 ·· 47

3.2 作品展示
  置水之情：农村水利设施现状与对策研究 ··· 47
  3.2.1 研究综述 ·· 47
  3.2.2 宜宾地区农村用水设施现状与存在的问题 ·· 51
  3.2.3 结论与建议 ·· 69
3.3 案例评析 ·· 72
附件　调查问卷 ··· 73
参考文献 ·· 75

第4章　建绿色金融，筑绿色宜宾
——以宜宾市绿色金融发展为例 ·· 77

4.1 选题背景 ·· 77
4.2 作品展示
  建绿色金融，筑绿色宜宾——以宜宾市绿色金融发展为例 ······················· 77
  4.2.1 引　言 ·· 77
  4.2.2 绿色金融发展模式 ·· 79
  4.2.3 绿色金融评价指标体系的构建 ·· 82
  4.2.4 宜宾绿色金融发展分析 ··· 84
  4.2.5 宜宾绿色金融发展的问题及建议 ··· 90
4.3 案例评析 ·· 92
参考文献 ·· 93

第5章　基于企业进村背景下农村公共产品供给管理的实证分析 ················ 95

5.1 选题背景 ·· 95
5.2 作品展示
  基于企业进村背景下农村公共产品供给管理的实证分析 ························· 95
  5.2.1 研究综述 ·· 95
  5.2.2 研究区概况 ·· 96
  5.2.3 研究对象概述 ··· 97
  5.2.4 基于博弈论谈企业为何进村 ·· 99
  5.2.5 企业如何进村 ··· 102
  5.2.6 企业进村对农村公共产品供给与管理的影响 ··· 106
  5.2.7 对策与建议 ·· 118
5.3 案例评析 ··· 119
参考文献 ·· 119

第6章 宜宾农户农地流转现状及限制因素分析 ……………………………………… 121

- 6.1 选题背景 ……………………………………………………………………… 121
- 6.2 作品展示
  - 宜宾农户农地流转现状及限制因素分析 ……………………………………… 121
    - 6.2.1 研究区域概况 ……………………………………………………… 121
    - 6.2.2 调查数据来源与描述分析 ………………………………………… 122
    - 6.2.3 宜宾市农地流转的特征 …………………………………………… 126
    - 6.2.4 农地流转意愿行为剖析 …………………………………………… 128
    - 6.2.5 制约因素分析 ……………………………………………………… 134
    - 6.2.6 结论与建议 ………………………………………………………… 135
- 6.3 案例评析 ……………………………………………………………………… 137
- 参考文献 …………………………………………………………………………… 137

第7章 存在即合理：基于小农立场的农地流转研究
——基于西南三省的调查 …………………………………………………… 139

- 7.1 选题背景 ……………………………………………………………………… 139
- 7.2 作品展示
  - 存在即合理：基于小农立场的农地流转研究——基于西南三省的调查 …… 139
    - 7.2.1 理论基础 …………………………………………………………… 140
    - 7.2.2 研究方法与技术路线 ……………………………………………… 141
    - 7.2.3 研究区域概况及数据来源 ………………………………………… 142
    - 7.2.4 数据分析 …………………………………………………………… 144
    - 7.2.5 社会后果 …………………………………………………………… 153
    - 7.2.6 结论与建议 ………………………………………………………… 157
- 7.3 案例评析 ……………………………………………………………………… 159
- 参考文献 …………………………………………………………………………… 160

第8章 四川省高校学生对双创环境满意度调查研究 …………………………… 163

- 8.1 选题背景 ……………………………………………………………………… 163
- 8.2 作品展示
  - 四川省高校学生对双创环境满意度调查研究 ………………………………… 163
    - 8.2.1 绪 论 ……………………………………………………………… 163
    - 8.2.2 国内外研究现状 …………………………………………………… 166
    - 8.2.3 四川省高校学生对双创环境满意度的分析 ……………………… 167
    - 8.2.4 问卷分析 …………………………………………………………… 168

8.2.5　四川省大学生创新创业环境中存在的不足 …………………… 173
　　8.2.6　四川省大学生创新创业环境的建议 …………………………… 179
　　8.2.7　结　语 ………………………………………………………… 181
8.3　案例评析 ……………………………………………………………… 181
附件　调查问卷 …………………………………………………………… 182
参考文献 …………………………………………………………………… 185

第9章　方便之所：四川省12地市公厕现状与对策研究
——基于城市居民的实证调查 ……………………………………… 186

9.1　选题背景 ……………………………………………………………… 186
9.2　作品展示
　　方便之所：四川省12地市公厕现状与对策研究——基于城市居民的实证调查 … 186
　　9.2.1　导　论 ………………………………………………………… 186
　　9.2.2　研究方法及创新点 ……………………………………………… 188
　　9.2.3　研究综述 ………………………………………………………… 191
　　9.2.4　四川省城市公厕现状与存在的问题 …………………………… 194
　　9.2.5　结论和建议 ……………………………………………………… 208
9.3　案例评析 ……………………………………………………………… 211
参考文献 …………………………………………………………………… 212

第1章 "拜水长江·养心宜宾"
——宜宾市城市绿色发展综合评价研究

1.1 选题背景

国家"十二五"规划首次明确"绿色发展"的主题,提出"绿色发展,建设资源节约型、环境友好型社会"和"树立绿色、低碳发展"理念;"十三五"规划纲要中绿色发展是最具特色的发展理念之一。2016年,宜宾市委、市政府提出"拜水长江·养心宜宾"的发展理念,强调宜宾在发展经济的同时,也要注重生态人文发展,打造绿色宜宾和长江上游国际山水园林城市。近年来,宜宾根据国家政策和内外部发展条件,进一步提出将宜宾市建设成为"长江上游绿色发展示范市"和"川南区域中心大城市"的发展目标。可见,绿色发展已成为宜宾的发展主线,使宜宾焕发出更动人的绿色生态魅力。

绿色发展是学术界研究的热点,亦是当前讨论的焦点。近几年来国内外不少专家对此已有许多较为成熟的论述,但由于研究历程短,对绿色城市真正意义上的评价研究则稍显薄弱,更多是处于理论探讨和战略导向层面,存在一定的研究空白,这就是本选题的优势所在。

本选题顺应绿色发展主旋律,以绿色发展理念为理论基础,以"挑战杯"为契机,在指导老师的带领下,结合学生团队的专业构成、知识储备和实践能力,综合评价研究宜宾市绿色发展。

本选题切合公共管理本科专业研究方向,基于国内外的研究成果,遵循理论与实践相结合的原则,通过定性与定量分析相结合的方法,采用因子分析法和 Delphi Method 进行实证对比分析,旨在针对宜宾城市绿色发展过程中的薄弱环节,提出具体对策建议,为宜宾城市绿色发展和未来绿色城市的研究提供参考。

1.2 作品展示[①]

"拜水长江·养心宜宾"——宜宾市城市绿色发展综合评价研究

1.2.1 引 言

1. 国内外研究现状

(1) 国外研究现状

绿色城市是在社会经济高速发展,人们对自然生态城市的渴望下衍生出来的。罗伯特·欧文(Robert Owen)的"新协和村"、英国霍华顿(Ebenezer Howard)的田园城市理论、美国城

---

① 本书所有作品中展示的研究的截止时间均为2019年"挑战杯"四川省大学生课外学术科技作品竞赛前。

市公园运动和城市美化运动以及西班牙索里亚·伊·马塔(Soria Y Mata)的带形城市等城市规划理论均从不同角度启蒙了绿色城市的思想。后来,"有机城市""生态城市"则进一步表达出改善人居环境的愿景。

伴随全球性环境问题的相继产生,1990年大卫·戈登(David Gordon)撰写的《绿色城市》,正式提出绿色城市的概念,并明确其内涵。2005年5月13日,50多个国家在美国旧金山签署的《城市环境协定——绿色城市宣言》,把绿色城市的内涵从单纯的环境绿色加以扩宽和外延。协定中绿色城市的思想涵盖水、交通、废物减少、城市设计、环境健康、能源及城市自然环境等7个方面。而国际园艺生产者协会又增加了CO_2、土地利用及建筑、垃圾、卫生、空气质量、环境保护等方面的要求。

(2)国内研究现状

改革开放后绿色城市思想在中国扩展,十八届五中全会提出的"创新、协调、绿色、开放、共享"理念,标志着"绿色发展"概念在全中国普及。未来城市规划将更加注重城市绿色发展。国内学术界对城市绿色发展研究日渐深入,其代表文献有李海龙的《中国生态城市评价指标体系构建研究》、黄羿的《城市绿色发展评价指标体系研究——以广州市为例》、夏春海的《生态城市指标体系对比研究》、欧阳志云等人的《中国城市的绿色发展评价》。从整体分析来看,前人研究多关注环境绿色与能源绿色,而较少关注城市公共服务绿色和文化绿色。

2. 研究内容与方法

本章对绿色城市国内外理论研究进行分析,阐述绿色城市评价指标体系构建原则,形成包括城市政策发展、经济发展活力、资源环境保护和城市服务发展4个二级指标、11个三级指标、37个四级指标在内的绿色城市评价指标体系。应用因子分析法和Delphi Method对川南地区相关数据进行分析,采用文献研究法、定性与定量分析法、实证比较分析法等方法,对绿色城市的评价进行深入分析,以及对宜宾城市绿色发展提出建议。

研究内容如下:

① 探讨绿色城市的理论内涵和相关理论基础;

② 构建绿色城市评价指标体系;

③ 主要运用因子分析法和Delphi Method进行权重赋值,完善评价体系;

④ 选取2015年度乐山、内江、自贡、泸州、宜宾的绿色发展相关指标数据,对比分析川南地区的城市绿色发展状况;

⑤ 选取宜宾2005—2014年的指标进行时间序列分析,找出宜宾绿色发展的优劣势;

⑥ 运用SPSS软件对宜宾城市绿色发展调查问卷及软指标进行统计量化分析;

⑦ 根据上述分析结果,指出宜宾发展绿色城市的不足之处并提出对策建议。

3. 研究框架

本章的主要研究框架见图1.1:

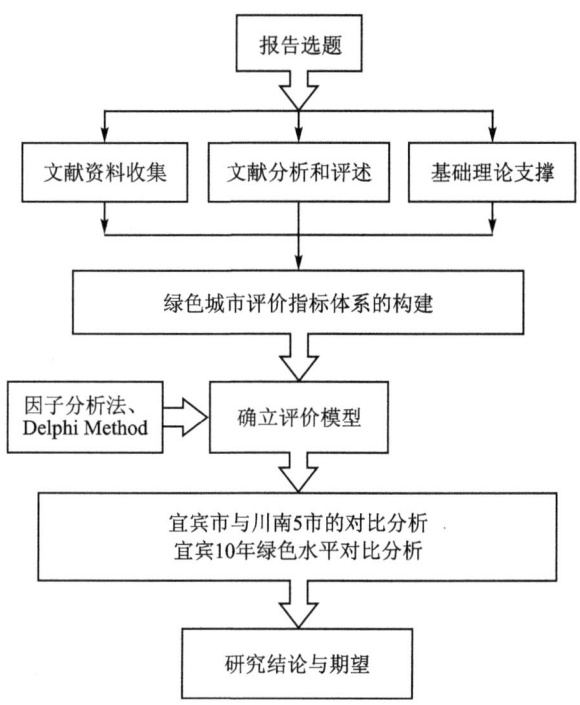

图 1.1　绿色城市评价指标体系研究框架图

1.2.2　绿色城市评价指标体系的构建

1. 指标体系的构建原则

指标甄选全面综合考虑城市绿色发展的状态和当今国际选取评价指标的普遍原则,结合目标,最终确定按照客观性、科学性、可行性、普适性等原则对城市绿色发展程度进行评价。

2. 指标选取及体系构建

(1) 数据来源

本章数据主要源于《宜宾统计年鉴》《乐山统计年鉴》《内江统计年鉴》《自贡统计年鉴》《泸州统计年鉴》《四川统计年鉴》《中国统计年鉴》《中国城市建设统计年鉴》《中国城市统计年鉴》《中国环境年鉴》《中国城市(镇)生活与价格年鉴》等相关统计年鉴,以确保选取的指标数据分析结果精确、有说服力。

(2) 指标体系结构

将各个评价指标进行分层,建立完整有逻辑的总体框架结构。在已有研究成果基础上进行分析总结和研究讨论,确定指标体系为目标层、路径层和指标层三层。其具体结构如图1.2所示。

3. 指标体系变量设置

(1) 权　　重

本章对权重的设置依据 Delphi Method,具有技术性、科学性与可行性。具体指标权重如

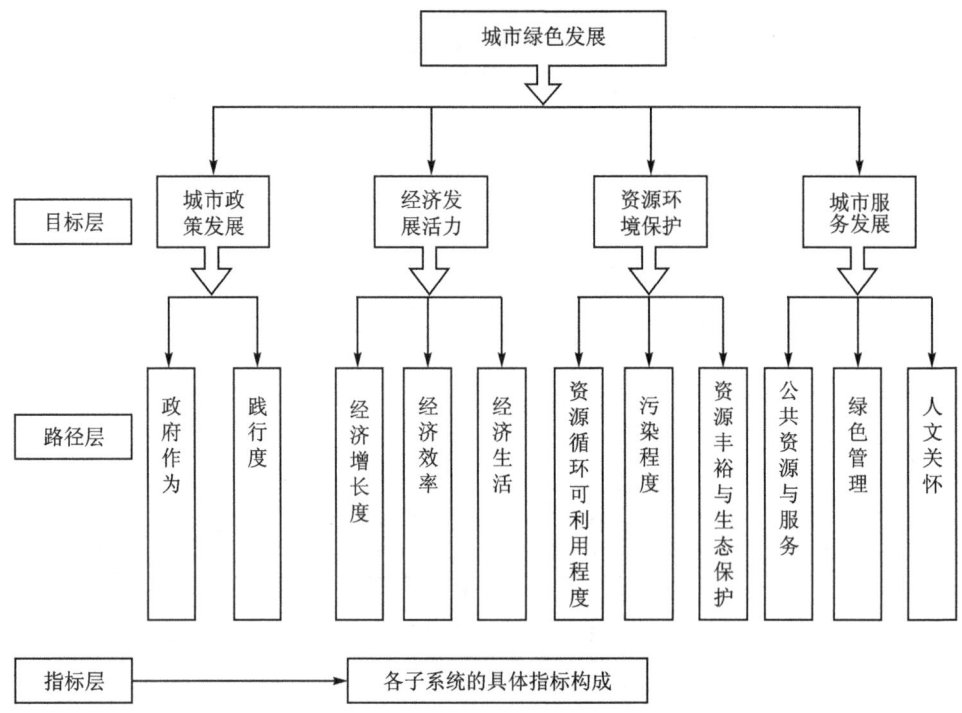

图1.2 城市绿色发展评价指标结构

表1.1所列。

（2）计算方法

本文将城市绿色发展指标设为 A，二级指标分别设为 B1、B2、B3、B4，三级指标设为 C1、C2、C3…C11，四级指标设为 D1、D2、D3…D37。

具体采用如图1.3所示的城市绿色发展评价指标结构模型计算：

$$\begin{cases} D1=(X_{D1}/Y_{D1})\times W_{D1} \\ D2=(X_{D2}/Y_{D2})\times W_{D2} \\ D3=(X_{D3}/Y_{D3})\times W_{D3} \\ \vdots \\ D37=(X_{D37}/Y_{D37})\times W_{D37} \end{cases} \Rightarrow \begin{cases} C1=[(D1\times W_{D1})+(D2\times W_{D2})] \\ C2=[(D3\times W_{D3})+(D4\times W_{D4})+(D5\times W_{D5})] \\ C3=[(D6\times W_{D6})+(D7\times W_{D7})] \\ \vdots \\ C11=[(D34\times W_{D34})+\cdots+(D37\times W_{D37})] \end{cases}$$

$$\begin{cases} B1=[(C1\times W_{C1})+(C2\times W_{C2})] \\ B2=[(C3\times W_{C3})+\cdots+(C5\times W_{C5})] \\ B3=[(C6\times W_{C6})+\cdots+(C8\times W_{C8})] \\ B4=[(C9\times W_{C9})+\cdots+(C11\times W_{C11})] \end{cases} \quad A=[(B1\times W_{B1})+\cdots+(B4\times W_{B4})]$$

图1.3 城市绿色发展评价指标结构

表 1.1　城市绿色发展指标权重

要素	权重	指标类别	权重	序号	具体指标	权重
城市政策发展	0.18	政府作为	0.45	1	全社会固定资产投资	0.54
				2	城市低保资金	0.46
		践行度	0.55	3	进出口总额	0.25
				4	研究与实践发展R&D经费	0.36
				5	城镇职工基本医疗保险费收入	0.39
经济发展活力	0.28	经济增长度	0.3	6	年GDP增长率	0.49
				7	人均GDP增长率	0.51
		经济效率	0.35	8	人均地区生产总值	0.26
				9	第三产业比重	0.33
				10	单位地区生产总值能耗	0.41
		经济生活	0.35	11	城市居民恩格尔系数	0.23
				12	城市人均收入之比	0.15
				13	城镇化率	0.18
				14	城市居民家庭人均可支配收入	0.32
				15	城市新增就业人数	0.12
资源环境保护	0.3	资源循环可利用程度	0.37	16	城市生活污水集中处理率	0.27
				17	农村改水收益率	0.23
				18	城镇生活垃圾无害化处理率	0.25
				19	工业固体废物综合处理率	0.25
		污染程度	0.37	20	城市污水排放量	0.18
				21	烟(粉)尘排放量	0.2
				22	主城区区域环境噪声平均值	0.22
				23	年平均气温	0.15
				24	二氧化硫排放量	0.25
		资源丰裕与生态保护	0.26	25	植被覆盖率	0.53
				26	建成区绿地化覆盖率	0.47
城市服务发展	0.24	公共资源与服务	0.32	27	城市公园绿面积	0.19
				28	人均公园绿地面积	0.19
				29	城镇居民人均住房建筑面积	0.19
				30	每万人拥有公交车辆	0.19
				31	执业(助理)医师人员数	0.24
		绿色管理	0.28	32	城市节能环保支出比重	0.61
				33	实有公共汽车营运车辆数	0.39
		人文关怀	0.4	34	人均预期寿命	0.22
				35	小学每名专任教师拥有学生人数	0.25
				36	公共图书馆藏书量	0.25
				37	文化站藏书量	0.28

(城市绿色发展)

1.2.3 宜宾城市绿色发展实证分析与对比

1. 横向分析

（1）对比城市选择

选取原因：

① 泸州、乐山、自贡、内江、宜宾同处于四川省中南部，地形均以丘陵为主，地区自然环境差距小，城市发展历史相似。

② 选取样本具有可对比性，川南5市均属于成渝经济圈覆盖范围，经济、社会发展环境相似。

③ 宜宾市政府建设川南区域中心大城市的发展战略背景的需要。

（2）城市绿色发展指数测算结果及分析

川南地区5个城市的绿色发展指数及其排名如表1.2所列。

表1.2 四川南部5个城市绿色发展指数及其排名

地区	城市绿色发展指数		二级指标							
			城市政策发展		经济发展活力		资源环境保护		城市服务发展	
	指数	排名	指数	排名	指数	排名	指数	排名	指数	排名
自贡	91	1	18	2	26	4	24	3	23	3
泸州	90	2	16	3	27	1	24	2	23	2
乐山	87	3	18	1	26	2	21	5	23	1
内江	85	4	16	3	25	5	25	1	20	5
宜宾	83	5	14	5	26	3	22	4	21	4

注：1. 本表根据城市绿色发展体系，依据各指标2015年数据测算而得。
2. 本表城市按绿色发展指数的指数值从高到低排序。
3. 本表所列指数是由原指数乘以100%所得。
4. 以上数据均来自《宜宾统计年鉴2015》《乐山统计年鉴2015》《泸州统计年鉴2015》《自贡统计年鉴2015》《内江统计年鉴2015》《四川省统计年鉴2015》。
5. 本表指数由城市政策发展、经济发展活力、资源环境保护、城市服务发展四个指数相加得出，由于数字的四舍五入以及保留的小数点个数，因此数值总数稍有偏差。

根据表1.2的数据，2015年川南地区城市绿色发展水平排名由高到低依次为自贡、泸州、乐山、内江、宜宾，5个城市之间的分数差距控制均匀，其各二级指标呈现出发展不均的态势。

自贡城市绿色水平虽排名第一，但其经济发展活力排名第四，资源城市保护与城市服务均为第三，城市政策发展仅列第二。这表明2015年自贡绿色发展呈不健康状态，在未来的绿色发展中有广阔的发展前景，其重点在于增强城市经济发展活力。

泸州城市绿色发展排名第二，其经济发展活力在各二级指标中居于首位，资源环境保护程度以及城市服务发展水平都位于川南第二，而发展最弱势之处在于与内江并列第三的城市政策发展。

乐山的政策发展与服务发展均排名首位，经济发展位列前三，受资源环境保护水平影响，从而拉低了乐山的绿色发展水平，这表明要提高乐山城市绿色发展水平，需着重提高资源环境保护程度。

与内江资源环境保护程度排名最高不同,其经济发展活力不足,在未来发展过程中内江要在注重资源环境保护的同时加强经济建设,提高经济发展活力的整体水平。

(3) 城市政策发展比较分析

据表1.3,城市政策发展水平中指数最高的是乐山(99),最低的是宜宾(79)。从城市政策发展水平看,无论是政府作为还是践行度,乐山无疑是最好的。与其相反,宜宾的政府作为与践行度呈反向发展,表明宜宾在政策发展过程中政策本身值得推崇,但执行力与效率低。

表1.3 四川南部5个城市政策发展指数排名及其比较

地区	城市政策发展		三级指标			
			政府作为		践行度	
	指数	排名	指数	排名	指数	排名
乐山	99	1	44	1	55	1
自贡	99	2	44	3	55	2
泸州	89	3	38	5	51	3
内江	88	4	43	4	45	4
宜宾	79	5	44	2	35	5

注:本表所列指数由城市绿色发展指数计算而得,与表1.2有所不同,二级指标分数由三级指标乘以其相应权重相加得出。

(4) 城市经济发展活力度比较分析

由表1.4可知,川南5市经济效率与经济生活差距极小,而乐山最为明显,其经济效率排名首位,而经济生活却排末尾。由此,要加大对乐山经济生活的关注度,提高经济生活发展水平,使经济发展活力的整体水平得到极大提高。

表1.4 四川南部5个城市经济发展活力度指数排名及其比较

地区	经济发展活力		三级指标					
			经济增长度		经济效率		经济生活	
	指数	排名	指数	排名	指数	排名	指数	排名
泸州	97	1	27	1	35	3	35	3
自贡	94	2	24	3	35	4	35	4
乐山	91	3	24	2	35	5	32	5
宜宾	91	4	21	4	35	2	35	2
内江	88	5	19	5	34	5	35	1

注:本表所列指数由城市绿色发展指数计算而得,与表1.2有所不同,二级指标分数由三级指标乘以其相应权重相加得出。

从三级指标看,经济增长度差异性最为明显,泸州最高(27),内江最低(19)。经济增长度的弹性最大,水平不均。由此可知,经济增长度是影响经济发展活力的关键因素。

(5) 城市资源环境保护比较分析

由表1.5可知,就资源环境保护而言,整体发展最为均衡的是位居第二的自贡。内江的资源环境保护虽整体较好,但其发展严重不均,资源循环可利用程度、资源丰裕与生态保护分数均不高,整体排名靠前得益于污染程度指数,此发展属畸形发展。本文强调综合性的绿色发展,以自贡全方位协调发展的趋势来看,自贡反超内江的机会很大。

宜宾城市发展以第二产业为主,工业污染相对严重,在污染程度指数上不占优势。值得肯定的是,宜宾相对注重资源丰裕与生态保护,随着产业结构优化,宜宾的绿色发展水平将有所提高。

表1.5 四川南部5个城市资源环境保护指数排名及其比较

地 区	资源环境保护		三级指标					
			资源循环可利用程度		污染程度		资源丰裕与生态保护	
	指数	排名	指数	排名	指数	排名	指数	排名
内江	83	1	29	5	33	1	20	4
自贡	81	2	36	2	24	2	22	3
泸州	80	3	37	1	21	3	22	2
宜宾	75	4	34	4	18	5	23	1
乐山	69	5	34	3	18	4	17	5

注:1.本表所列指数由城市绿色发展指数计算而得,与表1.2有所不同,二级指标分数由三级指标乘以其相应权重相加得出。

2.本表中污染程度是三级标题,属性为负,分数与污染程度负相关。

(6) 城市发展服务力度比较分析

根据表1.6计算数据,就城市服务发展的三级指标来看,影响城市服务发展的关键指标是绿色管理。从指数来说,发展严重不均,前三位城市保持一致,但后两位城市差距较大。首位的乐山与最末位的内江指标分数差距达15分。城市服务发展与资源环境保护、经济发展活力度、城市政策都存在同一缺陷,即川南5市绿色发展水平不均,城市内部各指标之间水平不均。

表1.6 四川南部5个城市服务发展指数排名及其比较

地 区	城市服务发展		三级指标					
			公共资源与服务		绿色管理		人文关怀	
	指数	排名	指数	排名	指数	排名	指数	排名
乐山	97	1	30	5	28	1	39	1
泸州	97	2	32	3	28	2	37	4
自贡	95	3	32	4	28	3	36	5
宜宾	86	4	32	2	16	4	38	3
内江	82	5	32	1	12	5	38	2

注:本表所列指数由城市绿色发展指数计算而得,与表1.2有所不同,二级指标分数由三级指标乘以其相应权重相加得出。

(7) 小 结

① 绿色发展情况差异较大,发展呈不均状态。宜宾除了经济发展稍好外,其余均处于川

南5市末端。

② 政府政策利民,但执行力不足。政策制定初衷虽好,但受各种因素影响出现了执行上的偏差,执行水平与效率低下。

③ 经济效率高,但增长不足,活力低下。宜宾经济生活与效率位于川南地区前列,位于宜宾绿色发展首位,但在其发展中受增长度影响,经济发展活力显现出了不足。

④ 资源与生态丰富,但资源环境整体保护力度低。城市发展主要以第二产业为主,工业污染严重,环境破坏程度高。

综上所述,若宜宾想提高城市绿色发展水平及在川南的排名,应重点关注政府践行度、环境污染治理程度以及城市服务发展中的绿色管理部分。

2. 纵向分析

(1) 城市绿色发展指数测算结果及分析

由图1.4可看出,宜宾十年内的发展以2012年为界分为两个阶段。2005—2012年为波动上升阶段,增长水平从70.37达到91.88,整体增长率达30.57%,平均每年增长3.88%;2012—2014年为下降阶段,从91.88下降到89.50,其中2012年到2013年下降约1.18%,2013年到2014年下降约1.4%。可以看出,宜宾城市绿色发展水平开始呈下降趋势且下降幅度增大。综上可知,2005—2012年宜宾的城市发展政策是卓有成效的,2012—2014年可能因某些因素致使城市绿色发展呈反向变动。

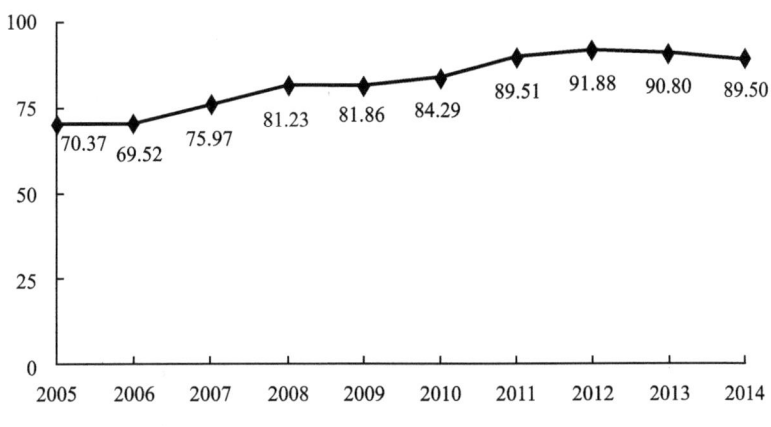

图1.4 2005—2014年宜宾城市绿色发展趋势图

为明确具体影响宜宾城市绿色水平整体发展的关键因素,本文将城市绿色发展水平与各二级指标发展水平做详细对照,数据统计结果见图1.5。

2012年之前宜宾城市经济发展活力、城市政策发展、城市服务发展三个指数发展较为稳定,总体呈上升趋势,其增长均和城市绿色发展态势一致。反观资源环境保护这一指数发展相当不稳定,在2007—2011年间出现波动。对比城市绿色发展趋势图可发现2008—2010年三年间均出现低缓发展现象,2007年由于城市服务发展的突然增速带动了城市绿色发展水平的整体提高,使受资源环境低峰影响的程度低。根据四者在2012年以前的数据趋势图的波动情况可看出,影响城市绿色发展水平的因素排序是:资源环境保护＞城市政策发展＞经济发展活力＞城市服务发展。

2012年之后指数均呈现不同程度下降。由此可得,宜宾城市绿色发展水平下降,其各二

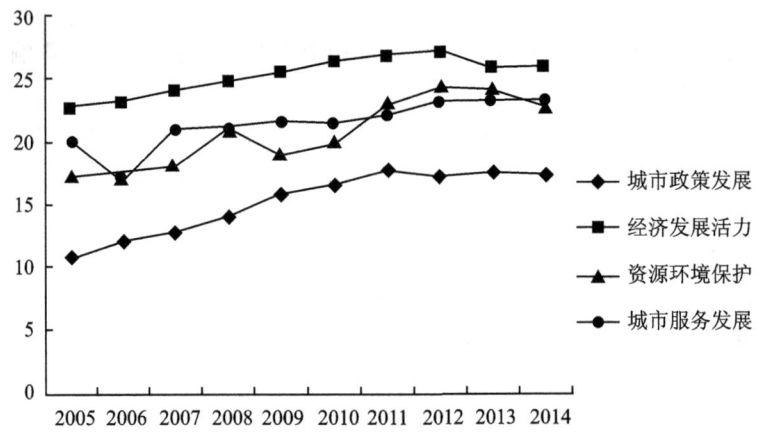

图1.5　2005—2014年宜宾城市绿色发展和各二级指标指数趋势图

级指标城市政策发展、经济发展活力、资源环境保护、城市服务发展这四者的分数的调整导致了这种下降。

为进一步明确影响城市绿色发展水平的因素,本文对各二级指标及其附属的三级指标进行对照分析。

(2) 城市政策发展比较分析

由图1.6可知,2005—2014年间城市政策发展呈不规则上升态势,2005—2008年缓慢增长,2009—2011年持续发展,2012年后由于后劲不足导致整体呈现停滞不前的状态。从其三级指标出发,2005—2008年缓慢增长受政府作为影响,可见增减速度与政府作为有直接关系,从发展速度缓慢到后期停滞不前,并未出现负增长现象。

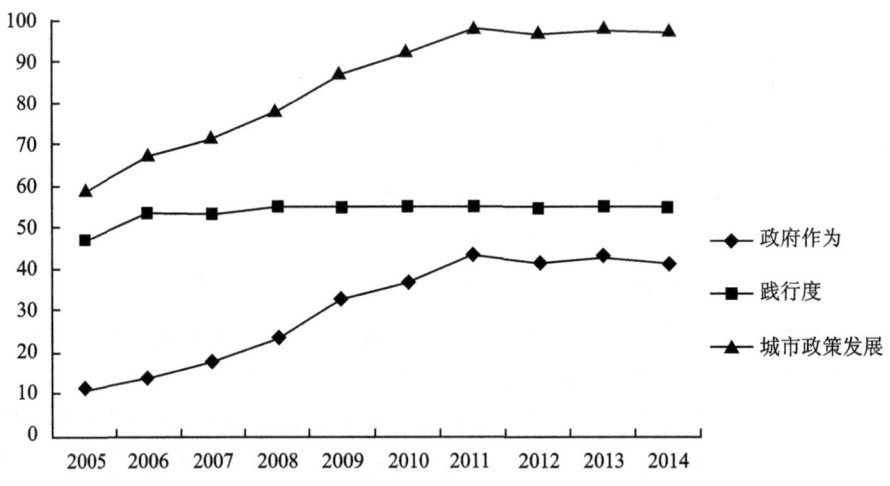

图1.6　2005—2014年宜宾城市政策发展及其三级指标指数趋势图

(3) 城市经济发展活力比较分析

由图1.7可知,宜宾十年来的经济发展活力基本呈上升趋势,平均每年增速为1.5%,但2012年后有所下降。2005年经济发展活力指数为81.06,2014年为92.72,增速为14.38%,宜宾经济十年间获得大力发展。经济发展活力包括经济增长度、经济效率和经济生活,三者指数位于20~40之间,且经济效率和经济生活呈正相关关系,是宜宾城市绿色发展的有利因素,而经济增长度指数在2013年下降幅度较大,其中年GDP增长率、人均GDP增长率在2012年增长速度放缓,但不妨碍宜宾市经济活力的释放。经济一向是城市发展的强大后盾,尤其是在强调绿色发展的今天,更要注重经济绿色发展,为城市绿色发展提供源源不断的动力。

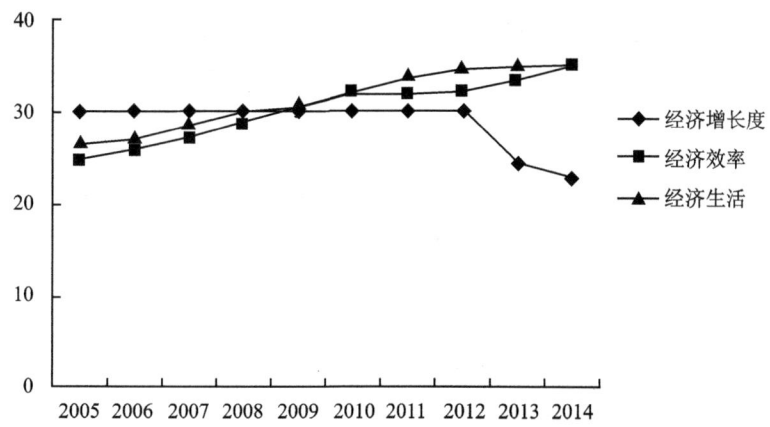

图1.7　2005—2014年宜宾经济发展活力及其三级指标数据趋势图

（4）城市资源环境保护比较分析

由图1.8可知,十年间宜宾资源环境保护水平不高,仅在2011年后出现短暂上升,其原因在于2011年后宜宾资源环境可利用水平提高对资源环境保护能力的带动。因此,资源环境保护是影响城市绿色发展水平最关键的因素,而城市污染是资源环境保护中最大的阻碍。据此,本文将进一步对污染程度指标的四级指标进行具体分析。

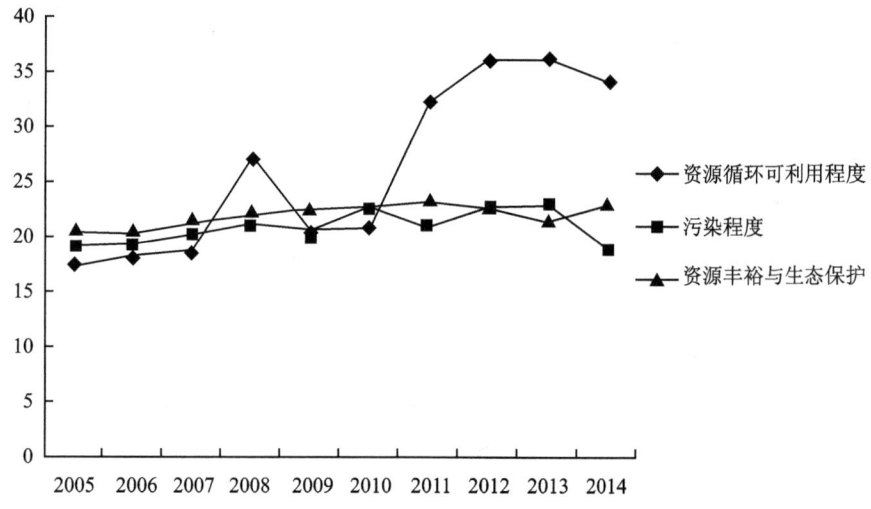

图1.8　2005—2014年宜宾资源环境保护及其三级指标数据趋势图

由图1.9可以看出,宜宾污染程度的各项指标数据基本保持在同一水平,可设想,宜宾在此方面并没有加强关注或采取的措施并未达到预期效果,以致十年来环境污染问题几乎没有改善,污水、二氧化碳的排放始终没能得到较好控制。可见,加强城市污染治理是城市绿色发展的核心。

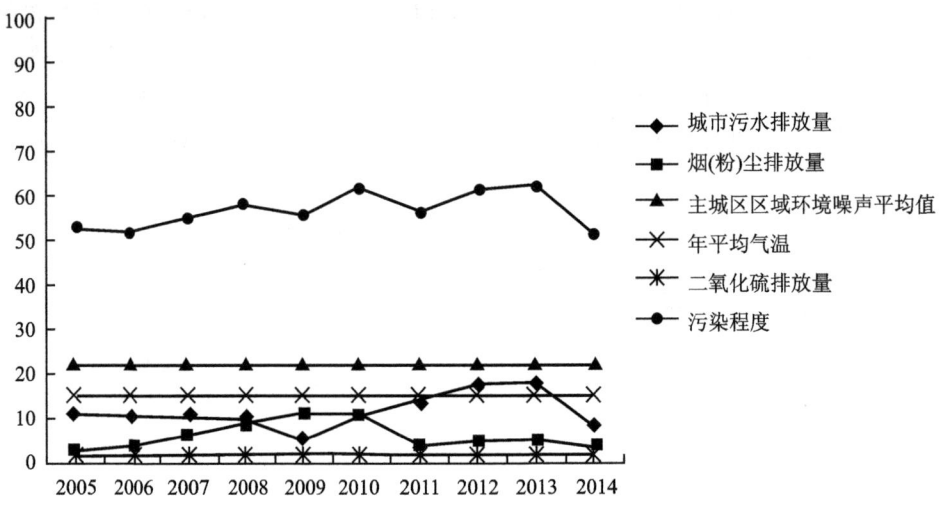

图1.9　2005—2014年宜宾污染程度及其四级指标数据趋势图

(5) 城市发展服务力度比较分析

由图1.10可知，前三年，宜宾城市服务发展及其具体指标数据不稳定，2006年与2007年分数相差近20，说明2005—2007年城市服务相关具体指标发生了较大变化。影响城市服务发展程度的重要指标贴近城市居民的生活，反映了城市是否健康发展，并最终影响城市绿色发展。城市服务水平的高低最能体现一个城市的绿色人文发展状况，贯彻以人为本的发展理念，并将其落实到城市服务的各项具体事项当中，才能有效推进城市绿色发展。

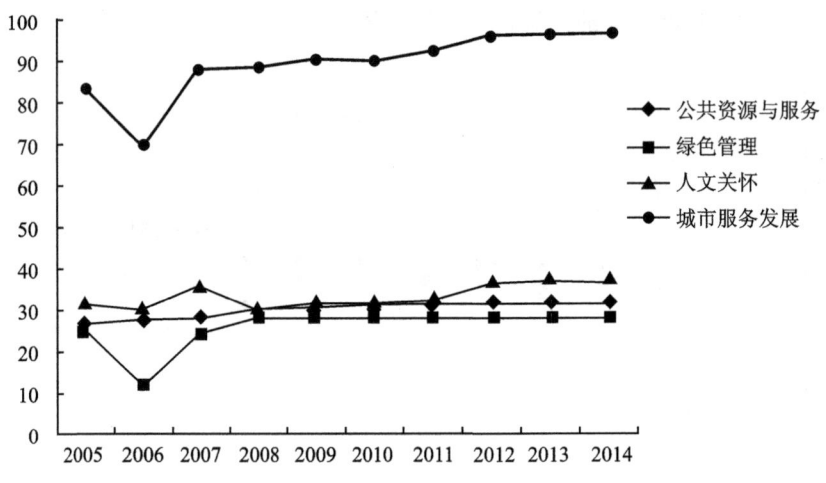

图1.10　2005—2014年宜宾城市服务发展及其三级指标数据趋势图

(6) 小　结

综上，目前影响宜宾绿色发展的因素主要有：

1) 有利因素

经济发展较好，城市政策较为符合民生需要，城市服务发展较好地满足了人民的需求。

2) 不利因素

资源环境保护力度不大，资源循环可利用程度较低，资源大量浪费，环境严重污染，污染缺乏有效治理;同时,城市服务发展总体水平不高,基础设施老旧落后,公共服务质量有待提高。

3. 宜宾城市绿色发展调查分析

(1) 调查问卷分析

1) 问卷整体分析

图 1.11 为宜宾城市绿色发展指标分数。通过对有效样本问卷进行分析,计算得出宜宾城市绿色发展分数为 0.244 3,其中,城市服务发展 0.178 8 分,城市政策发展 0.272 7 分,经济发展活力 0.177 3 分,资源环境保护 0.348 5 分。资源环境保护分值最高,表明宜宾在资源保护践行中实施情况较好;而城市服务发展和城市政策发展两方面分值较低且存在负分,主要是因对居民就业扶持不够以及交通建设问题。总分离"1"的标准还有很长一段距离,需加强各项指标建设,其中尤需注重城市服务发展和城市政策发展,实现整体绿色化。

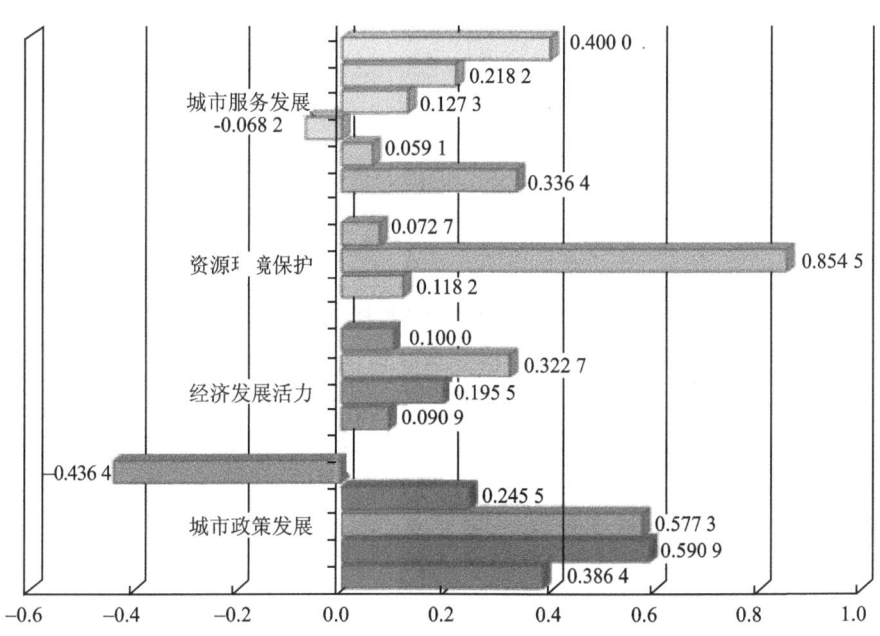

图 1.11 宜宾城市绿色发展指标分数

2) 具体问题分析

由表 1.7 可以看出,居民对两会期间话题的关注度中,教育、就业、收入三者排前三,其后依次为食品安全、医疗卫生、社保、节能环保。其反映出宜宾地区的教育问题需引起重视,居民对现今及未来就业形势较为担忧,对收入比较看重,而医疗、社保及节能环保未能引起民众足够重视的现象。需加强社保和节能环保宣传,增强居民对社保的支持度与认可度,提高居民的节能环保意识和践行度。

表 1.7 两会期间话题的关注度

话 题	教 育	就 业	收 入	社 保	医疗卫生	食品安全	节能环保
频率	51	51	46	42	43	44	26
百分比/%	46.00	46.36	41.82	38.18	39.09	39.10	23.64

根据调研数据分析得出,46.4% 的居民认为养老和医疗有保障,31.8% 持中立态度,

21.8%认为没有保障。这表明宜宾地区的社保体系不够完善,政府对社保宣传不到位,民众对社保信心不足,存在对养老和看病问题的担忧。在老龄化日趋严重、养老金个人账户普遍空账、医疗水准有待提高、看病难看病贵的情况下,要想实现"老有所养、病有所医"的愿景,宜宾须加强社保医疗建设。

恩格尔系数(居民每月食品消费支出占每月总体消费支出的比重)可反映出一个地区的生活水平。从图1.12的调查数据统计结果来看,8.20%的居民恩格尔系数较小,50.00%一般,29.10%较大,10.90%非常大,1.80%非常小。宜宾地区居民生活整体较好,部分较为困难。

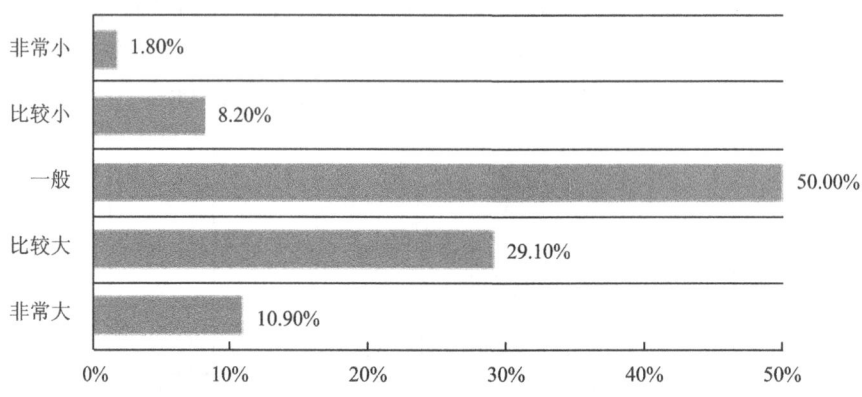

图 1.12 居民每月食品消费支出占每月总体消费支出的比重

由图1.13的数据分析可知,大部分居民认为宜宾地区当前就业压力大,能找到满意工作的机会少、岗位竞争者较多,仅有18.00%的人觉得就业压力小或没有。55.50%的人对未来就业形势持观望态度,17.20%的居民不看好宜宾未来的就业形势,认为在宜宾难以找到满意的工作。就业对一个地区的经济发展至关重要,为响应"大众创业,万众创新"的号召,宜宾政府也应更加注重居民的就业创业问题,加强就业创业扶持,与中央保持一致。

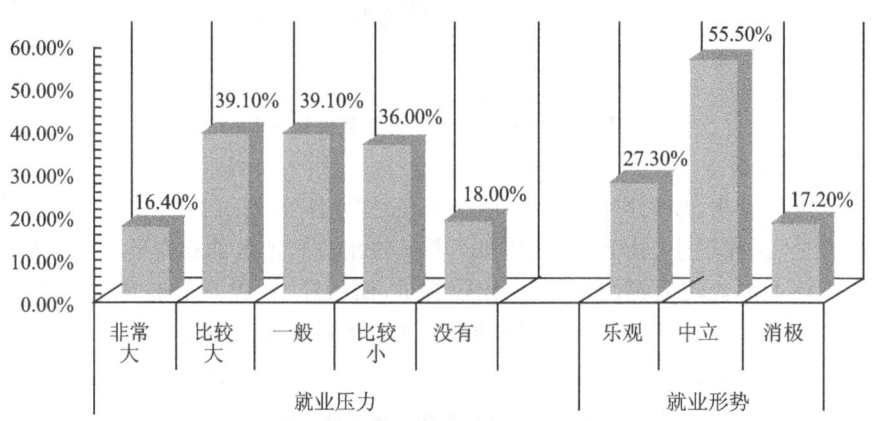

图 1.13 居民对当前就业压力和未来就业形势的看法

对宜宾市环境污染状况的调查数据(图1.14)表明,77.00%的居民认为大气污染最为严重,水污染次之(59.09%),噪声污染、化学污染、固体废弃物污染分别为53.60%、30.00%与48.18%。各类污染比重都较高,表明居民对宜宾环境质量不太满意,希望政府加强环境保护。

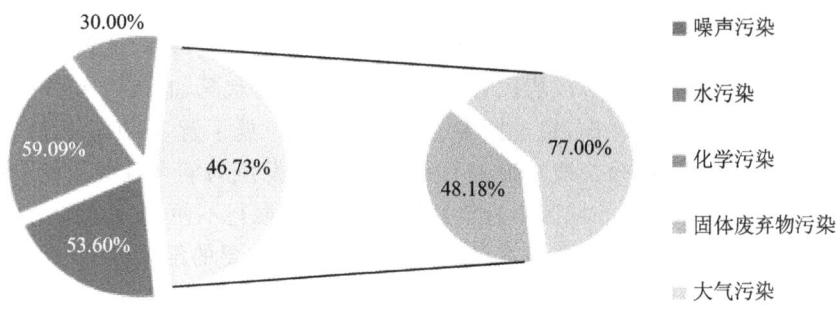

图1.14 宜宾环境污染状况

图1.15的调查数据分析表明,居民有不同的节能环保方式,绿色出行和随手关灯或其他电源的人很多,占比超七成;光盘行动、废物利用次之,能较好达到节能环保目的。受快节奏生活的影响,拒绝使用一次性物品的人较少。

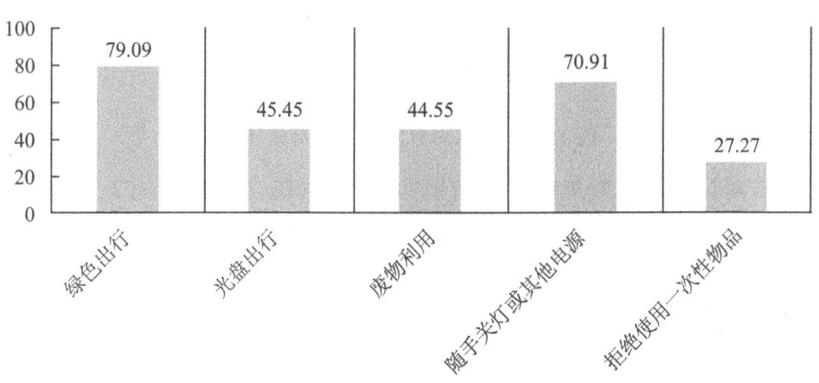

图1.15 居民节能环保行为状况

图1.16的数据分析结果表明,仅有1.82%的人十分认同当前宜宾的医疗水平及设施,26.36%较为认可,大多数持中立态度,12.73%的人群认为宜宾当前的医疗水平和设施不好,看病需去大型医院才放心,2.73%的人群对宜宾的医疗水平和设施持否定态度,且不看好。要使经济科技发展成果惠及民生,需进一步提高医疗水平和设施,加强医疗卫生建设与服务,同

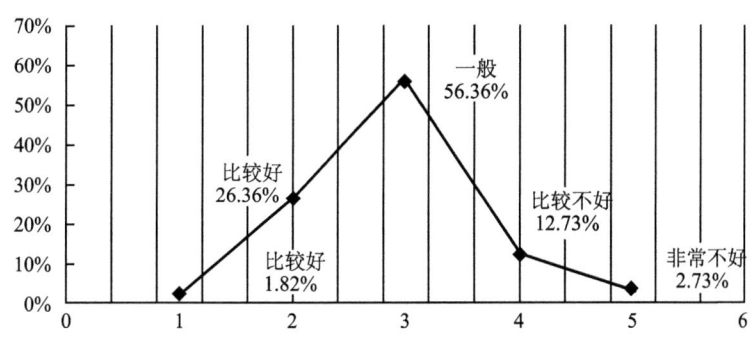

图1.16 居民对宜宾目前医疗水平及设施评价

时还应注意医疗设施的更新与维护。

由图1.17可知,50.00%的居民认为宜宾现在的交通状况一般,认为比较好和非常好的人群各占16.36%和4.55%,仅有2成居民肯定宜宾地区的交通状况,而认为比较不好和非常不好的人群各占19.09%与10.00%,超过持肯定态度的人群。据了解,居民认为宜宾交通道路规划存在公交线路重复设置,公交线路覆盖不完善,公交车发班周期长且数量较少,城市道路维修和工程施工等因素导致中心城区附近单行道过多,车辆通行不便、交通拥堵等问题。交通是人们生活中不可或缺的一部分,交通发展是城市发展极为重要的组成部分。宜宾地区应加强交通建设,完善交通网,保障交通畅行。

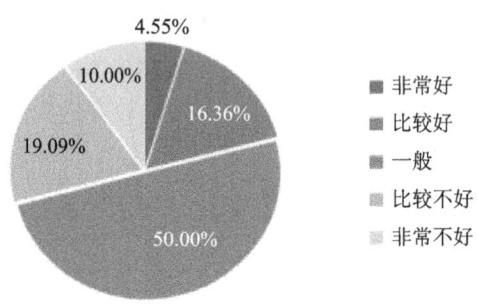

图1.17 居民对宜宾交通状况的评价

根据图1.18对城市绿色发展满意度数据的分析,居民当前在本地工作、生活状况满意度为65.09%,对周围自然环境和社会环境的满意度分别为60.18%和58.36%,对公共场所建设满意度为61.27%,对宜宾提供的基础设施的满意度为60.55%,对本地政府在城市绿色发展中的政策行为满意度为60.36%。一个城市的公共场所和公共设施反映着其社会服务水平的高低,宜宾作为四川经济发展排名前列的城市,其公共场所和公共设施建设与经济发展程度不匹配,存在着公共场所与公共设施数量少且建设状况一般、维护度不够、难以满足人民休闲生活需要等问题。

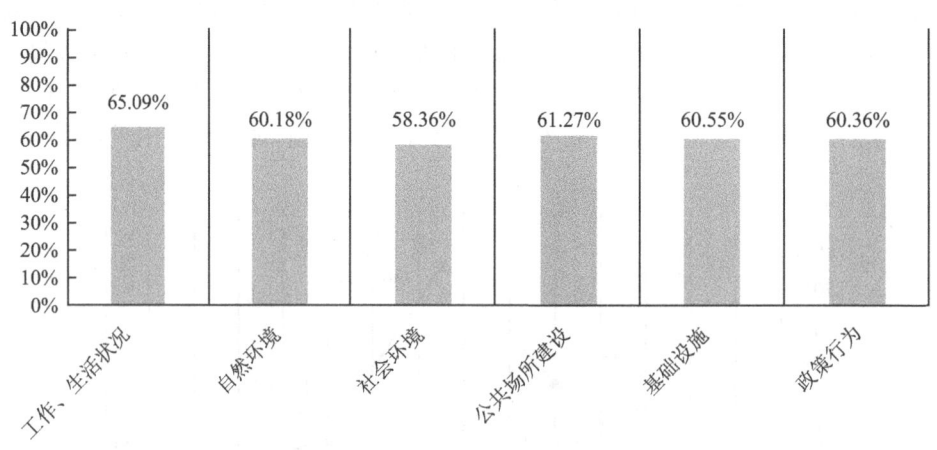

图1.18 城市绿色发展满意度

(2) 小 结

通过此次问卷调查,得出宜宾城市绿色发展分数为0.2443,总体分值偏低,离"1"的标准还有很大差距。从具体分值来看,资源环境保护＞城市政策发展＞城市服务发展＞经济发展活力。调查数据显示,社保认可度高、环境关注度高、居民节能环保意识强,但仍存在医疗水平不高及设施较差、政策执行不到位、交通状况差、政府就业扶持力度不够、居民就业压力大且对未来就业前景不看好、绿化和基础设施建设有待提高、居民对现今生活的自然环境及社会状况满意度低等问题。

要想实现宜宾城市绿色发展,需加强城市服务发展和城市政策发展建设。进一步完善社保,加大"绿色"宣传及环境保护力度,加强医疗卫生建设,统筹规划交通建设,加大就业扶持力度,同时使基础设施建设与经济发展水平相适应,使经济和科技发展成果充分惠及人民。

1.2.4 宜宾城市绿色发展问题及建议

1. 宜宾城市绿色发展存在的问题

(1) 城市发展政策的问题

① 城市低保投资力度不足,帮扶力度不够大。低保是社会保障体系里社会救助的具体政策实施,符合互济共助的思想。宜宾市近十年对城市低保金的投入呈波动增长的趋势,2005—2014年十年间,城市低保金投入最多的是2011年,达到27 604万元,2011—2014年间出现大幅度下降,由27 604万元降到20 817万元,这说明低保政策在这十年间有波动或在贯彻落实相关政策上出现了问题。

② 政府政策践行力度不够。政府政策的出台凝结着政治精英及人民代表的智慧,但政策在落实过程中却缺乏有力的监督机制,导致往往收不到预期效果。

③ 政府宣传力度不够,居民的生态文明意识薄弱。宜宾市居民对政府政策的关注度不高,不了解宜宾市的总体发展方向,日常生活中存在浪费和污染等问题,生活习惯改变难度大。

(2) 经济发展活力的问题

① 经济增长速度下滑,经济活力不足。从2012年开始,年GDP与人均GDP增长率都呈现下降趋势,年GDP增长率从2012年的13.89%降到了2014年的7.52%,人均GDP增长率从2012年的14.09%降至2014年的7.39%。整个经济发展活力后期呈现动力不足的状况。

② 产业结构失调,第三产业所占比重逐年降低。2005—2014年的十年间,第三产业一直处于不稳定的状态。增长率从2005年的30.70%大幅度降低至2012年的23.08%,之后出现了短暂回升,但是增速极低,产业比重严重不稳定。

③ 恩格尔系数呈现波动性上升状态。2007年最低,为29.44;2008年最高,为43.96。城市绝大多数居民仍处于满足生存需要的状态,精神生活得不到提高。

(3) 资源环境保护的问题

① 资源循环可利用程度方面,城市生活污水集中处理率和城镇生活垃圾无害化处理率水平低,处理率起伏大,不稳定。城市生活污水集中处理率2007年只有2.54%,而2012年达90.36%,但很快又下降了;城镇生活垃圾无害化处理率2005年为28.78%,2008年为100%但2009年只有12.5%。

② 污染程度方面,城市污水排放量、烟(粉)尘排放量和二氧化硫排放量大。2005年二氧化硫排放137 273万吨,2009年城市污水排放8 983万立方米,2014年烟(粉)尘排放22 332吨。

③ 资源丰裕与生态保护方面,宜宾城区平均绿化覆盖率为30%多,绿化覆盖率有待进一

步提高。

(4) 城市发展服务力度的问题

① 公共资源相对较少,公共设施与服务发展水平较低,基本公共服务体系覆盖范围不够广。宜宾城市发展服务资金投入滞后于城市发展需求,城镇基础设施建设跟不上经济发展的速度。当地政府服务能力不足与基本公共服务需求不断增长之间的矛盾导致了一系列问题。

② 发展供给共享不够,甚至出现基本公共服务的歧视性供给。公共服务制度的城乡二元化在义务教育、社会保障、基础设施、环境卫生等方面依然存在且有些地区十分严重。

③ 财政供给不均。宜宾地方财政分配不均以及基本公共服务财政支出分担比例不均,使得城乡差距、社会矛盾进一步扩大。

④ 城市绿色发展管理力度不够。政府对节能环保的投入不高,宣传不到位。

⑤ 居民素质有待提高,绿色发展意识、低碳意识观念薄弱。大部分城镇缺少现代文明气息,随处可见乱扔果皮纸屑、吐痰、脏话、公共设施人为损坏的不良现象。

2. 对宜宾城市绿色发展的建议

(1) 对城市发展政策的建议

① 完善并贯彻城市帮扶政策,切实落实精准扶贫。贯彻习近平总书记的系列思想精神,增强宜宾扶贫攻坚、精准扶贫工作力度,加大政府扶贫投入,实施适宜的优惠政策,使城乡贫困户尽快脱贫。

② 完善政策监督机制,用制度管理制度。城市政策的贯彻落实受到当地政府的不作为、乱作为、作为程度不够等因素的影响,因此必须完善当地政府政策落实的监督机制。

③ 倡导生态文明理念,鼓励公民积极参与绿色城市的建设。政府加强宣传工作,逐步强化居民的健康城市意识、生态文明城市意识和绿色城市意识,引导居民形成绿色出行、绿色消费、绿色生活的健康生活方式,以适应宜宾建设绿色城市的发展需要。

(2) 对经济发展活力的建议

① 扶持中小企业,让其成为新的经济增长点。宜宾的企业主要以五粮液、丝丽雅、天原化工为首。这几大企业几乎支撑整个宜宾的经济,尤其以五粮液为龙头。这种模式带动的经济发展具有严重的不稳定性,容易受外界影响而给整个城市经济带来波动。2012年中央颁布的"禁酒令"导致中国酒行业局势的不稳定而使五粮液集团经济效益下滑,最终对整个宜宾经济的增长带来影响。为拓展新的经济增长点,带来新的经济热度,需扶持具有发展潜力的增长型产业,尤其以环保型为主,这样在发展经济的同时又不会对环境造成影响,并可提升就业率。

② 加强供给侧结构性改革,着力提高供给体系质量和效率。把增强自主创新能力作为调整产业结构的中心环节,建立以企业为主体、市场为导向、产学研相结合的技术创新体系。以信息化带动工业化,以工业化促进信息化,走科技含量高、经济效益好、资源消耗低、环境污染少、安全有保障、人力资源优势得到充分发挥的发展道路,努力推进经济增长方式的根本转变。

③ 增加有效供给,降低基础物价水平。宜宾居民恩格尔系数整体呈上升趋势,这一方面表示居民生活水平还处在满足基本生活需要的状态,居民家庭经济水平不高,另一方面也表示政府调控经济的力度还不到位。为降低恩格尔系数,政府应加强基础设施建设,降低运输成本;积极鼓励市场竞争,打破市场垄断行为;加强商品材料流通领域管理,减少商品流通环节;规范价格听证会,监督、控制价格走势。从基础方面出发,对整个市场进行调控,维持物价整体平衡,提高居民整体生活水平。

(3) 对资源环境的建议

① 政府应加大科研投入。增加对 R&D 的经费投入，注重高素质科研人才培养，完善科研设施，提高科研技术水平，从而提高传统能源和新型能源的利用效率及资源循环可利用程度；大力倡导和发展绿色能源，优化能源结构，多加利用生物能和水能等新型能源，减少城市污染。

② 加大污染物排放监督力度，完善相关规章制度。重视能耗审核，制定并完善工业企业能耗审核的管理实施细则，加大惩罚力度并大力扶持新型绿色企业。

③ 注重基础设施建设，提高绿色化城市水平。扩大城市植被覆盖面积，净化、美化城市环境；对企业和居民进行绿色环保教育，提高企业与居民的环保意识和整体文明素质，鼓励使用绿色能源和节能产品，并适当给予企业和居民物质及精神上的奖励。

(4) 对城市发展服务力度的建议

① 加大城市服务发展资金投入，向宜宾的城市发展需求看齐。加强公共设施建设，提高服务水准，重视质量，完善基本公共服务的覆盖范围，增加基本公共服务覆盖面，对基本公共服务的实施水平进行监督，加强过程监督和结果监督。加大发展供给共享力度的同时尽量避免歧视性供给，缩小城乡差距，缓和地区矛盾。加强地区和部门财政透明度，在对公共服务支出进行绩效审计时，应考虑公共服务支出的公平性问题。

② 加大绿色发展管理力度，增加节能环保投入。重视环保节能产业的发展，并给予相关的政策支持。加强绿色发展意识、低碳意识的宣传，提高宜宾居民的整体素质。

③ 加大政府购买公共服务的发展力度，推动政府购买公共服务的进程，以提高公共服务供给的质量和财政资金的使用效率，改善社会治理结构，满足公众的多元化、个性化需求。

1.3 案例评析

该作品获得第十三届"挑战杯"四川省大学生课外学术科技作品竞赛一等奖。案例选题针对宜宾城市绿色发展现状，首先构建绿色城市评价指标体系，利用因子分析法和 Delphi Method 确立评价模型；其次对宜宾市与川南 4 市进行横向对比分析，以及对宜宾市 10 年绿色水平进行纵向对比分析；最后通过对宜宾城市绿色发展进行调查问卷分析，为宜宾城市绿色发展和未来绿色城市的研究提供参考。

作品的特色与优点在于：第一，在研究指标的选取上，该作品文献材料收集详实，构建了绿色城市评价指标体系，运用因子分析法和 Delphi Method 进行权重赋值，指标具有科学性、专业性、可行性。第二，在研究数据的来源上，数据来源于官方发布，具有权威性、真实性和说服力，能够对研究对象的真实情况进行更加准确的反映。第三，从实际出发，采取调查研究的方法取得了真实可信的结果。为了更好地了解宜宾市居民对绿色发展现状的看法，在现有统计数据的基础上，运用 SPSS 软件对宜宾城市绿色发展调查问卷及软指标进行统计量化分析，可以为政府部门的相关决策提供参考依据。第四，在研究视角的选取上，不仅从宜宾自身出发，对比研究了宜宾市 10 年以来的绿色发展水平，而且选取了川南 5 个有代表性的城市进行横向对比，分析具有科学性、全面性及代表性。

该作品结构严谨，图文格式规范，有对比度，选题紧扣社会经济发展要点，能够抓住评审专家眼球；同时作品在学术上也突出了文理结合的跨专业特性，能够有效地展示公共管理类的学科禀赋,保障了该项目对学生学术素养的锻炼初衷。这也是该作品最终能够获得省赛一等奖这一好成绩的根本原因。

参考文献

[1] 郑声轩,张卓如.城市中可持续发展的若干思考[J].中国经济快讯.2003(31):19-20.

[2] 王淼.绿色城市评价指标体系研究——以15个副省级城市为样本[D].硕士.2015.

[3] 林远.胡鞍钢解读"十三五"规划中的目标和指标[N/OL].经济参考报,2016-05-16[2016-08-06]. http://www.rmlt.com.cn/2016/0516/425738.shtml.

[4] 李漫莉,田紫倩,赵惠恩,等.绿色城市的发展及对我国城市建设的启示[J].农业科技与信息.现代园林,2013,10(01):17-24.

[5] 孙彦青.绿色城市设计及其地域主义维度[D].上海:同济大学,2007.

[6] Suzuki H, Dastur A, Moffatt S, et al. Eco 2 cities: Ecological cities as economic cities [M]. Washington: The World Bank, 2010.

[7] UN-Habitat. State of the world's cities 2010/2011 [R]. Nairobi:UN-Habitat, 2010.

[8] 黄肇义,杨东援.国内外生态城市理论研究综述[J].城市规划,2001,25(1):59-66.

[9] 吕斌,祁磊.紧凑城市理论对我国城市化的启示[J].城市规划学刊,2008(4):61-63.

[10] Commission of the European Communities. Green paper on the urban environment [EB/OL]. [2014-11-20]. http://ec.europa.eu/green-papers/pdf/urban environment green paper com 90 218final en.pdf.

[11] Breheny M. Urban compaction: Feasible and acceptable? [J]. Cities, 1997, 14(4): 209-217.

[12] 马奕鸣.紧凑城市理论的产生与发展[J].现代城市研究,2007(4):10-16.

[13] International Capital Market Association, Smart growth network. This is smart growth [EB/OL]. [2014-11-20]. http://www.epa.gov/smartgrowth/pdf/2009_11_tisg.pdf.

[14] 马强,徐循初."精明增长"策略与我国的城市空间扩展[J].城市规划汇刊,2004(3):16-22.

[15] 马世俊,王如松.社会-经济-自然复合生态系统[J].生态学报,1984,4(1):1-9.

[16] 黄光宇,陈勇.生态城市概念及其规划设计方法研究[J].城市规划,1997(6):17-20.

[17] UK Government. Our energy future-creating a low carbon economy[R]. Norwich: The Stationery Office, 2003: 6.

[18] 庄贵阳,雷红鹏,张楚.把脉中国低碳城市发展——策略与方法[M].北京:中国环境科学出版社,2011:27.

[19] World Wildlife Fund. Muangklang low carbon city [EB/OL]. (2014-09-18)[2014-12-07]. http://wwf.panda.org/what_we_do/footprint/cities/urban_solutions/100__cases/?229194/muangklang-low-carbon-city.

[20] United Nations Environment Programme. Towards a green economy: Pathways to sustainable development and poverty eradication [EB/OL]. [2014-11-15]. http://www.unep.org/greeneconomy/Portals/88/documents/ger/ger_final_dec_2011/Green%

20EconomyReport_Final_Dec2011.pdf.

[21] 石敏俊,刘艳艳.城市绿色发展:国际比较与问题透视[J].城市发展研究,2013,20(5):140-145.

[22] 秦书生.生态文明视野中的绿色技术[J].科技与经济,2010,23(3):82-85.

[23] 欧阳志云,赵娟娟,桂振华,等.中国城市的绿色发展评价[J].中国人口·资源与环境,2009,19(5):11-15.

[24] 段宁.清洁生产、生态工业和循环经济[J].环境,2002(7):4-5.

[25] 赵振斌,包浩生.国外城市自然保护与生态重建及其对我国的启示[J].自然资源学报,2001(4):390-396.

[26] 王永芹.中国城市绿色发展的路径选择[J].河北经贸大学学报,2014,35(3):51-53.

[27] 张晓强.稳中求进实现经济可持续发展[J].中国金融,2013(3):13-14.

[28] 杨东峰,殷成志.可持续城市理论的概念模型辨析:基于"目标定位-运行机制"的分析框架[J].城市规划学刊,2013(2):39-45.

第 2 章 "情系乌蒙·聚志(智)筑梦"
——基于乌蒙山片区精准扶贫实施效果的样本实证分析

2.1 选题背景

研究精准扶贫的文献非常多,但是作为大学生"挑战杯"项目,必须将目光移向细处、微处,移向发生在身边的事情上,移向亲身的感受上。本项目将研究侧重点放到了本校学生身边的乌蒙山片区的农民贫困户,放到了如何提高他们的知识文化水平和增强他们的奋斗进取精神上。

2013 年,习近平总书记提出"精准扶贫"重要理论;2014 年以来,国家多次强调要实施"智志双扶"精准扶贫工作模式,要领导广大农民齐奔小康;2019 年初,国务院办公厅发文明确指出:今明两年是全面建成小康社会的关键时期,全面推进乡村振兴是确保成功实现 2020 年农村改革发展目标任务的关键。党中央发出坚决打赢脱贫攻坚战的号召;《中国农村扶贫开发纲要》第十条着重指出:国家将乌蒙山区、秦巴山区等十个连片特困区域作为我国新时期的扶贫攻坚主战场。

精准扶贫是落实四个全面战略布局的关键举措。扶智为外围推手,扶志是内在动力,只有内外结合才能摆脱贫困。摆脱穷根必须扶智,脱贫致富贵在立志,"扶志(智)"不仅是阻断贫困代际之间传递的重要途径,更是增进人民福祉的迫切需要。十九大报告明确要求扶贫工作要坚持大扶贫格局,要注重扶贫与扶志(智)相结合。扶智是教授知识技术、提供先进思路、引导正确智慧,帮助和指导贫困群众大力提升脱贫致富的专业技术素质;扶志是传播先进思想、树立正确观念、激发脱贫信心,帮助贫困群众树立起战胜贫困的斗志和勇气。

本章所研究的扶贫与扶志(智)相结合的精准扶贫措施,是指打破原有扶贫模式的桎梏,通过发放问卷和实地调查相结合的方式收集数据,对扶贫与扶志(智)相结合的精准扶贫措施在乌蒙山区的实施效果进行深入调研和分析,致力于为贫困群众提供全方位具有专业性和实践性的建议,为乌蒙山片区打赢脱贫攻坚战出谋划策。精准扶贫是指国家的扶贫政策和扶贫措施要有直接针对性,要针对不同区域的发展状况和不同贫困群众的情况,因地制宜,运用科学的、有效的精准扶贫程序对扶贫对象进行精准识别、精准帮扶、精准管理,帮助贫困群众彻底摆脱贫困。改革开放三十多年来,我国取得的成果十分显著,但扶贫仍然面临艰巨的任务。现今打赢脱贫攻坚战是全体人民共同关注的焦点,扶贫绝不仅仅局限于简单的物质脱贫,"志(智)双扶"才是我国新时期打赢脱贫攻坚战的决胜之策。

本项目以乌蒙山片区为例,对扶贫与扶志(智)相结合的精准扶贫措施在乌蒙山片区的落实度、满意度和扶贫成果进行研究。通过实践调查法、问卷调查法以及文献调查法等一系列研究方法得出乌蒙山片区精准扶贫政策的实施情况以及农民生活现状,指出现有精准扶贫政策的不足,并且利用 SWOT 分析法得出乌蒙山片区发展农业和旅游业的优势与劣势、机会与挑战,为农户提供各方面具有专业性和实践性的指导,为发展战略研究提供可行的建议。

2.2 作品展示

"情系乌蒙·聚志(智)筑梦"
——基于乌蒙山片区精准扶贫实施效果的样本实证分析

2.2.1 绪 论

1. 项目背景

2013年,习近平提出"精准扶贫"重要理论;2014年以来,国家多次强调要实施"智志双扶"精准扶贫工作模式,要领导广大农民齐奔小康;2019年初,国务院办公厅发文明确指出:今明两年是全面建成小康社会的关键时期,全面推进乡村振兴是确保成功实现2020年农村改革发展目标任务的关键。2019年两会期间,党中央发出坚决打赢脱贫攻坚战的号召;《中国农村扶贫开发纲要》第十条着重指出:国家将乌蒙山区、秦巴山区等十个连片特困区域作为我国新时期的扶贫攻坚主战场。

乌蒙山片区横跨云南省15个县(市)、四川省13个县(市、州)、贵州省10个县(市、州),集贫困人口分布广、少数民族聚集多、发展边缘化等问题为一体,是我国典型的深度特困区。十八大以来,党中央和国务院通过实施精准扶贫措施,大力支持区域发展,现乌蒙山片区已有465万贫困人口脱贫,贫困发生率由33%下降到9.9%。

2. 项目意义

摆脱穷根必须扶智,脱贫致富贵在立志,"扶志(智)"不仅是阻断贫困代际之间传递的重要途径,更是增进人民福祉的迫切需要。

本章所研究的扶贫与扶志(智)相结合的精准扶贫措施,是指打破原有扶贫模式的桎梏,通过发放问卷和实地调查相结合的方式收集数据,利用Logit模型分析法和SPSS软件进行数据分析,对扶贫与扶志(智)相结合的精准扶贫措施在乌蒙山区的实施效果进行深入调研和分析,致力于为贫困群众提供各方面具有专业性和实践性的建议,为乌蒙山片区打赢脱贫攻坚战出谋划策。

3. 研究方法和技术路线

(1) 研究方法

本章采取的主要研究方法见图2.1。

(2) 技术路线图

本章技术路线图见图2.2。

4. 创新点

本章有以下两个创新点:

一是扶贫模式的创新。本章将扶贫工作与互联网以及扶志(智)相结合,打破以往扶贫模式的桎梏,为新时期扶贫工作提出了针对性建议和创新措施。

二是研究方法的创新。用Logit模型分析法研究乌蒙山片区的致贫因素。运用贫困瞄准缺口指标的方式分析乌蒙山连片特困地区扶贫项目的瞄准情况。利用计量经济模型和抽样调查数据,对影响项目瞄准精度的因素进行分析,采用Logit模型分析影响瞄准精度的主要决定因素。具体分析数据指标见表2.1和2.2。

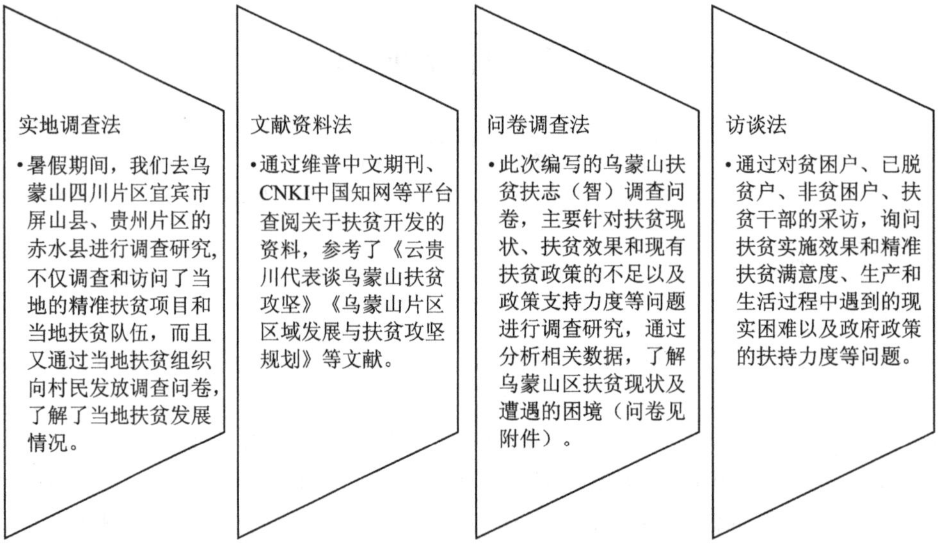

实地调查法
•暑假期间，我们去乌蒙山四川片区宜宾市屏山县、贵州片区的赤水县进行调查研究，不仅调查和访问了当地的精准扶贫项目和当地扶贫队伍，而且又通过当地扶贫组织向村民发放调查问卷，了解了当地扶贫发展情况。
文献资料法
•通过维普中文期刊、CNKI中国知网等平台查阅关于扶贫开发的资料，参考了《云贵川代表谈乌蒙山扶贫攻坚》《乌蒙山片区区域发展与扶贫攻坚规划》等文献。
问卷调查法
•此次编写的乌蒙山扶贫扶志（智）调查问卷，主要针对扶贫现状、扶贫效果和现有扶贫政策的不足以及政策支持力度等问题进行调查研究，通过分析相关数据，了解乌蒙山区扶贫现状及遭遇的困境（问卷见附件）。
访谈法
•通过对贫困户、已脱贫户、非贫困户、扶贫干部的采访，询问扶贫实施效果和精准扶贫满意度、生产和生活过程中遇到的现实困难以及政府政策的扶持力度等问题。

图 2.1　主要研究方法

确定研究的目标
查阅大量相关资料
咨询指导老师获得相关信息
确定研究课题：经小组讨论，并由老师指导
制定研究计划
检索、查阅相关资料
与老师、学者交流讨论
制订具体的研究计划
具体研究过程
理论研究
比较研究
调查资料研究
1. 总结经验，得出启示
2. 分析乌蒙山地区扶贫与扶志（智）相结合的精准扶贫情况
研究结果及其反馈
撰写相关研究报告
收集各类反馈意见，与时俱进，不断地完善和发展研究成果

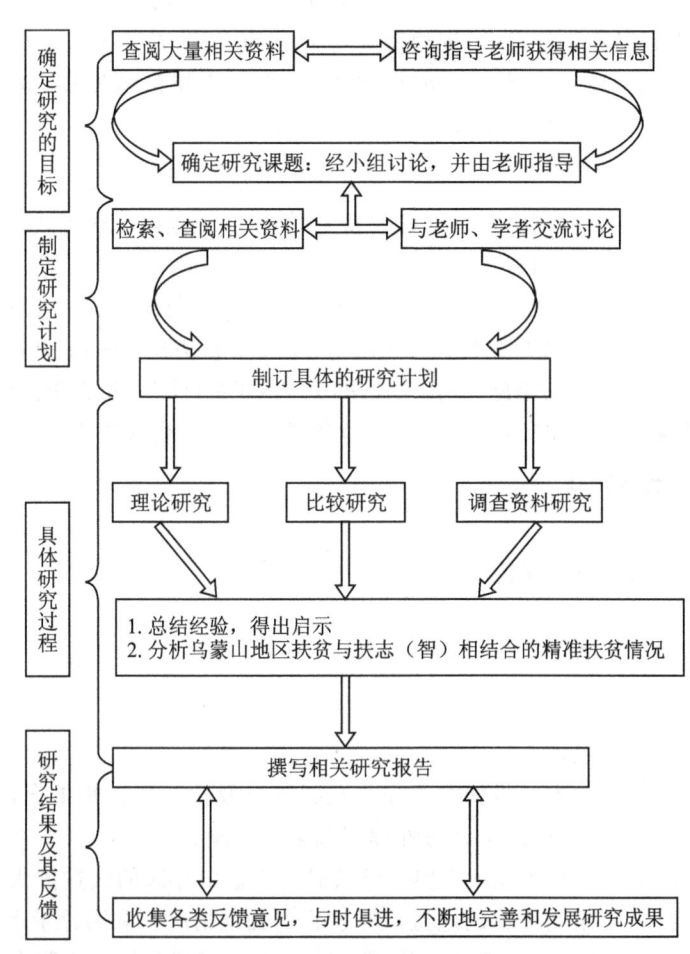

图 2.2　技术路线图

表 2.1　贫困到户项目瞄准情况

	项目对建档立卡贫困户的瞄准	项目对低收入贫困户的瞄准
挤出率	0.70	0.70
损漏率	0.46	0.30
瞄准缺口	0.51	0.56

注：瞄准缺口的计算方式为：

挤出率(UR)＝没有参加项目的非建档立卡农户数/建档立卡贫困农户总数

漏损率(LR)＝非建档立卡户参加项目的贫困户数/参加项目的总贫困户数

表 2.2　贫困户影响因素类型

因素种类	变量	(1)	(2)	(3)
家庭基本特征	户主年龄	0.050 5***	0.048 2***	0.048 6***
		(5.72)	(5.54)	(5.51)
	家庭规模	−0.168*	−0.231**	−0.243**
		(−2.46)	(−3.08)	(−3.23)
	劳动力平均受教育年限	0.156***	0.139***	0.130***
		(5.41)	(4.69)	(4.29)
家庭经济特征	劳动力数量		0.189**	0.182*
			(1.65)	(1.59)
	实际耕种面积		−0.397***	−0.405***
			(−3.39)	(−3.41)
	人均纯收入		−0.000 070 4*	−0.000 072 2*
			(−2.17)	(−2.19)
	家庭借贷行为		0.066 8	0.065 0
			(0.34)	(0.33)
家庭社会特征	户主姓氏是否为大姓		0.011 6**	
			(0.06)	
	家中是否为村干部		0.258	
			(0.060)	
	人情往来支出		0.000 045 4**	
			(1.12)	
其他因素	是否为建档立卡贫困户			−0.163 6(0.39)

注：＊＊＊代表显著性水平＜1％，＊＊代表显著性水平＜5％，＊代表显著性水平＜10％。

2.2.2　相关概念和理论价值

1. 相关概念

（1）扶贫与扶志（智）

十九大报告明确要求扶贫工作要坚持国家大扶贫格局，要注重扶贫与扶志（智）相结合。扶智是教授知识技术、提供先进思路、引导正确智慧，帮助和指导贫困群众大力提升脱贫致富的专业技术素质;扶志是传播先进思想、树立正确观念、激发脱贫信心,帮助贫困群众树立起战胜贫困的斗志和勇气(见表2.3)。

表2.3 扶志(智)特点

	服务对象特点	扶持方式特点	扶持典型案例
扶志	缺乏脱贫意识,"等、靠、要"思想严重的贫困人口	树立脱贫典型,宣传脱贫口号标语,举办脱贫活动	四川广元:以基层党组织和模范党员为依托,引领示范群众
扶智	有技术需要的群体,不局限于贫困人口	以教育培训人才为主	贵州六盘水:集中授课、现场培训、参观考察结合

(2) 精准扶贫

精准扶贫是指国家的扶贫政策和扶贫措施要有直接针对性,针对不同区域的发展状况和不同贫困群众的情况,因地制宜,运用科学的、有效的扶贫程序对扶贫对象进行精准识别(见图2.3)、精准帮扶、精准管理,帮助贫困群众彻底摆脱贫困。

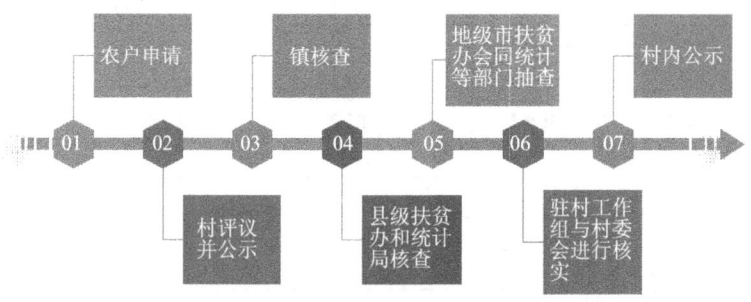

图2.3 贫困户精准认证程序

2. 理论价值

扶贫与扶志(智)相结合的扶贫策略不仅是实践创新,也是理论创新,为乌蒙山片区的扶贫开发模式提供了理论依据,也对其他地区的脱贫工作有着重要的借鉴意义。通过对乌蒙山片区资金、医疗、教育、产业、基础设施等多方面扶贫工作成效的研究,分析得出区域内扶贫工作存在的问题,并提出相应的对策,为乌蒙山片区扶贫工作提供了一个全新的视角。

2.2.3 乌蒙山片区现状

1. 自然条件

乌蒙山片区地处云贵高原与四川盆地的衔接处,地势险峻;区域内生物种类多样;河流广布,水能资源充沛;煤、铜、铁、铅、铝、硫等矿产资源极其丰富,但低温冻害、山体滑坡等自然灾害频发,土壤贫瘠、水土流失严重、生态环境承载力低等方面因素也制约了乌蒙山经济社会的发展。

2. 社会现状

乌蒙山片区是彝族、苗族、壮族等少数民族的聚居地,少数民族人口占总人口的20.5%,民俗风情浓郁,民族工艺精湛。地广人稀,人口分布极度不均衡。地形多样,道路建设难度大,交通运输体系不完善。水能储备丰富,但水利工程设施薄弱,水能资源利用率较低。教育资源匮乏,师资力量补充速度慢,教育基础设施建设严重滞后;同时乌蒙山片区居民的思想文化观念落后,懒惰思想根深蒂固,部分人员过度依赖政策补贴。

3. 政策实施现状

2012年,国务院启动全面支持乌蒙山片区发展与脱贫攻坚战。到2017年年底,乌蒙山片区贫困人口由2016年的272万减少到199万,贫困发生率下降到了9.9%。同时,乌蒙山片区的多个地区,比如:赤水县、黔西县等贫困县(市)通过验收,已全部脱贫。详细情况见图2.4。

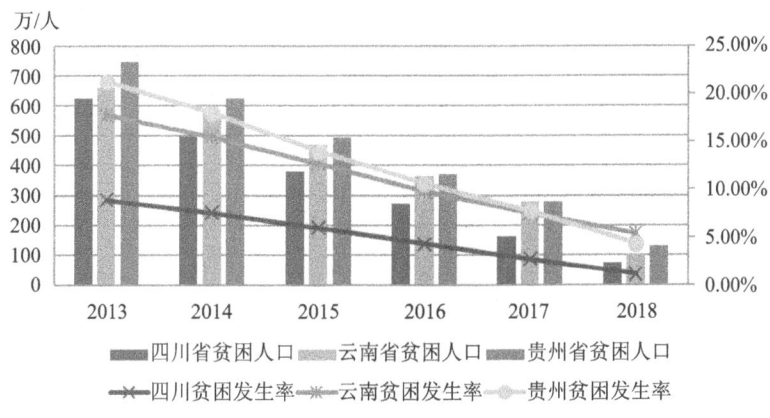

图2.4 云贵川贫困人口及贫困发生率

近年来乌蒙山片区的扶贫工作取得了较大进展,但扶贫工作落实现状仍不乐观。贫困人口总数仍有199万,贫困群众"等靠要"思想根深蒂固,缺乏脱贫致富的专业知识及技能,脱贫主观条件不足;贫困地区的公共基础设施建设落后,政策落实不彻底,脱贫客观条件不充分。

2.2.4 调查问卷分析

1. 调查问卷设计及数据来源

(1) 问卷的设计

以乌蒙山片区贫困群体为主要研究对象,利用Logit模型建立评价扶贫工作满意度的指标体系,采用SPSS 26.0软件对政府各项扶贫措施的满意度进行了导向数据分析。本章设计的调查问卷分为两个部分,第一部分主要了解乌蒙山片区群众的家庭状况,包括群众的基本情况、家庭年收入、家庭收入来源等方面;第二部分是精准扶贫措施落实度的相关内容,主要包括基础设施、教育扶贫、产业扶贫、医疗卫生、资金扶持等方面。

(2) 数据来源

项目成员与当地村镇干部取得联系,以实地调查为主、调查问卷为辅进行调查。问卷的发放地点为乌蒙山片区的20个乡镇,共发放问卷20 000份,两种调查共回收有效问卷18 632份,问卷回收率为93.15%。

2. 精准扶贫满意度测评指标体系和量化

(1) 精准扶贫满意度测评指标体系

本研究在文献分析和专家咨询的基础上,建立了精准扶贫满意度测评的指标体系(见

表2.4）。

表2.4 精准扶贫满意度测评的指标体系

目标层	一级指标	二级指标
乌蒙山区扶贫工作满意度	扶贫软件环境	政府扶贫政策的力度
		科技服务推广体系
		农业科技成果转换、应用
		当地人脱贫致富意愿
	扶贫硬件环境	区域发展和产业发展
		电力、水利等基础设施建设
		教育设施发展程度
		仓储、物流包装等市场设施建设
		医疗卫生条件建设
		交通运输和载具的发展情况
		乡镇、县级及区域市场网络
		建筑和扶贫住房建设
		当地工业发展水平
		当地基层组织服务水平
	政府环境	当地政府宣传扶贫的力度
		当地政府关于当地人的就业和劳动技能培训
		当地政府部门关于扶贫工作的业务办理
		当地政府负责对扶贫工作人员的服务
		当地政府在扶贫产业和创业方面的补贴和优惠
		当地政府扶持创业者自主创业方面的政策和法规
		当地政府精准扶贫落实力度
	社会环境	社会志愿组织团体对扶贫扶志（智）的支持力度
		当地的扶贫工作信息交流平台
		当地脱贫致富、积极创新氛围
		当地的经济发展状况

（2）精准扶贫满意度的量化

本次问卷分析运用了李克特式五级量表分析法，将满意度分为"非常满意、满意、一般满意、不满意、非常不满意"。

本章利用均值和标准差公式计算乌蒙山片区扶贫工作总体满意度和四川、贵州、云南三个片区贫困群众满意度的均值、标准差，将总体扶贫措施实施效果满意度、各地区的扶贫措施实施效果满意度进行比较分析，得出结论。公式如下：

$$\bar{X} = \frac{1}{N}\sum_{i=1}^{N} x_i \tag{2.1}$$

$$\sigma = \sqrt{\frac{1}{N}\sum_{i=1}^{N}(x_i - \bar{X})^2} \tag{2.2}$$

式中：$\bar{X}$ 为满意度的值；σ 为满意度标准差。

3. 调查对象概况

通过对有效问卷中被调查者的性别、职业、家庭经济情况和所在地区进行初步分析,得出调查对象概况,见表2.5。

表2.5 调查对象的基本信息

样本特征	类别	人数	构成比/%
性别	男	9 395	52.42
	女	9 237	49.58
职业	工人	8 003	42.95
	农民	8 915	47.85
	商户	671	3.60
	学生	745	4.00
	其他	298	1.60
家庭经济情况	小康	2 478	13.30
	低收入	9 802	52.61
	穷困	3 595	19.29
	贫困	2 757	14.80
人员所在地	云南片区	2 776	14.90
	贵州片区	5 328	28.60
	四川片区	10 304	55.30
	其他	224	1.20

4. SPSS数据有效性分析

此次研究利用SPSS 26.0软件、KMO样本测度法以及巴特利特球体检验法,对调查问卷的原始数据进行详细、科学的检验分析,得出Bartlett的卡方值为3 334.175,水平较显著,KMO=0.802>0.8,Bartlett的卡方统计值的显著性概率是0.000<0.01。因此证明所取样本的数量充足,并且数据的相关性较高,可以进行样本的主成分分析。通过对原始变量之间的相关系数矩阵观察,发现许多变量之间直接的相关性较强,有信息上的重叠。如表2.6所列。

表2.6 KMO和Bartlett的检验

KMO		0.802
Bartlett的球形度检验	近似卡方	3 334.175
	Df	0.906
	Sig.	0.000

通过SPSS 26.0统计软件的分析,得出此次调查数据具有显著的代表性,且各变量之间存在较强的相关性。

5. 问卷满意度分析

本章将采用比较法来分析不同地区的满意度,通过SPSS数据分析得出乌蒙山地区总体满意度以及各地区满意度的对比(见图2.5)。

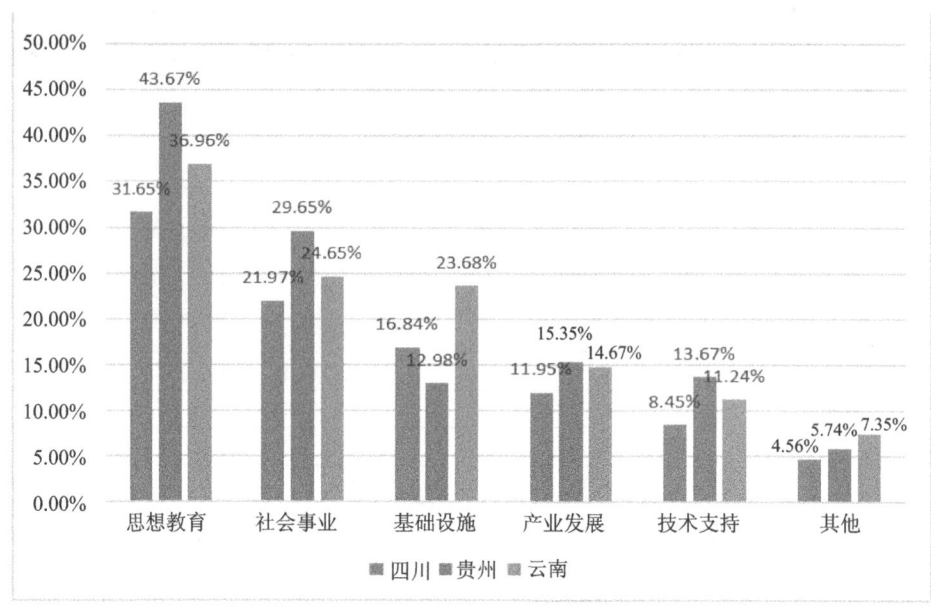

图 2.5 云贵川总体扶贫工作落实程度

由表 2.7 可知,乌蒙山片区扶贫工作总体满意度较高。乌蒙山片区群众对思想教育、社会事业等方面的扶贫工作满意度较高,对产业发展、技术支持力度等硬件扶贫环境和扶贫队伍满意度较低。

表 2.7 精准扶贫总体评价

%

	内 容	非常满意	满 意	一 般	不满意	非常不满意
精准识别评价	精准政策宣传满意度	20.63	42.81	25.08	11.48	0
	信息公开透明满意度	9.69	37.19	39.38	10.31	3.43
	识别标准满意度	2.18	17.18	46.56	27.18	6.90
	识别过程满意度	2.81	21.88	39.06	28.75	7.50
	一对一帮扶满意度	17.81	37.50	32.19	9.06	3.44
	干部工作作风满意度	9.06	35.00	40.94	12.50	2.50
	村容整洁满意度	0	5.94	29.69	41.87	22.54
精准帮扶评价	通信设施满意度	10.63	22.19	41.56	20.31	5.31
	产业扶贫满意度	0	10.31	35.63	40.31	13.75
	义务教育满意度	20.00	27.50	36.25	12.19	4.06
	医疗保障满意度	14.69	28.12	31.25	21.25	4.69
	养老保障满意度	6.25	31.00	34.69	26.87	1.88
	技术培训满意度	4.06	18.43	37.19	26.88	13.44
	公共文化服务体系设施满意度	4.38	12.81	44.06	32.18	6.57

续表 2.7

	内容	非常满意	满意	一般	不满意	非常不满意
精准管理评价	扶贫信息管理制度建立满意度	9.38	26.56	38.75	18.75	6.56
	帮扶记录跟进满意度	8.43	30.31	35.31	22.81	3.14
	资金投入到位情况满意度	7.19	19.38	33.43	29.06	11.94
	资金使用方式公开透明满意度	8.13	20.94	34.38	23.43	13.12
	扶贫考核测评体制满意度	6.25	24.38	40.62	20.00	8.75

6. 问卷各主要要素分析

（1）扶贫工作民意满意度

乌蒙山片区各地方扶贫工作的具体状况不同，就造成各地认知度不同，在本次调查中有超过 80% 的人对扶贫的工作呈支持和认可态度，其次有超过 85% 的人表示自己生活条件有所改善，同时在社会环境方面的满意度较高（见表 2.8、图 2.6）。

表 2.8 社会环境满意度

题号	选项	频率	百分比/%
1	非常认同	2 254	12.10
	认同	4 470	23.99
	一般	8 368	44.91
	不认同	3 540	19.00
2	是	16 169	86.78
	否	2 463	13.22

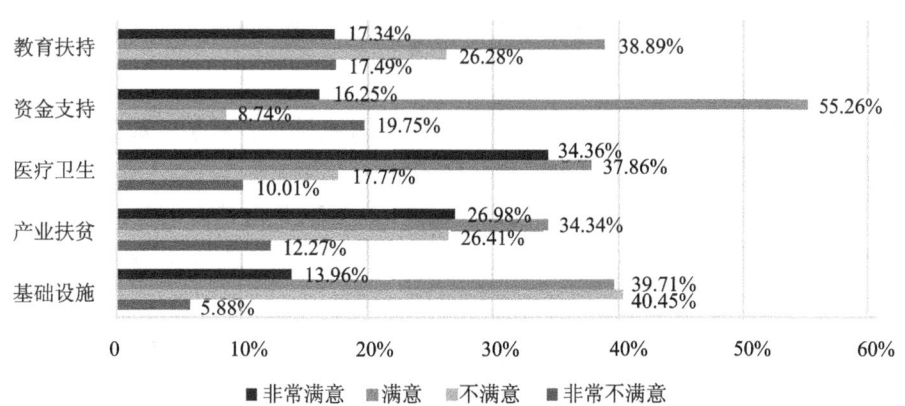

图 2.6 群众对扶贫工作的满意度

(2) 政府环境

当地政府着手改革扶贫组织机构,建立健全精准扶贫工作、财政拨款扶贫专项资金管理、干部驻村帮扶的机制,建立服务型政府(见图 2.7)。据分析,被调查者对政府的工作整体呈现出一般满意的态度(见图 2.8),其中群众对政府扶贫工作业务办理满意度较高。

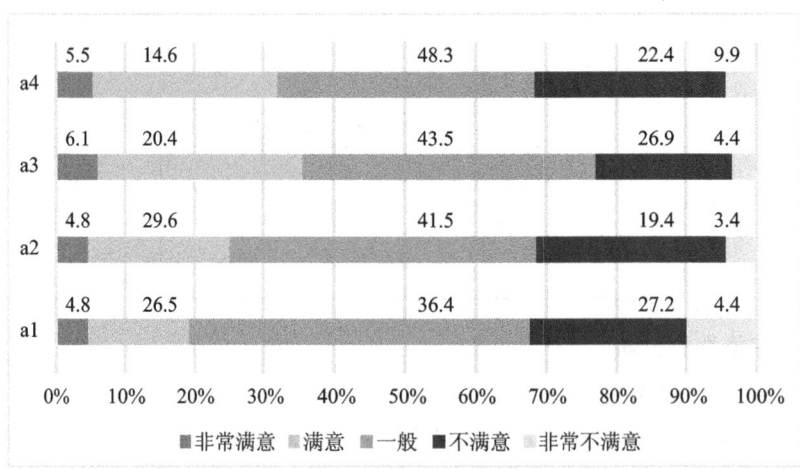

图 2.7 社会整体满意水平

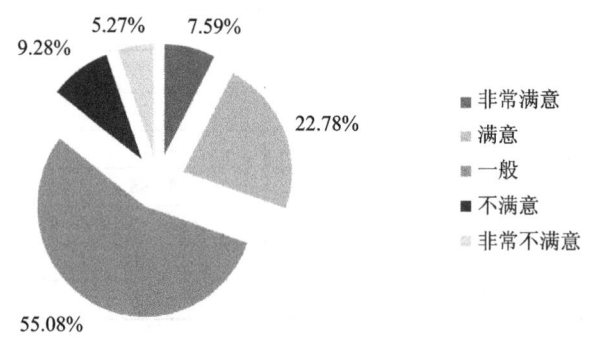

图 2.8 政府部门关于扶贫工作业务办理满意度

(3) 资金扶持

扶贫工作的资金支持主要来源于当地政府拨款与社会扶持。对于一部分贫困群众来说资金支持解决了他们的燃眉之急,但是另一部分贫困群众认为资金帮扶并不是一项长远之计。

同时,社会团体、社会组织扶贫的参与度较高,为脱贫事业贡献出大量的人力物力。然而很多企业扶贫工作仅仅流于物质层面,并没有从精神上、思想上鼓励群众脱贫。

(4) 基础设施

基础设施是经济发展的重要基础,要想实现区域可持续发展、改善群众的生活现状,首先要加大对基础设施建设的投入力度,为经济发展提供良好的条件。当地政府通过道路和房屋修建、生活用水用电用气修建等来完善贫困地区的基础设施。群众对政府实施的绝大部分举措是满意的(见图 2.9),但还存在一些问题。通过访谈得知,政府修建道路、房屋和水电气管之后并没有进行维护和保养,一些陡峭的山路还是原样,遇暴风雨雪天气时行走困难,并且海拔较高的地区冬天水管易冻裂。

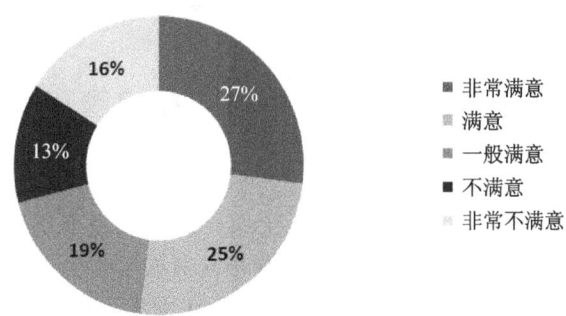

图 2.9 基础设施满意度分析

（5）教育扶贫

当地政府的教育扶贫有一定效果，得到了贫困群众的支持：通过免除学杂费和对贫困学生发放生活补助，缓解了贫困群众的家庭经济负担，还为贫困地区的学生带来了更多的受教育机会。虽然当地政府大力为贫困地区修建学校，引进先进教育设备，但由于贫困地区师资力量较薄弱，多数高新设备都成了"摆设"，无法使学生更好地享受优质的教育资源（见图 2.10）。

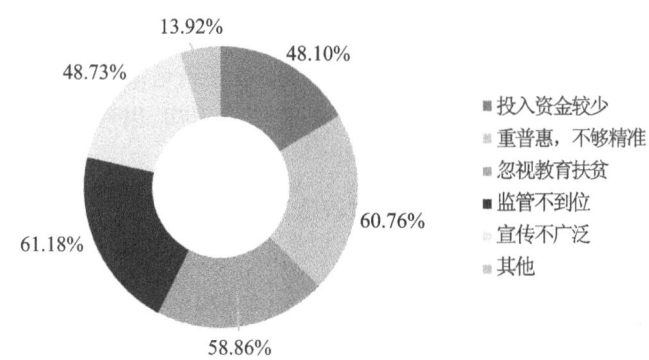

图 2.10 教育精准扶贫中存在的问题

（6）医疗卫生

群众对医疗卫生的满意度较高。过去由于贫困地区所处地理位置偏僻，有的地方几个村才有一个医疗室，医疗设备落后且诊费和药品价格昂贵，看病对于群众来说是一项难题。政府通过建立医疗卫生机制，对困难户看病给予补贴，很大程度上缓解了他们的困难。

（7）产业扶贫

群众对产业发展的满意度较低，首先农业由于自然环境的限制，产量较低，只能够维持家庭的基本生活；其次，尽管当地的资源丰富，但没有将资源优势转化为经济优势。就乌蒙山片区来说，服务业的发展主要依托旅游业，发展旅游业不仅可以提高当地的知名度、引进资金、提高就业率，而且群众还可以利用这个发展机会获取收入。但由于目前乌蒙山片区旅游业知名度不高、交通设施还不够完善，不能形成大规模的产业链，无法带动当地的经济发展。

7. 结果分析

精准扶贫政策满意度调查的结论是，贫困群众对资金支持、教育扶贫和医疗卫生的满意度较高,但对旅游产业、基础设施等方面的满意度相对较低,当地政府在这些方面的扶贫工作还有待改进,应该加大力度完善这些方面的扶贫措施。政府相关部门应高度重视群众满意度评测结果,完善相关政策法规,提高精准扶贫水平。

2.2.5 乌蒙山片区扶贫扶志(智)中的存在问题

1. "等靠要"致贫思想仍未消除

贫困群众主动脱贫动力不足、信心不足。全面脱贫的关键不仅仅在于政府政策、国家资金、人员责任是否落实,更重要的是在贫困群众精神扶贫的工作上下功夫,扶贫、减贫要先治好"精神穷人"。部分贫困群众缺乏主动脱贫的意识,存在不思进取、安于现状的落后思想,滋生"等靠要"的消极思想,甚至出现不想脱贫、争当贫困户等不良现象。同时,一些贫困群众身患慢性疾病或先天残疾导致其劳动效率低甚至完全丧失劳动能力,对脱贫致富失去信心,这些人是政府需要着重引导的对象。

2. 贫困户个体差异在建立扶贫长效机制方面针对性不强

当地政府对"分类指导、因地制宜"的扶贫方针落实不彻底,特别是在针对因病致贫和因残致贫的贫困群众上,存在"一刀切"问题。这些特殊的贫困群众不能进行生产劳动,同时他们还要花费大量的资金就医,使这部分群众陷入了"因病致贫、因贫致病"的恶性循环。当地政府在对待这类群众时,仍旧沿用送钱、送物等形式,没有采取技术或产业扶贫等方式使其增强可持续发展能力,也未落实相应的基本生活保障。究其根本是当地政府没有贯彻落实精准扶贫战略规划中对待因病、因残致贫群众的帮扶政策;没有建立因病、因残致贫贫困群众兜底脱贫机制;没有抓住其致贫的本质原因。

3. 产业基础薄弱且与互联网结合度相对较低

(1)产业基础薄弱,资源利用不充分

其一,农业技术落后,土地资源分散且未得到充分利用。乌蒙山片区农业仍是传统农业占主导,农业生产技术和经验传统落后,农业生产方式单一,标准化、规模化和科技化程度低。此外乌蒙山片区农产品加工水平低,产品附加值低,除了茶叶、竹笋等具有一定的产业规模外,其他农产品在农业生产结构中所占比重小。农业总体主要表现为商品率低且以单一家庭为生产单位,土地资源分散。同时,乌蒙山片区农村劳动力大规模流向城市,导致大量耕地荒废闲置,土地流转进度极其缓慢,土地资源没有得到充分利用。

其二,矿产资源利用不充分,高新技术产业缺乏。乌蒙山片区区域内煤、铜、铁、铅、等矿产资源极其丰富,但当地矿工业体系结构不合理,多为中下游低加工产业,或直接对外出口原矿,矿产附加值极低,缺乏人力、技术、资金对其精加工、深加工,没有充分发挥矿产价值。同时,乌蒙山片区工业多为劳动密集型产业,高新技术产业极其缺乏。

其三,自然资源利用不充分,旅游业发展缓慢。乌蒙山片区由于其特殊的地理位置和多民族聚居的历史,保留了丰富的自然和人文旅游资源,如贵州的赤水河红色旅游、四川的凉山民族文化旅游以及百里杜鹃、千里竹海等自然资源具有巨大的旅游发展潜力。但由于受到社会经济条件、专业技术、资金等多方面因素制约,当地群众、政府对于旅游资源利用不够充分,致使乌蒙山片区旅游业发展还不够成熟,知名度和影响力不高。比较有代表性的地方纪念品、民族工艺品宣传效果差,旅游商品未建立网络销售体系。此外,乌蒙山区贫困群众对于当地自然生态资源保护意识欠缺，一些地区进行不合理的矿山开采和工程建设，容易对当地生态环境造成破坏，因此形成了当地贫困群众守"金山"过穷生活的局面。

（2）互联网与产业扶贫结合程度低

互联网技术为贫困地区各种产品销售打破了地域限制，使特色产品有更加广阔的市场。"互联网＋"的出现更是带动了许多贫困地区走上致富道路。但是据调查显示，乌蒙山片区各项产业与互联网结合程度低，即便有电商模式的相关企业，也因电商与农户交流不畅、当地政府宣传不力、相关环节程序不完善等导致在市场上不具有竞争优势。通过走访、问卷调查以及查找资料得知，由于文化素养普遍较低，乌蒙山片区大多数农户只顾传统销售，不重视品牌和"互联网＋"的运用，因而没有进一步扩大自身的影响力。同时，当地政府不够注重互联网对于该地区脱贫的重要性，导致已有的电商企业知名度不高。而正因缺乏宣传渠道、不了解农户需求、消费者需求，制约了电商企业在乌蒙山的发展。

以"中国乌蒙山 http://www.d9888.com/"网购平台为例，打造该平台的目的虽然是以销售乌蒙山土特产为主，但是真正属于乌蒙山特色的土特产寥寥无几，产品针对性不强，缺少用户评价，使消费者无法直观地衡量产品的好坏程度，缺乏对平台的信任。乌蒙山片区特色产品品牌效应十分薄弱，没有延伸产品的产业链，品牌效应和规模效应难以显现；此外，对农产品质量缺乏有效监督、法律法规不健全，也是发挥"互联网＋"助力乌蒙山地区发展的制约因素之一。

4. 专业的扶贫队伍在扶智与扶志方面有待加强

精准扶贫队伍是脱贫攻坚方针政策的直接实施者，脱贫攻坚获得成功的助力还在于扶贫队伍。

其一，扶贫队伍对政策的认识不透彻，对各项扶贫政策的宣讲不到位。区域内大多数贫困地区的扶贫队伍对贫困群众的识别不精准，"误评""漏评"时有发生，偏离了"精准"要求，导致一些贫困群众没有享受到相应的扶贫政策。此外，扶贫工作的落实大多依靠乡镇干部，但是乡镇干部各方面的综合素质相对较低，导致少数扶贫干部的帮扶仅仅流于形式——"填表、走访、补助、拍照"，没有真正找到贫困群众致贫的根结所在（见图 2.11）。

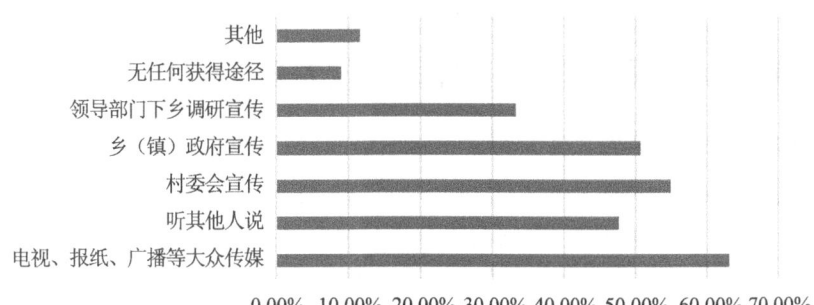

图 2.11 群众了解到的精准扶贫政府宣传方式

其二，扶贫干部动力不足。由于贫困群众的基数大、分布广且分散，扶贫队伍需要深入各地开展工作。但是当地政府对于扶贫干部的工作补贴力度不大，长此以往，工资水平较低的扶贫干部常常还要倒贴。这就致使他们工作动力不足、缺乏工作积极性。

其三，扶贫队伍所具备的专业知识与扶贫对象所需技能不对应。目前扶贫工作队伍组成人员大多为基层公务人员、老师、医生等，他们所具备的专业职业技能并不是帮扶对象所需的脱贫技术知识。这就导致了大规模的贫困群体没有专业性的技术指导，在一定程度上造成了扶贫队伍没有落实真脱贫、脱真贫的工作方针。

5. 公共基础设施在教育、医疗方面有待进一步加强

（1）教育发展落后

乌蒙山片区由于经济发展落后，贫困在代际之间遗传，大多数家庭无力支付教育费用，因贫辍学、因学致贫问题严重。且乌蒙山区教学环境恶劣、教学设施极度缺乏，区域内很多学校的教学环境和教学设施不能达到现代化教学要求的标准，致使乌蒙山区教育普及率和教育质量极低；此外，乌蒙山区教师队伍人才短缺、教师素质相对较低，普高和中职学校数量少，这也成为乌蒙山区孩子们教育普及率低的又一原因。

（2）基本生活条件匮乏

乌蒙山区地域广阔，人口分散，基础设施建设难度大，基本公共服务滞后。具体表现在交通落后，供水不足，电网通信建设覆盖面小等方面。伴随着国家重点建设的战略转移，乌蒙山区与数次西南交通大动脉整改失之交臂，乌蒙山区地理位置特殊且交通落后，导致长期被边缘化，基础设施建设十分缓慢。加之该片区水利化程度极低，供水工程滞后，饮水安全问题形势严峻。通信网络建设的严重滞后、"隔绝外界"更是无法满足当地经济社会发展的需要。

（3）医疗卫生水平低。

"因病致贫"和"因病返贫"是乌蒙连片特困区造成贫困的重要原因。虽然目前乌蒙山区卫生医疗条件已经有所改善，各乡镇建立了卫生院，新型农村合作医疗参合率达88.4%，65%的村建立了村级卫生室，但这并不是一个乐观的数据，乌蒙山地区城镇化水平极低，同时乡镇的卫生院、乡村的卫生室所要服务的人口数量较多。以昭通市为例，每千人拥有的医疗服务人员和医疗床位仅分别为1.3人和1.7张，由此可见乌蒙山片区医疗卫生服务体系还存在相当大的缺陷且服务覆盖范围有限。此外，新型农村合作医疗保险报销比例较低，需要群众自费承担的医疗费用仍偏高。

2.2.6 乌蒙山片区通过扶志（智）进行扶贫的建议

1. 通过扶志进一步引导贫困群众树立更加积极的脱贫观念

提升思想素养，发挥"榜样"力量。当地政府应加大社会主义核心价值观宣传力度，弘扬中华民族吃苦耐劳、奋发图强的精神，激励乌蒙山片区贫困群众的脱贫意愿。改变贫困群众落后的思想观念和风俗习惯，发挥"乡规民约"在引导贫困地区群众思想行为上的积极作用。乌蒙山区的扶贫队伍要摸清帮扶对象贫困现状的根本思想原因，量体裁衣、对症下药，通过对贫困群众加强相关思想教育，传播先进思想理论，真正使其思想观念由被动的"要我脱贫"转化为主动的"我要脱贫"。脱贫工作取得良好效果后，以脱贫意识强烈的贫困群众为榜样感染其他贫困群众。因为真实案例比抽象复杂的政策宣传更具说服力，更能激发贫困群众积极参与扶贫工作，能在更大程度上获得贫困群众对于扶贫政策的响应支持。同时，利用互联网、数字报刊、移动电视等新型媒介平台，实时跟踪报道精准扶贫实践工作中的典型案例，如贵州省毕节市大方县。用典型的成功脱贫案例来激发缺乏自信心的贫困群众的自主脱贫意识。

2. 针对个体差异通过扶智建立扶贫的长效机制

针对不同类型的贫困群众,当地政府要制定出不同的扶贫方案。坚持实施习近平总书记"因地制宜、分类指导"的扶贫工作指导思想。首先,政府要强化患病、残疾贫困群众的基本生活和就医治疗兜底保障制度,要将丧失全部或部分劳动力的患病、残疾贫困群众纳入最低生活保障的范围,同时落实患病及残疾人的补助政策。其次,针对求学阶段的患病、残疾贫困学生,政府要全面落实各项助学补助,一律按照最高标准发放,并且将其纳入免除学费人群,同时要给予其一定的生活补助和心理健康辅导。最后,对待尚未完全丧失劳动能力的患病、残疾贫困群众,政府要牵头带动企业、社会人士等群体,开展技术培训、产业帮扶、特殊教育等活动,帮助贫困群众学会合理、充分地利用本地自然文化和历史文化等资源发展生产、增加收益,如:将拥有一定劳动能力的患病、残疾贫困群众组织聚集在一起建立手工艺品合作社等。此外,在建立患病、残疾群众脱贫制度时,要着重建立和完善康复救助机制体制,从根本上阻断贫困源头。

3. 进一步创新产业扶贫,大力发展"互联网＋"扶贫模式

(1) 创新产业扶贫体制机制

其一,引入先进农业技术,加快土地流转。对于乌蒙山片区而言,开展农业科技培训是实现产业脱贫的重要途径之一。传统的农业技术对自然的依赖性较强,且生产效率低下,仅适合精耕细作的小农经济。要想通过现代农业实现脱贫致富,必须依托现代科学技术,当地政府应积极引进、聘请卓越的科技人才,引导各地技术人员交流学习,开展种植技术讲座、培训等,给农户传授先进的技术和经营方式,提高农产品的产量和附加值。同时政府要积极组织专家对乌蒙山区的气候及自然条件进行深入考察,着眼当地的产业发展特色,因地制宜,充分依靠相对优势,选出适应乌蒙山气候条件和地理环境的农作物进行栽培,遵循"一镇一产业、一村一产品"的方针,发展立体农业生产模式,帮助贫困村推进以绿色种植业、特色养殖业与休闲旅游业为主导前景的产业模式。2014年,国家明确指出"促进土地流转和适度规模经营是我国农村发展现代农业的必由之路"。乌蒙山农业资源分散,应构建以政府为主导、政企农三方协调合作的土地流转机制,促进乌蒙山贫困地区的农业由分散化、自给化转向集约化、商品化。

其二,优化工业结构,发展高新技术产业。贫困对象脱贫需要产业支持,乌蒙山矿业资源丰富,需深入推进产业结构优化改革,推进一级加工与精细加工相结合的生产模式,延长产业链,拓宽以高新技术产业为主导的新型产业格局,推动特色产业与综合产业融合发展。

其三,大力开发旅游资源,发展乌蒙山特色旅游。乌蒙山区自然旅游资源丰富,地貌奇特,是旅游业根植成长的沃土。应发挥地区优势,因地制宜,发展特色旅游业。依仗乌蒙山区的生态旅游等自然资源以及历史文化等人文资源,开展乡村旅游带动模式,发展特色乡村休闲旅游,如挖笋大赛、采茶节、农家乐等。同时积极发挥互联网平台的宣传作用,如抖音、微博、小红书等,打造知名网络博主,扩大旅游资源在全国乃至全世界的知名度和影响力。在开发自然资源的同时也要注重文化传承,乌蒙山区历史悠久,还保留着许多传统手艺。可利用传统文化技艺制作旅游周边工艺纪念品,发展边远地区的传统手工艺品牌,利用"互联网＋"方式,拓宽乌蒙山区手工艺产品销售市场,通过多种方式拓展产业链,获取经济效益。

(2) 搭上互联网平台的幸福快车,促进各项产业深度融合

其一,充分发挥"土流网"(互联网＋土地流转)的作用,以互联网平台为信息载体,促进乌

蒙山区拥有一定闲置土地的农民与土地流转中介机构、土地种植企业合作,将闲置荒地、优质农地充分利用。农户也可以土地入股、土地互换、出租等形式加入土地流转。以土流网https://www.tuliu.com/为例,该平台是目前国内土地流转的大型门户网站,而乌蒙山地区所注册的农村用地、农房数量较少,交易数量也寥寥无几。这说明当地政府不重视互联网与农村土地流转的结合运用。新时代的农业聚土地电商模式,将为乌蒙山地区的土地流转带来巨大的市场空间,获得更大的经济效益。政府通过大力宣传、走访,促使农户与政府、电商企业合作,将大量零散且闲置的土地流转到电子商务公司名下,电子商务公司再把土地流转给拥有一定实力可以进行规模化经营的求租土地者。也可利用各大土地流转交易网站(如土流网、聚土网),充分发挥"土流网"以及电商聚土地的作用,加强监督,减少中间环节,降低成本,实现多方共赢。

其二,构建"种养结合+加工+配送"农业生产体系,发展"互联网+农业"。乌蒙山片区气候温暖湿润、温差小、牧草资源丰富,工业污染少,具有畜牧业与种植业结合发展的区位优势。盐津乌骨鸡、会泽羊八碗、彝家辣子鸡、威信黑木耳、桐梓方竹笋、宜宾早茶等特色美食以及农产品已经被大众市场所认可,但是由于未达到规模化、集约化的程度,与现代信息技术结合度低,未能真正地将乌蒙山片区特色产品经济效益发挥出来。扶贫工作要开发种养结合型生态农业循环模式,加快农产品向规模化、集约化、机械化转变。以互联网为"纽带",实现农产品从种养到加工再到配送,形成一套科学、完整、规范的运行程序。政府应发挥引导作用,通过农业合作社、"承包商加农户"等方式打造农产品一体化的网络销售平台,鼓励农户通过网购平台或与电商企业合作的方式销售农产品。除此之外,还应发挥"互联网+农业"的作用,延长产业链。结合区域实际,充分利用乌蒙山片区"天然氧吧"的优势,树立绿色生态理念。乌蒙山片区与昆明、成都、重庆等中心城市距离较近,市场广阔,可建设具有种养结合特色且集生产、生活、绿色于一体的休闲旅游场所,促进种植业、畜牧业、旅游业等多样化功能的有机融合,让游客感受农耕、养殖及归隐田园的生活乐趣。

其三,当地政府必须提高认识,在乌蒙山片区的各级政府应具备互联网与产业融合的意识。要形成以政府为主导、贫困群众积极配合、社会群体广泛参与的多元治理格局。如今互联网自媒体发展迅速,快手、抖音、微博等都成为了大众所喜爱且关注的平台。以宜宾长宁县为例,该县利用抖音、微博等平台注册"长宁县委宣传部"官方认证账号进行宣传,并获得了广泛关注,得到了大众的喜爱,效果十分显著。

政府在充分利用自媒体宣传时应将乌蒙山土特产、旅游业等特色产业结合起来,扩大当地特色产业的知名度和影响力,拉动地区发展。一方面,该地区应该引进先进科学技术,配置电子地图导览系统,完善在线支付功能,推广O2O模式,引导政府与电商企业合作,将乌蒙山区景点特产店加入淘宝网等电商平台,促进旅游产品和特色土特产销售。以"政府+互联网+农户+物流"的销售方式,打造品牌农产品,真正把"互联网+"与乌蒙山片区特色产业相融合,做到精准营销、创新扶贫。另一方面,要加大对当地电商企业的监管力度。政府在利用新媒体大力宣传的同时,要完善订单农业体制机制,加强对不良商家的打击,严格把关,避免坑害农户的现象发生。

4. 持续提高政府扶贫工作队伍在扶志(智)方面的技能

其一,推进扶贫队伍精准识别工作,加强政策认识,提升扶贫队伍素质。扶贫队伍要重点着眼于扶贫到户、到人,推动精准识别工作稳步进行。最大限度地避免"误评""漏评"等情况发生,切实保障贫困群众享受到国家的脱贫政策。同时,扶贫队伍要积极落实扶贫政策,定期考察政策落实情况,确保扶贫政策落到实处,为贫困群众提供实质性的帮助。此外,要建立一套完整的培训制度,对乌蒙山片区的扶贫人员进行必要的岗前培训、岗中培训、各种临时培训等,提升其综合素质,采取恰当的方法和形式找准贫困群众致贫的根本症结,落实帮扶工作。

其二,完善扶贫干部保障激励机制,提升干部内在工作动力。政府要根据具体情况提高扶贫干部工作生活补贴,建立完善的保障激励制度。同时,还要时常关心扶贫干部心理健康情况,满足扶贫干部的合理诉求。提升扶贫干部的工作积极性,使其在精准扶贫工作中起到带头引领作用,形成扶贫工作的长效机制。

其三,加强扶贫队伍建设,增强扶贫队伍专业化能力。全面提高扶贫队伍素质,首先要强化扶贫人员奉献精神与革新意识,对去乌蒙山片区进行扶贫工作的人员预先进行筛选,优先选择思想素质较高、综合能力较强的人员。同时,完善扶贫队伍结构,拓宽扶贫队伍的建设渠道,引进第三方机构人才,进行扶贫时加强与政府派驻的扶贫工作人员、当地村干部的合作。运用多方智慧,创新扶贫方式,增加基层扶贫队伍的力量,提高扶贫工作效率。

5. 完善在文教、医疗卫生方面的基础设施建设

(1) 完善教育体制机制,阻断贫困代际传递

聚焦乌蒙山区教育扶贫,针对具体问题补齐短板,提升质量促进公平,切实发挥教育阻断贫困在代际之间传递的基础性作用,是精准扶贫工作的重要内容。

首先,提高义务教育的巩固率,实现各类教育在均衡有序的原则上快速发展。切实解决因贫辍学、因学致贫等问题,将义务教育巩固率保持在规定水平线上。合理布局高等职业学校、高中一级教育学校,科学配置各类教育资源,促进教育公平,使教育资源向贫困地区、农村偏远地区倾斜。建成和改建一批高等学校,促进普通高校和中等职业学校教育协调同步发展。同时要尊重少数民族文化,发展少数民族地区双语教育和更具少数民族特色的文化教育,支持高等教育特色发展,教育发展重点如下:

① 学前教育。实施农村学前教育推进工程,制订学前教育三年行动计划,新建、改建、扩建一批幼儿园,基本普及学前一年教育,使学前三年毛入学率有较大提高。

② 义务教育学校标准化建设。实施中小学校舍安全工程与农村义务教育校舍维修改造、农村初中工程、薄弱学校改造和学校布局调整等相结合,切实缩小区域差距、城乡差距和校际差距。实现校舍、师资、设备、图书等资源均衡配置,逐步达到国家基本标准。完善农村义务教育经费保障机制。

③ 普通高中教育。在县城或中心城市新建、改扩建一批普通高中学校,加强基础设施建设和仪器设施配备,扩大培养能力。

④ 职业教育。建设一批国家级、省级示范性中职学校。充分利用现有培训资源,加大农村劳动力技能培训力度。改造和完善职业院校主干专业教学和实训条件。以毕节职业技术学院、昭通职教中心为基础,创建区域性、综合性的高职学院。

其次,政府牵头带动企业及社会人士大力完善区域内教学设施,改善区域内办学条件,加快落后校区的改建扩建,加大资金投入,形成政府、企业、个人全方位的资金投入支持链。切实改善乌蒙山区教学设施缺乏以及教学环境恶劣的现状。

最后,优化教师队伍结构。培养乌蒙山区本土教育师资,大力引进有志向、有思想的教师,

加快区域内教师人才的补充,全面落实免费师范生定向培养计划和"特岗计划"等政策,执行乌蒙山区中小学教师素质能力提升培训专项计划。切实提高乌蒙山区教师待遇,进一步完善乌蒙山区教师工资制度、加大补贴力度。此外,在评定职称时优先考虑长期坚守在贫困区域内学校的教师。

(2) 加快完善基础设施建设

水、电、路、网等基础设施的建设往往是横在脱贫攻坚道路上的一座大山。乌蒙山区要打赢脱贫攻坚战,赶在2020年实现迈进全面小康社会的目标,关键要改善水、电、路、网等基础设施。

抓基础交通建设是首要。加速投入建设一批重要的交通枢纽项目。力求尽快达到《乌蒙山片区区域发展与扶贫攻坚规划(2011—2020年)》"三纵两横"综合交通网络的基本要求。争取通过改善交通基础设施建设,夯实乌蒙山区的脱贫基础。

其次要切实解决饮水安全问题。合理利用当地水资源,建设重点水库,如米市、龙官桥、岔河、真金万等。合理开展集中供水和分散供水两大工程,加快安全供水饮水网络建成,全力解决贫困地区人民群众的安全饮水问题。

最后要完善通信网络。加快光纤通信、移动通信以及卫星通信相结合的现代通信体系在乌蒙山区的建设。切实解决乌蒙山区区域内通信盲区问题,实现无线通信信号全覆盖。

(3) 提高医疗卫生水平

一方面要继续加大对基层医疗卫生设施的资金投入,大力引进先进的医疗设备,完善基层卫生体系中的硬件基础设施;鼓励、引进优秀的医疗工作者到乌蒙山区工作,大力建设基层医疗卫生队伍,提高基层医疗卫生水平;完善农村医疗卫生体系的建设,加大对艾滋病等重大疾病的防治力度,对于高致病性传染病疫情的防控工作也应加强重视,降低流行疾病发病率。另一方面,改变贫困群众"小病不治,大病拖延"的错误观念,推动该地区医疗保险报销等政策的实施和推广。目前,大病保险报销比例已经由50%提高到85%,高血压、糖尿病都纳入医疗报销;全国各大医院降低药价、降低收费,异地医保卡也能报销。因此乌蒙山片区各级政府应将特困供养人员、孤儿、最低生活保障家庭成员、丧失劳动能力的残疾人(二级以上)、严重精神障碍患者、经核定的计划生育特困家庭夫妻及其伤残子女、精准扶贫建档立卡贫困人员个人缴费由相关部门全额资助。除此之外,推进服务联动,增强服务意识,优化服务流程,提升服务能力,营造医保服务全员参加,逐步实现医保业务"一个大厅、一个窗口、一次办好"。加快完善当地2019年度医疗保障扶贫实施方案和细则,引导群众树立正确的就医观念,降低"因病致贫"和"因病返贫"情况发生的可能性。

2.3 案例评析

本项目持续时间较长,项目起源甚至能够追溯到立项五年前。立项之初,学生们发现了在精准扶贫过程中扶志与扶智的重要性与大学生具有各方面的学术专长、高昂的志愿服务热情存在直接的联系,建立了以"翼帮扶"为主题的项目团队,开始参加"挑战杯"竞赛,也在校内比赛中获得了不错的成绩。随着一届又一届高年级的同学毕业,低年级的同学对项目进行了传承和发展,项目名称的关键词也经历了"翼帮扶""扶智与扶志""宜宾市扶贫现状调研"等变化,但主题和中心思想一直围绕着精准扶贫工作中的扶志与扶智。通过几届学生的共同努力最终该作品获得第十五届"挑战杯"四川省大学生课外学术科技作品竞赛一等奖。

乌蒙山片区地处云贵高原与四川盆地的衔接处，地势险峻；区域内生物种类多样；河流广布，水能资源充沛；煤、铜、铁、铅、铝、硫等矿产资源极其丰富。但低温冻害、山体滑坡等自然灾害频发，土地贫瘠、水土流失严重、生态环境承载力低等因素也制约了乌蒙山经济社会的发展。乌蒙山片区是彝族、苗族、壮族等少数民族的聚居地，少数民族人口占总人口的20.5%，民俗风情浓郁，民族工艺精湛。地广人稀，人口分布极度不均衡。地形多样，道路建设难度大，交通运输体系不完善。水能储备丰富，但水利工程设施薄弱，水能资源利用率较低。教育资源匮乏，师资力量补充速度慢，教育基础设施建设严重滞后；同时乌蒙山片区居民的思想文化观念落后，懒惰思想根深蒂固，部分人员过度依赖政策补贴。

为了解乌蒙山连片特困区扶志（智）精准扶贫政策的实施效果，通过发放问卷和实地调查相结合的方式收集数据。通过调查分析，发现扶志（智）的精准扶贫政策在乌蒙山片区存在三方面问题：一是"等靠要"思想根植深厚，当地政府对特殊贫困户重视不足；二是产业基础薄弱且与互联网结合程度低；三是扶贫队伍专业人员配备不足，公共基础设施建设落后。针对上述问题，本文提出相应的解决措施：一是引导贫困群众树立积极的脱贫观念，建立扶贫长效机制；二是创新产业扶贫机制，着重发展"互联网+"扶贫模式；三是加强扶贫队伍专业人员的培养和引进，完善公共基础设施。

通过对乌蒙山片区资金、医疗、教育、产业、基础设施等多方面扶贫工作成效的研究，分析得出区域内扶贫工作存在的问题，并提出相应的对策，为乌蒙山片区扶贫工作提供了一个全新的视角。

学生们遇到了无数的困难与障碍，从论文选题到定稿、从搜集资料到实地走访以及后期的反复修改，经历了痛苦与迷茫，但在指导老师与团队同学的齐心协力下，都一一克服和解决了。调查过程中，地方政府和当地村民给予了莫大的理解和支持，在调研过程中帮助最大的还是分布在乌蒙山各省、市、县乡的校友。学生参赛项目，没有上级批文，没有官方书函，甚至也没有规范的介绍信可以出具，调研的经费少之又少，在此过程中得到各地校友们的积极帮忙，并在发放问卷的过程中为我们提供了宝贵的数据。

同时，在本项目中，团队也存在明显的不足之处：第一，项目指导老师不擅长统计分析，主要依靠修习统计分析课程的学生进行项目的统计分析，因此对统计数据中出现的错误指导老师不能进行及时的指正；第二，项目经历的时间很长，在增加项目的厚度的同时也在项目传承过程中出现了部分脱节的现象。

总的来说，本选题切合公共管理研究方向，对扶志与扶智现状进行了调查研究，扶贫与扶志（智）相结合的扶贫策略不仅是实践创新，也是理论创新，为乌蒙山片区的扶贫开发模式提供了理论依据，也对其他地区的脱贫工作有一定的借鉴意义。

附件　调查问卷

国家精准扶贫工作在农村开展现状调查问卷

尊敬的女士、先生：

您好！我们是四川省高校的学生，我们针对农村精准扶贫的开展情况做一个简单的调查，感谢您在百忙之中抽出时间填写此调查问卷。此问卷是关于精准扶贫以及扶智与扶志的调查问卷(扶智是指教授知识技术、提供先进思路、引导正确智慧,帮助和指导贫困群众大力提升脱贫致富的专业技术素质;扶志是指传播先进思想、树立正确观念、激发脱贫信心,帮助贫困户树立起战胜贫困的信心和勇气)。我们在此承诺本问卷为匿名填写且仅作调查统计数据使用,绝不透露您的个人信息,非常感谢您的参与!

第一部分:基本信息

1. 您的性别、民族:□男 □女 民族:
2. 请问您的年龄是哪个阶段?
   A. 15~25岁　　B. 25~35岁　　C. 35~45岁　　D. 45~60岁　　E. 60岁以上
3. 您的职业?
   A. 农民　　　　B. 工人　　　　C. 个体　　　　D. 学生　　　　E. 其他
4. 您家的人数为?
   A. 1人　　　　B. 2~4　　　　C. 5人以上
5. 您的学历?
   A. 小学　　　　B. 初中　　　　C. 高中　　　　D. 大学及以上
6. 您的家庭状况如何?
   A. 已脱贫　　　B. 未脱贫　　　C. 非贫困户
7. 请问您家是否为建档立卡贫困户?
   A. 是　　　　　B. 否
8. 您家庭人均年收入?(人民币:元)
   A. 1000以下　　　　　　　B. 1000~2000　　　　　　C. 2000~3000
   D. 3000~4000　　　　　　E. 4000~5000　　　　　　F. 5000以上
9. 您家庭主要收入来源?
   A. 务农　　　　B. 务工　　　　C. 个人经商　　　D. 政府或其他社会组织救助

第二部分:调查内容

1. 您认为造成乌蒙山地区、村民贫困的主要原因是什么?(多选)
   A. 地区自然环境恶劣,生态环境持续恶化,自然灾害频繁发生,交通不便
   B. 地区市场不健全,商品经济发展滞后
   C. 缺少人力、物力资源
   D. 疾病、子女上学、残疾
   E. 思想观念比较保守,安于现状,缺乏自我激励
2. 您通过"扶志"在哪些方面得到了提升?(多选)
   A. 更加坚信中国梦,更有梦想
   B. 有更加坚定的信心通过自身努力脱贫和致富
   C. 更加拥有学习的热情和通过学习致富的信心
   D. 更加相信党的领导和国家的政策
3. 您通过"扶智"在哪些方面得到了提升?(多选)
   A. 家庭成员个体的综合素质得到了提升
   B. 家庭成员业务能力得到了提升

C. 家庭成员专业技术得到了提升

   D. 家庭成员学历得到了提升

4. 您认为通过"扶志"与"扶智"凭自己的努力能够脱贫、致富吗?

   A. 一定能　　　B. 应该能　　　C. 可能　　　D. 不太可能　　　E. 不可能

5. 您家脱贫致富最大的阻碍是什么?

   A. 缺资金　　　B. 缺技术　　　C. 缺市场渠道　　　D. 缺劳动力　　　E. 其他

6. 您对哪种创造收入比较认同?(多选)

   A. 踏实的农业活动　　　　　　B. 学习创新技术　　　　　　C. 单纯享受政府资助

   D. 接受社会扶助　　　　　　　E. 自主创业

7. 您认为哪方面的帮扶更重要?

   A. 智力帮扶　　　B. 资金帮扶　　　C. 政策帮扶　　　D. 技术帮扶

8. 您认为怎样才能摆脱贫困?

   A. 政府扶持　　　B. 自身努力　　　B. 社会扶持　　　D. 多方力量共同努力

9. 您最希望政府为您家做什么?(多选)

   A. 提供资金扶持　　　B. 提供技术帮扶　　　C. 提供就业机会　　　D. 解决生活困难　　　E. 其他

10. 您认为当前贫困家庭思想上存在的贫困现象有哪些表现?(多选)

    A. 观念较为保守,对新事物有抵触心理

    B. 好吃懒做,安于现状

    C. 有严重的"等靠要"思想,单纯等待政府和社会救助

    D. 对脱贫缺乏自信,主动性、自主性不强

11. 您觉得落后的思想对脱贫致富影响大吗?

    A. 影响非常大　　B. 有较大影响　　C. 有影响　　　D. 影响不大　　　E. 没影响

12. 您认为教育扶贫政策对您的家庭有实际帮助吗?(选填)

    A. 有显著性帮助　　　　　　B. 有一定帮助　　　　　　C. 有帮助

    D. 没什么帮助　　　　　　　E. 无实际帮助

13. 您认为精准扶贫在教育方面的政策落实过程中存在哪些问题?(多选)

    A. 教育扶贫投入资金较少

    B. 教育扶贫重普惠,不够精准

    C. 经济扶贫与教育扶贫不均衡

    D. 监管不到位,存在扶贫资金被挪用的问题

    E. 宣传不够广泛,人民不了解

    F. 其他

14. 请问您对当地脱贫致富积极、创新氛围满意吗?

    A. 很满意　　　B. 满意　　　C. 一般　　　D. 不满意　　　E. 非常不满意

15. 在"扶志"方面,您对政府的教育扶贫政策满意吗?

    A. 很满意　　　B. 满意　　　C. 一般　　　D. 不满意　　　E. 非常不满意

16. 在"扶智"方面,您对政府开展的产业带动脱贫政策满意吗?

    A. 很满意　　　B. 满意　　　C. 一般　　　D. 不满意　　　E. 非常不满意

17. 您是否了解国家对农民创新创业的扶持政策?

A. 很了解 B. 了解一些 C. 不了解

18. 您会选择自主创业来脱贫致富吗?
    A. 会 B. 可能会 C. 不会(如果不会请继续作答)。为什么?

19. 您对当地政府关于当地人的就业和劳动技能培训满意吗?
    A. 很满意 B. 满意 C. 一般 D. 不满意 E. 非常不满意

20. 您接受过哪些科技兴农之类的项目技能培训?(多选)
    A. 农业生产技能 B. 劳动力转移技能
    C. 远程教育 D. 从没有接受过

21. 您认为科技兴农等实用农业培训技术效果怎么样?
    A. 效果很好 B. 有一定效果 C. 效果不太好 D. 没有什么效果

22. 您认为当前产业扶贫政策中的最大问题是什么?
    A. 缺乏区域统筹规划 B. 产业项目不符合地方实际
    C. 产业投资渠道不畅 D. 未评估产品的市场前景

23. 您认为在"扶志"与"扶智"方面阻碍贫困地区发展最重要的外部原因是什么?(多选)
    A. 自然条件恶劣,资源匮乏,各类灾害严重
    B. 政府的扶贫措施有待提高
    C. 教育水平低下,人口文化素质不高
    D. 基础设施不健全,道路不畅
    E. 缺少青壮年劳动力
    F. 经济模式单一,产品附加值不高
    G. 其他

24. 您认为在"扶志"与"扶智"方面阻碍脱贫的内部(人员思想)原因是什么?(多选)
    A. 人们思想落后,安于现状,没有长远眼光,没有追求
    B. 听天由命,消极悲观,缺乏奋斗的勇气
    C. 没有吃苦耐劳的精神,得过且过
    D. 文化程度比较低,对新事物新知识难以接受
    E. 官员腐败思想严重,以权谋私者多于实干家
    F. 其他

25. 您认为在"扶志"与"扶智"方面实现脱贫的方式有哪些?(多选)
    A. 加强思想文化教育,提高人员素质
    B. 政府加大政策与资金的支持,创新扶贫思路
    C. 加强基础设施建设,改善乡村风貌
    D. 加强学校教育建设,确保学生的受教育权利
    E. 健全社会保障和社会救助体制
    F. 完善产业结构,增加产业链,提高产品的附加值
    G. 加强扶贫人员教育工作,全心全意为扶贫贡献力量

26. 您对当地政府部门关于扶贫工作的业务办理满意吗?
    A. 很满意 B. 满意 C. 一般 D. 不满意 E. 非常不满意

27. 您对当地扶贫政策的实施效果满意吗?

A. 很满意   B. 满意   C. 一般   D. 不满意   E. 非常不满意

28. 您对当地哪些扶贫工作满意？（多选）

    A. 基础设施   B. 社会事业（教育、医疗）   C. 思想教育

    D. 产业发展   E. 技术支持   F. 其他

29. 您对精准扶贫政策的理解程度怎样？

    A. 非常理解   B. 有一定理解   C. 理解   D. 不太理解   E. 不理解

30. 您所了解到的精准扶贫的政府宣传方式有哪些？（多选）

    A. 电视、报纸、广播等大众传媒   B. 听其他人说

    C. 村委会宣传   D. 乡（镇）政府宣传

    E. 县委县政府以及上级领导部门下乡调研宣传

    F. 无任何获得途径   G. 其他

31. 您认为精准扶贫政策中的医保政策还有待提高吗？

    A. 非常好，不需要了   B. 比较需要提高

    C. 需要提高   D. 非常需要提高

32. 你们地方发展的优势是什么？（多选）

    A. 地方特产   B. 文化历史   C. 旅游资源

    D. 矿产资源   E. 其他

33. 乌蒙山地区有哪些特色产业扶贫项目的帮扶？（多选）

    A. 茶叶   B. 竹笋   C. 优质畜禽

    D. 文化产业   E. 特色手工   F. 其他

34. 您的农副产品营销方式有哪些？（多选）

    A. 个体小规模销售，自己亲自参与

    B. 单纯依靠政府和社会组织帮扶

    C. 售卖给农副产品贩运大户

    D. 加入农副产品流通协会或类似组织

    E. 通过农副产品分销公司或者农产品商店销售

    F. 通过网络进行销售

35. 您对精准扶贫中的"扶志"与"扶智"方面有什么宝贵的意见？

参考文献

[1] 云南调查年鉴:专项调查2016—2017年乌蒙山云南片区农村常住居民收入与消费情况. 北京:中国统计出版社,2018.

[2] 《贵州统计年鉴—2017》编辑委员会.贵州统计年鉴-2017.北京:中国统计出版社,2017: 7-10.

[3] 郑子敬. 中国农村贫困监测报告:部门篇 国土资源部扶贫开展情况[R].北京:中国统计出版社,2017:93-96.

[4] 张亚男. 乌蒙山民族走廊产业性贫困与产业扶贫研究[D].中南民族大学,2013.

[5] 栗明. 生态旅游与云南扶贫攻坚战略[D].清华大学,2004.

[6] 张梓伦. 曲阳县贫困户对精准扶贫工作的满意度研究[D]. 河北农业大学, 2018.

[7] 许源源. 中国农村扶贫瞄准问题研究[D]. 中山大学, 2006.

[8] 李雨辰. 我国西部地区精准扶贫:理论追溯、实践现状与成效评价[D]. 南京大学, 2018.

[9] 严江. 四川贫困地区可持续发展研究[D]. 四川大学, 2005.

[10] 韩彦东. 基于可持续发展的人口较少民族地区扶贫开发政策研究[D]. 中国人民大学, 2008.

[11] 张桥. 精准扶贫及其在闽西革命老区的实践研究[D]. 厦门大学, 2017.

[12] 徐其龙. 精准扶贫视角下产业扶贫实地研究[D]. 中国青年政治学院, 2017.

[13] 周卫华. 毕节试验区扶贫开发的成效评价与对策研究[D]. 浙江大学, 2012.

[14] 李格. 基于脆弱性贫困视角的扶贫对策改进研究[D]. 东北财经大学, 2016.

[15] 胡柳. 乡村旅游精准扶贫研究[D]. 武汉大学, 2016.

[16] 张丽娜. 秦巴特困地区生态城镇化发展研究[D]. 重庆大学, 2016.

[17] 彭丰. 精准扶贫背景下的美丽乡村村域规划研究[D]. 重庆大学, 2016.

[18] 邓小海. 旅游精准扶贫研究[D]. 云南大学, 2015.

[19] 毕辰欣. 地方治理视野下贵州乌蒙山地区扶贫开发研究[D]. 贵州财经大学, 2015.

[20] 江菊旺. 新时期边疆少数民族欠发达地区扶贫开发研究[D]. 上海交通大学, 2014.

[21] 莫光辉. 少数民族地区农民创业与农村扶贫研究[D]. 武汉大学, 2013.

第 3 章　置水之情:农村水利设施现状与对策研究

3.1　选题背景

改革开放以来,我国农村水利改革发展取得了显著成就。但与经济社会发展的要求相比,水利投入力度明显不够,建设进度明显滞后,保障水平明显偏低。对农村地区来说,饮水问题是最基本的民生问题,灌溉条件是最基础的农业生产条件,农村用水设施是农业增产、农民增收、农村发展的重要基础。农村用水设施是农村基础设施的重要组成部分,主要包括生活用水与灌溉用水两部分,这两部分条件的好坏对提高农民生活水平与生存质量,促进农业生产效率提高和农村社会经济发展都具有重要的意义。宜宾地区是中国西南水资源较为丰富的地区,人均水资源占有量较大,但过境水占主要部分,水资源分布严重不均,存在不少长旱地带,部分地区水旱灾害频繁,农业生产以及农民生活用水出现困难局面。

本选题来自指导老师所承担的四川省教育厅科研项目的一部分,结合学生团队的专业构成、知识储备和实践能力,对选题研究范围和理论深度进行了必要的修改和调整,使之更符合本科层次学生课外学术科研实践的需要和"挑战杯"参赛标准的要求。

本选题切合公共管理本科专业研究方向,以客观调查、实证分析为基础,以因地制宜、理论与实践相结合为原则,对宜宾市农村水利设施的现状进行调查研究,旨在为改善宜宾地区农村公共用水提供参考,为完善农村用水设施、解决农村用水问题、提高农民生产生活水平提供真实的数据支撑资料,对促进农村经济社会发展和全面建成小康社会,具有较强的现实意义。

3.2　作品展示

置水之情:农村水利设施现状与对策研究

3.2.1　研究综述

1. 调研地区概况

本章采用整群随机抽样的调查方法,根据经济发展水平、水资源分布情况的不同,在宜宾市范围内选择具有一定代表性的乡镇。通过对各方面条件的综合考虑,我们选择了宜宾市翠屏区凉姜乡、思坡乡,珙县巡场镇、底洞镇及长宁县花滩镇、硐底镇。根据博雅地名网提供的数据,以及实地调研,区域概况如下:

翠屏区凉姜乡位于区境东北部,距市区 15 公里。面积 40 平方公里,人口 1.6 万。有公路通宜宾。辖九里、金胜、金利、罗山、崇德、高庙、新光、三鱼 8 个村委会。农业主产水稻、小麦、玉米,经济作物有黄麻、油菜及水果等。养殖有生猪、耕牛、淡水鱼及家禽。

翠屏区思坡乡位于区境西北部,岷江北岸,距市区 14 公里。面积 89 平方公里,人口 2.7 万。

宜宾至大塔公路过境。下辖星星、临江、小龙、新春、望江、四中、心宁、会诗、胡家、五块、常庆、天台、秀峰、玉屏、月寺、邓银、花马、中和18个村委会。农业主产水稻、玉米、小麦,产柑橘、茶叶、油樟、茉莉花,特产花生。养殖业以猪、牛、羊、蚕及家禽养殖为主。

长宁县花滩镇地处珙县、高县、长宁三县交界处,位于长宁县西南部,地形以丘陵为主,镇域总面积52.06平方公里,其中耕地面积1 076.9公顷,总人口22 301,其中农业人口21 094人。全镇辖14个农村行政村。1个街道居委会,117个村民小组。花滩镇是一个典型的农业大镇,镇域经济以农业为主,主产水稻、玉米、小麦、红苕、花卉、竹木、核桃、板栗、柑橘、茶叶、甘蔗、蚕桑、油菜、蔬菜等农作物。

长宁县硐底镇位于长宁西南部边缘,东与龙头镇接壤,西与巡场镇接连,南与珙县县城珙泉镇相邻,北与花滩镇相连。最高海拔800米,最低海拔300米,叙高二级水泥路东西纵横,距宜珙铁路线10公里,长宁河穿境而过,全镇资源丰富,交通方便,优势独特,景色迷人,境内主要矿藏是煤和石灰石,无烟煤储量5 000万吨以上,烟煤50万吨以上,优质石灰石随处可见,其他矿藏还有铁、铝、钒等。农副产品主产水稻、玉米、红苕、豆类、花生、蔬菜和水果。

珙县巡场镇东北与长宁县接壤,西北毗邻高县,是珙县的北大门,距宜宾市56公里,蜀南竹海36公里。2005年末总人口115 928人,其中非农业人口67 672人,是川南最大的建制镇。全镇辖区面积107.6公里,辖26个村、6个社区居委会,境内属亚热带湿润气候,主产水稻、玉米。全镇自然资源丰富,森林面积达7万多亩,煤炭储量4.5亿吨,石灰石遍布全镇,磷铁矿、耐火砂岩等各种矿产丰富,具有极大的开发价值。

珙县底洞镇位于珙县中南部洛浦河畔,距珙县县城34公里,东与兴文县周家镇接壤,西靠仁义乡、下罗乡,南接玉和乡,北邻珙泉镇和长宁县双河镇,洛浦河穿境而过。全镇辖区面积136.706平方公里,总人口3.15万人,辖28个村154个农业社和1个社区居委会,全镇有林地面积10.3万亩,森林覆盖率46%。境内重峦叠嶂,是典型的山区场镇,属亚热带季风性湿润气候区。底洞镇粮食作物以水稻、玉米、小麦、土豆等为主,经济作物以蚕桑、岩桂、甜苦笋等为主,畜牧业以生猪、肉牛、山地乌鸡等为主。

2. 调研对象及调研资料来源

本研究以四川省宜宾市农村居民为主要调查对象,以问卷调查和实地访谈调查获得的数据为基础,对农村用水设施的现状进行分析研究,从农民的满意度为政府决策提供建议。

本调查采取入户问卷调查的方法,为实现调查的顺利进行且保证有效准确,调查伊始,先对组员进行严格培训,确保组员能向调查对象介绍清楚本次调查的内容,能回答调查对象所提出的相关问题。实际调查中,每张问卷都在组员的陪同解释下完成,以确保问卷的完成质量与数据的准确性和真实性。

本次调查共发出问卷1 000份,收回966份,其中有效问卷914份,有效率为94.6%,调查区域基本涵盖了四川省宜宾市大部分的农村地区。

为获得尽量多并且有效的资料,我们从多渠道、多方面寻找所需资料。首先,学校对我们的活动给予了大力支持,出具介绍信,为我们去政府、村组取得资料提供了方便。其次,各乡镇政府的工作人员也积极配合我们的调研,热情提供村组的农业生产用水、生活用水设施的相关数据资料。最后,我们也向各地村民了解了用水设施的详细情况,在面对面的交谈中,我们将了解的信息记录下来,每一个地区调查结束后进行汇总,确保调研数据的真实可靠。

(1) 调查样本区域概况

主要调查区域及样本量分布见表3.1。

表3.1 调查区域样本分布

调查区域	频率	百分比/%	有效百分比/%	累积百分比/%
翠屏思坡乡心宁村	134	14.6	14.6	14.6
翠屏凉姜乡九里村	130	14.2	14.2	28.9
珙县巡场镇汾洞村	124	13.6	13.6	42.5
珙县底洞镇大地村	124	13.6	13.6	56.0
长宁花滩镇新光村	128	14.0	14.0	70.0
长宁硐底镇新堡村	146	16.0	16.0	86.0
珙县巡场镇箐林村	128	14.0	14.0	100.0
合计	914	100.0	100.0	

本次调查的区域主要集中在翠屏区的思坡乡心宁村、凉姜乡九里村,珙县的巡场镇汾洞村和箐林村、底洞镇大地村,长宁县花滩镇新光村、硐底镇新堡村。每个地区的水利设施情况不一样,部分镇各村差距也十分明显,需要具体问题具体分析。

表3.2、表3.3中的调研数据反映出,在所调查的地区中,地理环境以丘陵、山地为主,所占比例高达98.7%,平原和盆地所占比例甚少。调查样本的经济状况69.1%达到了温饱水平,仅有12.5%达到了小康水平,贫困户的存在还较普遍。

表3.2 调查区域村庄地理环境

地理环境	频率	百分比/%	有效百分比/%	累积百分比/%
平原	8	0.9	0.9	0.9
丘陵	766	83.8	83.8	84.7
山地	136	14.9	14.9	99.6
盆地	4	0.4	0.4	100.0
合计	914	100.0	100.0	

表3.3 调查区域村庄经济状况

经济状况	频率	百分比/%	有效百分比/%	累积百分比/%
贫穷	168	18.4	18.4	18.4
温饱	632	69.1	69.1	87.5
小康	114	12.5	12.5	100.0
合计	914	100.0	100.0	

(2) 调查对象基本情况

根据表3.4、表3.5、表3.6中的调研数据,可以清楚地知道:在所调查的地区中,调查样本主要居住在村组,居住在乡镇和县城的很少。样本中男性的比例高于女性,但两者相差不大,文化程度普遍偏低,89.3%的被调查者受教育程度在初中及以下水平。

表 3.4 被调查者的性别

性别	频率	百分比/%	有效百分比/%	累积百分比/%
男	488	53.4	53.4	53.4
女	426	46.6	46.6	100.0
合计	914	100.0	100.0	

表 3.5 居住地

居住地	频率	百分比/%	有效百分比/%	累积百分比/%
县城	6	0.7	0.7	0.7
乡镇	94	10.3	10.3	11.0
村组	814	89.0	89.0	100.0
合计	914	100.0	100.0	

表 3.6 受教育程度

受教育程度	频率	百分比/%	有效百分比/%	累积百分比/%
小学及以下	134	14.7	14.7	14.7
小学	430	47.0	47.0	61.7
初中	252	27.6	27.6	89.3
高中/中专	74	8.1	8.1	97.4
大专	14	1.5	1.5	98.9
本科及以上	10	1.1	1.1	100.0
合计	914	100	100	

在所调查的地区中,村民的经济来源主要靠务农和外出务工,做生意或者从事其他工作的人较少,月收入多数在3000元以下,800元以下的占到24.7%,可见农村还有一部分人的生活水平处于贫困状态(见表3.7~3.9)。

表 3.7 主要收入来源

收入来源	频率	百分比/%	有效百分比/%	累积百分比/%
务农	406	44.4	44.4	44.4
外出务工	398	43.6	43.6	88.0
做生意	56	6.1	6.1	94.1
其他	54	5.9	5.9	100.0
合计	914	100.0	100.0	

表 3.8　家庭净月收入水平

家庭每月净收入	频　率	百分比/%	有效百分比/%	累积百分比/%
800 元以下	226	24.7	24.7	24.7
801~1500 元	310	33.9	33.9	58.6
1501~3000 元	268	29.3	29.3	87.9
3000 元以上	110	12.1	12.1	100.0
合计	914	100.0	100.0	

表 3.9　家庭生活水平

家庭生活水平	频　率	百分比/%	有效百分比/%	累积百分比/%
贫穷	260	28.4	28.4	28.4
温饱	554	60.6	60.6	89.0
小康	100	11.0	11.0	100.0
合计	914	100.0	100.0	

以上调查内容基本涵盖了宜宾农村的基本情况,调查数据具有较高的效度和信度。

3.2.2　宜宾地区农村用水设施现状与存在的问题

新形势下,农村用水设施问题受到社会普遍关注,由于受自然、社会、管理和技术等因素的影响,宜宾市农村地区用水设施呈现诸多问题,其现状令人担忧,农村居民对用水设施的总体满意度较低。

1. 农村生活用水水源单一,用水安全得不到充分保障

(1) 生活用水的来源状况

水是生命之源,饮用水安全是农民生存、生活质量的重要保证。水质的好坏影响人的身体健康,也严重制约着农村经济社会的发展。农村饮水安全事关农村社会稳定和农民身体健康,是农村工作一项重要和长期的任务。受自然、社会、经济和技术条件等的制约,长期以来我国广大农村地区饮水安全问题突出,严重威胁着人民群众的身体健康和生命安全。

为加强饮用水水源保护,保障饮用水水源安全,四川省第十一届人民代表大会常务委员会第二十六次会议于 2011 年 11 月 25 日修订通过《四川省饮用水水源保护管理条例》,该条例 2012 年 1 月 1 日起施行。

党中央和地方各级政府十分重视农村饮水困难问题,把解决农村饮水困难作为政府为民办实事的一项重要内容来抓,取得了显著的成效。但是农村饮水安全面临的形势仍然严峻,部分地区仍面临严重的缺水问题,给农民的生产生活带来了巨大的影响。

虽然与其他地区相比,宜宾水资源相对比较丰富,但由于特殊的地理条件和经济发展水平制约导致的投入不足的问题,农村饮用水来源仍以原始的取水方式为主,给农民生活造成较大不便,生活用水也存在安全隐患。农户日常生活用水来源见图 3.1。

从图 3.1 中可以看出,宜宾市大多数农民日常生活用水的主要来源是井水(多为村民自己

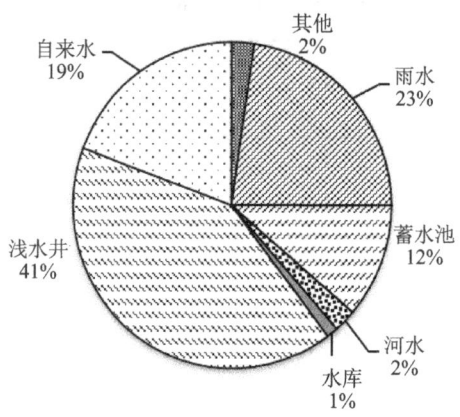

图 3.1 日常生活用水来源

修建的浅水井),占到 41%,第二位是雨水,占 23%,这两种水源特别是雨水在安全方面存在着一定隐患;第三位是自来水,占被调查农户的 19%,有将近 1/5 的农户已经用上了干净卫生的自来水,但村组的自来水普及率普遍不高;还有占较少比例的生活用水来源于蓄水池,为 12%;除此之外,在家庭日常生活用水来源中还有 2% 来源于河水、1% 来源于水库。河水和雨水的卫生条件较差,很难保证农民的基本饮水安全。以上调查数据说明,自来水在宜宾农村居民的日常生活用水中已经占有一定的比例,农村生活用水设施有了一定程度的改善,再加上以井水为主要水源的农户比例,证明地方政府在农村生活基础设施建设方面做出的努力,农村的生活用水设施已经得到了一定的保障。但同时也应该看到,在很大一部分农村地区,供水设施仍旧主要靠村集体和农民自建,投入不足造成农户生活供水仍以传统、落后、小型、分散、简陋的供水设施为主,自来水的总体普及率不高。

调查问卷显示,在调查的各区域农户中,日常生活用水的来源差异性较大,部分村庄的生活用水问题较为突出,具体情况见表 3.10。

表 3.10 家庭日常生活用水主要来源地区分布表

调查区域	自来水	浅水井	深水井	水库	河水	蓄水池	雨水	其他	总计
翠屏思坡乡心宁村	44	70	16	0	2	2	0	0	134
翠屏凉姜乡九里村	14	60	48	0	2	0	0	6	130
珙县巡场镇汾洞村	10	12	0	0	6	52	30	14	124
珙县底洞镇大地村	0	14	0	0	0	36	74	0	124
长宁花滩镇新光村	54	64	10	0	0	0	0	0	128
长宁硐底镇新堡村	18	24	8	8	8	0	78	2	146
珙县巡场镇箐林村	18	84	24	0	0	2	0	0	128

近年来,政府支持农民钻井,并给予了一定的资金支持。但是绝大部分农村居民是自己出资打浅水井,村级组织和政府在资金投入上比重较小。较为典型的是长宁县新堡村,生活用水

来源以雨水为主,在被调查的 146 家农户中,有 78 户依靠雨水,占比一半以上。调查中从当地村民那里了解到,当地遇红白事等大事需要用水时,采取的是从珙县拖运水回村的方法。虽然中央和地方不断加大解决农村饮水困难问题的力度,解决了约 70% 农村人口的饮水问题,减轻了农民取水的劳动强度,促进了农村社会经济的发展,但是农村饮用水安全问题并没有完全解决,主要表现在水量不足、取水不便、水质较差等方面。

(2) 生活用水的水质状况

水质问题与农村公共卫生问题息息相关,特别是高氟水、高砷水、苦咸水的问题,严重影响着人民群众的身体健康,成为群众最关心、最迫切需要解决的问题之一,受到全社会高度关注。曾任清华大学副校长的陈吉宁在《新农村建设中的环境问题及对策研究专题报告》中指出:中国有 1.9 亿的农村人口饮用水有害物质含量超标,且有增加的趋势,6 300 多万人饮用高含氟水,3 800 多万人饮用苦咸水,饮水含氟量大于 2 毫克/升的人口数占病区总人口数的约 40%,还有 200 万人受到饮用水砷污染的影响。目前,水质标准有很多,如细菌、pH 值、离子含量,等等。根据调研情况,农村居民反映的水质数据统计情况如图 3.2 所示。

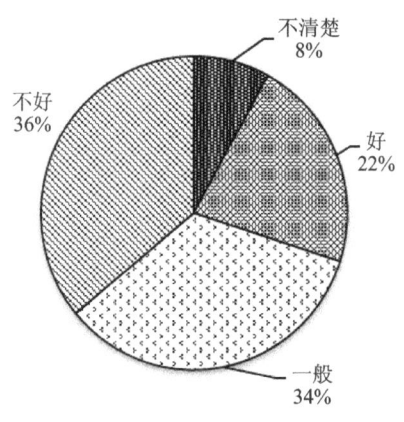

图 3.2 生活用水水质情况

从图 3.2 中可以看出,在调查区域中农民反映日常生活用水水质情况中,认为水质不好的占 36%,超过三分之一;有 34% 农民反映水质为一般;22% 的农民反映水质好;另外有 8% 的农民表示不清楚。

按照相关国家标准,采用地表水为生活饮用水水源时,水质应参照执行《地表水环境质量标准》(GB 3838—2002)的规定;采用地下水为生活饮用水水源时,水质应参照执行《地下水质量标准》(GB/T 14848—93)规定。在没有水质净化处理的情况下,水源应参照执行《生活饮用水卫生标准》(GB 5749—2006)规定。当水质不符合国家生活饮用水水源水质规定时,不应作为饮用水水源。若限于条件需加以利用时,应采用相应的净化工艺进行处理,处理后的水质应参照执行《生活饮用水卫生标准》规定(见表 3.11)。调查中的大多数村民对饮用水水质的相关标准并不清楚,对水质的判断大多依靠自己的主观感受或通过在水池里放鱼等原始手段来鉴别,饮用水安全问题仍然较为突出。

表 3.11 生活饮用水水质分级要求

项 目	一 级	二 级	三 级
感官性状和一般化学指标：			
色（度）	15,并不呈现其他异色	20	30
浑浊度（度）	3,特殊情况不超过5	10	20
肉眼可见物	不得含有	不得含有	不得含有
pH	6.5～8.5	6～9	6～9
总硬度（mL/L 以碳酸钙计）	450	550	700
铁（mL/L）	0.3	0.5	1.0
锰（mL/L）	0.1	0.3	0.5
氯化物（mL/L）	250	300	450
硫酸盐（mL/L）	250	300	400
溶解性总固体（mL/L）	1000	1500	2000
毒理学指标：			
氟化物（mL/L）	1.0	1.2	1.5
砷（mL/L）	0.05	0.05	0.05
汞（mL/L）	0.001	0.001	0.001
镉（mL/L）	0.01	0.01	0.01
铬（六价）（mL/L）	0.05	0.05	0.05
铅（mL/L）	0.05	0.05	0.05
硝酸盐（mL/L 以氮计）	20	20	20
细菌学指标：			
细菌总数（个/ml）	100	200	500
总大肠菌群（个/L）	3	11	27
（接触30分钟后）			
游离余氯（mL/L）	0.3	不低于0.3	不低于0.3
出厂水不低于			
末梢水不低于	0.05	不低于0.05	不低于0.05

注：①一级：期望值；二级：允许值；三级：缺乏其他可选择水源时的放宽限值。
②数据来源：国家计生委卫生和计划生育监督中心,现行《生活饮用水卫生标准》（GB 5749—2006）和《农村生活饮用水量卫生标准》（GB/T 11730—89）。

随着工业和城乡废水排放量、农药化肥用量的不断增加,许多农村饮用水源受到污染,严重超出了最低饮用水标准,水中污染物含量严重超标,超标指标不仅包括传统的感观和细菌学指标,还包括越来越多的化学甚至毒理学指标。由于农村饮用水多数没有经过净化和消毒,水污染问题给饮用水水质和水量带来了双重威胁,直接饮用地表水和浅层地下水的农村居民饮水质量和卫生状况难以保障。在实地调研区域中,反映出许多地方的水质标准没有严格定期的检测,以至于不清楚生活饮用水水质是否达标,是否存在有害物质,给农民生活造成了较大影响。

在调查中,农民反映水质问题较为严重、水质不好的地区中思坡乡心宁村占25%、珙县汾洞村占52%、大地村占55%、新光村占41%、新堡村占55%,其中珙县大地村和长宁县新堡村水质情况最为严重(见表3.12)。在长宁县硐底镇新堡村,由于长年以来的开矿(红卫煤矿)导致地质受损,水源受到影响,使村民的生活用水污染严重,水质较差。珙县底洞镇大地村因永福煤矿导致地质脱散,雨水堆积时与煤沙堆积形成煤炭水,影响地表水与地下水水源与质量。思坡乡在生活用水质量方面,主要反映出的状况是水中含硝量较高,生活饮用水质量需进一步提高。而所调查的地区中水质情况最为严重的长宁硐底镇位于长宁西南部边缘,境内主要矿藏是煤和石灰石,无烟煤储量5 000万吨以上,烟煤50万吨以上,全镇共有建材、采煤、竹器加工等大小企业288个,以上对水源造成的污染导致部分水不能直接饮用,需要进一步加工净化处理,饮水安全问题堪忧。

表3.12 生活用水水质情况区域分布表

调查区域	好	一般	不好	不清楚	合计
翠屏思坡乡心宁村	34	48	34	18	134
翠屏凉姜乡九里村	30	72	26	2	130
珙县巡场镇汾洞村	22	30	64	8	124
珙县底洞镇大地村	10	24	68	22	124
长宁花滩镇新光村	2	62	52	12	128
长宁硐底镇新堡村	22	34	80	10	146
珙县巡场镇箐林村	82	38	4	4	128
合计	202	308	328	76	914

为了防治饮用水水源地污染,保障分散式饮用水水源地环境质量,应在以下区域内采取必要的污染防治措施。地表水水源保护范围:河流型水源地取水口上游不小于1 000米,下游不小于100米,两岸纵深不小于50米,但不超过集雨范围;湖库型水源地取水口半径200米范围的区域,但不超过集雨范围;水窖水源保护范围:集水场地区域。地下水水源保护范围:取水口周边30~50米范围。(数据来源:《分散式饮用水水源地环境保护指南(试行)》)

根据指南,在水源保护方面,应该严格按照标准开发和保护,做好饮用水水源的管理工作。

(3)生活用水的建设资金来源状况

根据实地调研和问卷所反映的数据,生活用水设施建设资金来源多样,如图3.3所示,个人出资修建占据了绝大多数,政府出资修建明显不足。

在所调研地区的农村生活用水设施主要由个人出资修建水井来满足日常生活用水,调研区域具体用水情况见表3.13。

凉姜乡与新堡村是调查选取样本中,生活用水个人出资修建比较普遍的地方。在新堡村,个体出资占资金来源总额的78%,村民每户出资缴纳100元用于日常生活用水的水管的铺设,解决饮水困难的状况,但也会遇到管道破裂,不通水等困难。凉姜乡有葡萄种植基地,水源相对丰富,生活用水设施方面个人出资修建的比率最高,占94%。在汾洞村选择"个人出资修建"的比例占70%,在调查中所收集到的数据表明全村只有2个水井,多数情况是靠村民个人出资或者多户合作修建管道引水满足日常生活所需。

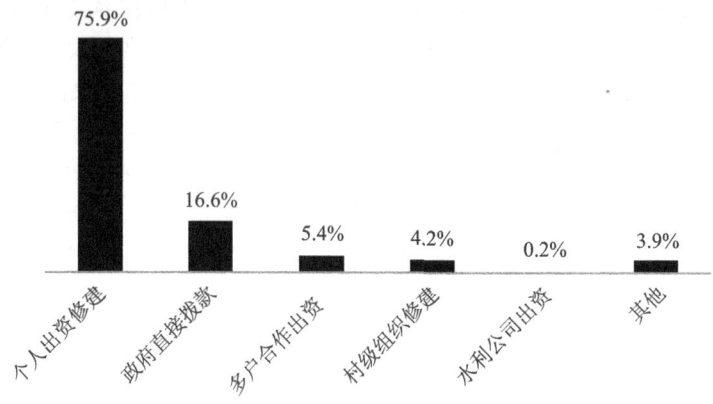

图 3.3　生活用水资金来源情况总图

表 3.13　生活用水设施资金来源"个人出资修建"样本情况表

	翠屏思坡乡心宁村	翠屏凉姜乡九里村	珙县巡场镇汾洞村	珙县底洞镇大地村	长宁花滩镇新光村	长宁硐底镇新堡村	珙县巡场镇箐林村	合计
未选	24	8	38	28	24	32	66	220
选择	110	122	86	96	104	114	62	694
合计	134	130	124	124	128	146	128	914

个人出资修建有效选择率较高的是翠屏区和长宁县,其中在翠屏区 264 户样本当中,选择"个人出资修建"的有 232 户,占了翠屏区调查样本总额的 85%;在长宁县所选取的 274 户样本当中,有 218 户选择为自己出资修建生活用水设施,占了长宁县样本总额 80% 的比例。相对其他县而言,翠屏区与长宁县的水源比较丰富,这为个人出资打井提供了良好的自然条件,所以翠屏区和长宁县个人出资的有效选择相对较高。

我国农村环境基础设施建设主要依靠国家财政投入、集体投入、农民自身筹资和农民以工代资。然而,所有农业和农村基本建设投资仅占全国基本建设投资不足 8%,而且近年来该比值还有下降趋势。农业环境基础设施具有规模小、分散,实用技术缺乏,运行成本高,回报少,基础条件差,建设周期长等特点。在农村生活用水方面的财政资金投入不足,财政资金在生活用水方面投入情况见表 3.14。

表 3.14　生活用水设施资金来源"政府直接拨款"样本情况表

	翠屏思坡乡心宁村	翠屏凉姜乡九里村	珙县巡场镇汾洞村	珙县底洞镇大地村	长宁花滩镇新光村	长宁硐底镇新堡村	珙县巡场镇箐林村	合计
未选	112	112	94	124	108	146	66	762
选择	22	18	30	0	20	0	62	152
合计	134	130	124	124	128	146	128	914

在所选取的样本区域当中,翠屏心宁村总计 134 户样本,生活用水设施资金来源选择以"政府直接拨款"方式的有 22 户,占 16% 的比例;翠屏九里村总计 130 户样本,有效选择有

18户,约占14%的比例;珙县汾洞村总计124户样本,有效选择有30户,占24%的比例;珙县大地村总计样本124户,有效选择0户;长宁县新光村总计样本128户,有效选择20户,约占16%的比例;长宁县新堡村总计样本146户,有效选择0户;珙县箐林村总计样本128户,有效选择62户,占48%的比例。资金不足、融资渠道不畅长期制约着我国农村环境基础设施建设。

2. 灌溉方式落后,缺少资金投入

(1) 生产用水来源情况

水利是农业的命脉,所以当前乃至今后如何加强水利设施建设尤为重要。

在这次调查活动中,我们通过走访农户、实地察看等方式展开调查,发现现有农田水利基础设施绝大多数建于20世纪六七十年代。这些水利工程为改善当时农业生产条件,提高抗御自然灾害能力,保障粮食高产稳产和农民持续增收发挥了重要作用。但如今,由于这些水利工程设施经过多年使用,在储水功能上明显出现了退化。

自然因素如水源较少、地形限制、气候条件等,以及人为因素如基础水利设施建设缺失和水污染严重等共同导致了目前农户灌溉困难的现状。在自身能力受限和村庄无法供水的情况下,依靠自然雨水,"靠天吃饭"等也成为必要的辅助方式。根据调研数据,宜宾地区农业灌溉水源来源总体情况见图3.4。

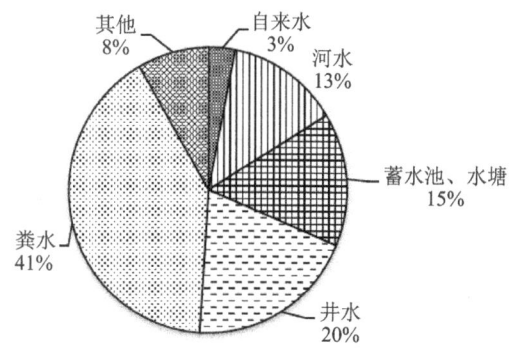

图3.4 农业生产灌溉用水来源情况

据图3.4可知,所调查的村民中有41%使用粪水,占调查的比例最大;其次是井水,占比20%;使用蓄水池、水塘的比例为15%;使用引河水、渠水灌溉的比例为13%;使用自来水灌溉的占3%。这一方面是由于所在地本身水源匮乏,另一方面也是由于生产用水设施不完善。用于灌溉的其他方式占8%,如靠雨水灌溉,所占的比例仅次于引河水、渠水灌溉的比例,大于自来水所占比例。以上调查数据说明粪水在宜宾农村居民的生产用水中依然占最大的比例,农村生产用水依然缺乏。

在所调研的地区之中,各个地区的情况也存在较大的差异,根据问卷提供的数据,具体情况见表3.15。

表 3.15　样本农业生产灌溉用水来源情况表

调查区域		自来水	河水	蓄水池、水塘	井水	粪水	其他	合计
调查区域	翠屏思坡乡心宁村	2	34	6	28	60	4	134
	翠屏凉姜乡九里村	20	18	16	64	8	4	130
	珙县巡场镇汾洞村	0	0	34	0	84	6	124
	珙县底洞镇大地村	0	2	48	0	74	0	124
	长宁花滩镇新光村	0	22	12	38	26	30	128
	长宁硐底镇新堡村	6	8	4	8	88	32	146
	珙县巡场镇箐林村	0	36	18	42	32	0	128
合计		28	120	138	180	372	76	914

从表 3.15 数据可得出,思坡乡农业生产灌溉的主要来源为粪水,在思坡乡所选取的 134 户样本中,选择粪水灌溉的村户最多,有 60 户,占 45%;其次是选择引河水灌溉 34 户,占 25%;再者有 28 户选择用自家井水灌溉,6 户选择用蓄水池和池塘水灌溉,选择自来水灌溉的有 2 户。从思坡乡心宁村、中河村了解到的情况看,现有耕地 3 000 多亩,主要发展蔬菜种植业。在干旱时节,农田灌溉主要靠从河流引水灌溉,引水主渠道全长约 3 000 米,干渠大约 1 000 米,通过泵站提水灌溉秧苗。从玉屏村了解的情况看,现有耕地 1 000 余亩,其中,水田 400 余亩,旱地 500 余亩,该村用水主要由玉屏河供给,无山坪塘或水库,但由于河床低,而两岸耕地较高,引水困难,故该村大多水田及土地干旱严重。思坡乡四中村的雷沟水库由于大量泥沙涌入堆积,已接近干涸,在蓄水供水方面已丧失了其原始的作用。

在所调查的区域中,灌溉方式选择自来水最多的是凉姜乡,有 20 户,以满足葡萄种植的水源需要。相比水源充足的凉姜乡而言,长宁县新堡村灌溉方式较为落后,调查所采取的 146 户样本中,选择自来水灌溉的有 6 户,占 4% 的比例;选择引河水、渠水灌溉的有 8 户,占 5% 的比例,这种灌溉方式受自然条件和气象条件的影响最为明显,一旦因降水量偏少导致河渠干枯将对农业生产产生巨大的影响;选择利用蓄水池、水塘灌溉的只有 4 户,占 3% 的比例;选择以井水灌溉的有 8 户,占 5% 的比例;选择粪水灌溉的有 88 户,占 60% 的比例;而选择利用雨水等其他方式灌溉的有 32 户,占 22% 的比例,是灌溉方式最为落后的地区。

(2) 灌溉方式情况

近年来,虽然宜宾地区的农业生产和农村经济得到了一定的发展,但农业生产条件总体上仍旧非常恶劣,面临着较为严峻的环境压力,如近年来干旱等自然灾害频繁发生。农民的生产方式和生产技术仍然处于相对落后的水平,可灌溉土地占家庭土地总面积的比重较低,部分农户仍在使用最为原始的"手浇"方式灌溉土地。农田的主要灌溉方式见图 3.5。

从图 3.5 对农田主要灌溉方式的数据分析可以看出,当前宜宾农村地区最主要的灌溉方式仍以人工挑水灌溉方式为主,占到将近一半的比例,为 49%。这种灌溉方式受自然条件和气象条件的影响最为明显,一旦因降水量偏少便会导致河渠干枯,将对农业生产产生巨大的影响。除了人工灌溉方式以外,还有采取"引河水渠水灌溉"方式,占比 12%,"机井抽水灌溉"的比例为 25%,也成为当前农村最主要的灌溉方式,而采取新型节水灌溉方式在调查中并未有出现,甚至还有 14% 的农田没有任何灌溉措施,纯粹靠天吃饭,这类现象在珙县巡场镇汾洞村

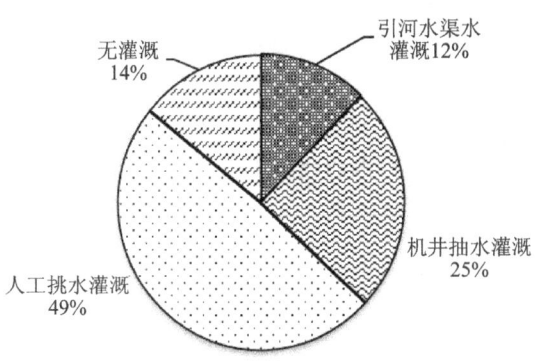

图 3.5　农田的主要灌溉方式

较明显。由调查可知,宜宾地区农村土地灌溉的主要方式仍以较为原始落后的方式为主,既造成了资源的浪费,也成为农业增产增收的主要瓶颈之一。调查过程中反映出的问题是农村水利灌溉基础设施极其薄弱,维修不力。不过也有村组修建田坎硬化工程囤积雨水至田间,能够有效地利用雨水资源用以灌溉,这是其他地区可以借鉴的地方。

根据实地调研,宜宾地区的农田灌溉分化较为明显,各个地区受自然条件的影响,呈现出不同的情况,具体情况见表3.16。

表 3.16　各村农业生产主要灌溉方式情况表

调查区域	引河水渠水灌溉	机井抽水灌溉	人工挑水灌溉	无灌溉	合　计
翠屏思坡乡心宁村	18	74	40	2	134
翠屏凉姜乡九里村	34	76	18	2	130
珙县巡场镇汾洞村	4	2	78	40	124
珙县底洞镇大地村	14	0	108	2	124
长宁花滩镇新光村	4	30	68	26	128
长宁硐底镇新堡村	2	12	92	40	146
珙县巡场镇箐林村	36	32	42	18	128
合计	112	226	446	130	914

根据调查,珙县巡场镇、底洞镇虽有大面积的粮食种植,但受水资源缺乏、灌溉方式落后影响,主要农作物为红薯、玉米和油菜,水稻、小麦此类用水需求量较大的农作物种植面积较小。受山地、丘陵地形影响无法引进先进农业灌溉方式,大部分为引水灌溉,从池塘抽水用于农作物种植用水,旱地仍然大部分采取挑水或者是挑粪水手浇的灌溉方式,而新型农业的灌溉方式几乎不存在。在长宁县硐底镇新堡村,因缺水使水田变为旱地,灌溉设施缺乏,基本靠天吃饭,以山上雨水进行灌溉。在新堡村所访问的146家农户中,大部分用人工挑水灌溉,而无灌溉情况也比较明显,占40户。在所调查的翠屏区思坡乡,引河水、渠水灌溉占13%,井水抽水灌溉占55%,人工挑水灌溉占30%,采用其他灌溉方式的占2%。在天旱时,当地政府会主导引岷江水用于灌溉,但岷江水库已被公司承包,需个人出资购买(2元/吨)。

(3) 灌溉用水的池塘数量情况

从各个调查样本区域的汇总情况来看,当地专门用于生产的蓄水池分布情况如图 3.6 所示。调查数据中"当地村民组大约有多少处可用于生产灌溉的池塘或水池",总体情况反映出只有 5% 是 10 处以上的蓄水池;有 5% 蓄水池情况为 5 处以上 10 处以下;更多村组用于生产灌溉蓄水池和池塘的情况是 1~2 处,占总比例的 34%;还有较大比例反映出的情况是村组中没有任何用于生产灌溉的蓄水池或者池塘。

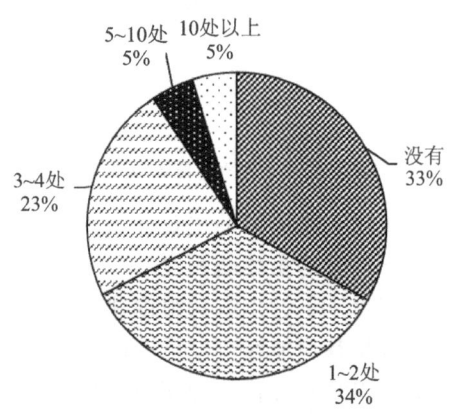

图 3.6 当地生产用水蓄水池、池塘分布情况图

在所调查的区域中,从表 3.17 可以看出凉姜乡蓄水池修建数量较多,2 处以上用于灌溉的蓄水池的比例达到 60%,10 处以上的蓄水池占 30%,是水源和储水最丰富的地区。而思坡乡蓄水池在 2 处以下的比例高达 81%,严重影响着生产用水。在思坡乡,存在一个甚至几个生产队只有一个池塘的情况,大部分池塘由私人承包管理,但是在管理过程中常常出现纰漏,生产用水比较紧张。汾洞村 2 处以上用于灌溉的蓄水池数量为 0,而在所选取的 62 户样本中,有 1~2 处蓄水池数量只有 19 个,占总额近 31% 的比例,在汾洞村的调查中,几个生产队只有 1 个水池用于生产,生产用水极为紧张。

表 3.17 各村用于灌溉的蓄水池数量情况表

调查区域	没有	1~2 处	3~4 处	5~10 处	10 处以上	合计
翠屏思坡乡心宁村	30	78	14	12	0	134
翠屏凉姜乡九里村	12	40	22	16	40	130
珙县巡场镇汾洞村	86	38	0	0	0	124
珙县底洞镇大地村	78	32	14	0	0	124
长宁花滩镇新光村	24	2	90	12	0	128
长宁硐底镇新堡村	44	88	8	2	4	146
珙县巡场镇箐林村	28	38	62	0	0	128
合计	302	316	210	42	44	914

(4) 农田水利设施建设资金来源情况

农田水利设施作为公共物品之一,理应主要由政府进行投入与支持,但结合调研具体情况,样本乡镇的农村水利设施的投资绝大多数为村级组织和个人,个人和村级组织是水利投资的主要力量,也是水利修建的主要资金来源,政府投资所占比重较小,低于村民个人出资。如图 3.7 所示,在有效的调查样本 914 户中所收集的信息,资金来源渠道选择"个人出资修建"的有 564 户,占比为 61.7%;生产用水设施选择由"多户合作出钱修建"的有 98 户,占比为 10.7%;选择由"村级组织修建"的有 72 户,选择"政府直接拨款修建"的有 242 户,主要集中在珙县巡场镇的村组;选择由"水利公司出资修建"的只有 4 户,选择其他方式修建的 72 户。所选择的样本地区大多对农村水利设施的投入不够,由于村民个体投资较多,资金来源相对分散,没有达到整体效果。

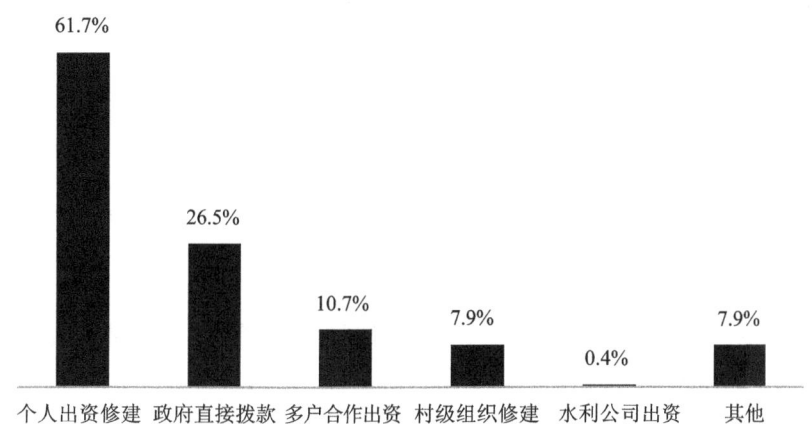

图 3.7　农田水利设施建设资金来源

3. 用水设施维护较少,缺少管理机制

(1) 生产用水设施的维护管理情况

据 2015 年 4 月 29 日宜宾市四届人大常委会第三十次会议上《关于"十二五"农村饮水安全工程建设情况的报告》,目前宜宾市建立的管护模式有五种:一是国有公司经营管理模式,如翠屏区碧泉供水有限公司负责管理乡镇集中供水,供水人口约 15 万人;二是由片区水务站代管模式,经营收入独立核算;三是独立供水站管理模式;四是乡镇人民政府代管模式;五是组建用水协会或由村社自行管理模式。

在农村,水资源相对于城镇而言,是比较丰富的,但其可利用率较低。因为在农村,水利设施管理和维护存在的主要问题是"主体缺位,无人管理",水利设施的公共物品属性、投资主体的单一性和缺乏有效的监督和管理机制是主要原因。近几年来,农村生产用水问题越来越多,情况日益严峻,部分地方有生产用水设施的维护管理机制,但却并未真正发挥其应有的作用,甚至在一些地方,根本没有管理机制,处于无人管理状态。

在我国的一些乡镇,经济发展水平还比较低,用于农业灌溉的设施、设备都很陈旧,一些如灌溉渠道、灌溉机井、农用水库等灌溉设备大多无人管理。乡镇财政没有足够的资金用于农田水利设备的更新与维修,导致许多先进的灌溉技术由于缺乏相应的设备作支撑而得不到有效的应用,进而也影响了农业灌溉水平和效率的提高。如图 3.8 所示,在宜宾地区,生产用水设施是农户自己管理或者处于无人管理状态的,比例高达 74%,由乡镇政府直接管理的只占比 7%,由村级组织管理的占比 19%。由这些数据可以看出,在宜宾,政府对用水设施的维护较少,乡镇政府未足够意识到生产用水设施的完善对农村经济发展的重要性,所以管理机制相当不健全。

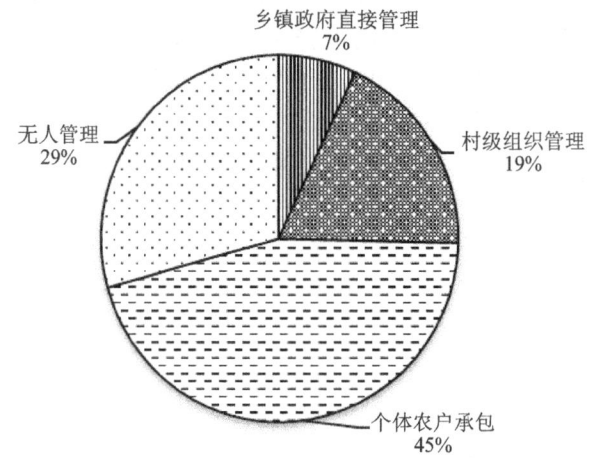

图 3.8 生产用水设施管理维护方式

从水利设施的管理情况来看，宜宾地区现有水利设施的管理原则基本上是"谁使用谁受益谁管理"，存在国家、集体、农民三者的责任和义务界定不清的情况。由于没有形成良好的管理系统机制，导致农村水利设施建、管、用脱节，管护工作缺乏完整、规范的制度，村组争取水利设施的积极性高，但管护工作存在着严重不足和缺陷，致使工程渗漏、损毁后无人及时维护，大部分的沟渠缺乏维护，或者渠道简易，导致在引导过程中渗漏较为严重。

根据相关的管理制度，虽制订了关于农村生产灌溉管理制度，但因为缺失制度的落实与监管，所以出现广大农村生产用水设施处于无人管理状态，即使有人管理，大多数也是农户自己管理。

根据调查，如表 3.18 所列，不管是水资源比较丰富的凉姜乡、箐林村，还是用水相当困难的新堡村、大地村，都存在乡镇政府管理维护不到位的问题。在水果之乡凉姜，水源是比较丰富的，只要政府牵头组织，管理维护起来十分方便，但情况并不如我们所想的那样，在调查的 130 户农户中，竟然有 78 户百姓回答是没有人管理的，这个比例高达 60%。凉姜乡靠近宜宾市区，经济发展迅速，在这种经济发达的地方尚且无人管理，更不用说在经济落后的偏远地区了。

表 3.18 各村生产用水管理维护方式表

调查区域	政府管理	村级管理	个体承包	公司管理	无人管理	合计
翠屏思坡乡心宁村	4	22	90	0	18	134
翠屏凉姜乡九里村	6	22	24	0	78	130
珙县巡场镇汾洞村	12	12	56	0	44	124
珙县底洞镇大地村	12	28	62	0	22	124
长宁花滩镇新光村	2	20	56	0	50	128
长宁硐底镇新堡村	16	30	60	0	40	146
珙县巡场镇箐林村	12	34	66	0	16	128
合计	64	168	414	0	268	914

在新堡村，由于没有水源，他们已经多年没有种植水稻，原来的农田基本上已变为旱地，现

基本用来种植需水量相对比较少的玉米、红薯。据村民反映,在五六年以前,家家户户都是种植水稻的,但由于附近有一个红卫煤矿,不加节制地开采,最终导致地表水下降,水源枯竭。此外,以前在新堡村有一个很大的水库,水源基本上是可以满足全村人使用的,但由于一些人为了个人利益,在一段堰渠的下边挖黄沙卖,最后导致堰渠垮塌,不能再流水,直至现在乡镇政府也没能出钱出力将其修好。政府对生产用水设施缺乏维护管理,在调查的146户农户中,有100户回答的是自己管理或者无人管理,比例高达68%。整个新堡村的村民,只要一提到生活生产用水方面的问题,一个个都情绪较大。根据以上的数据,足以说明现在的农村,用水设施维护较少,缺少管理机制。

(2) 生活用水设施的维护管理情况

安全可靠的农村生活用水直接关系到农村人民群众的身心健康和生活质量,随着城乡供水一体化的不断推进,农村生活水工程建设与管理显得尤为重要,建设是基础,管理是关键。管理跟不上,效益就无法发挥。对于生活用水也是一样,如果当地政府、村里的管理维护没有到位,那么农民就没有充足的生活用水,从而会影响人民群众的身心健康。在中国,据不完全统计,农村人口总数有9.5亿,占全国总人口的比例高达67%,因此,可以这么说,如果因为用水这个问题影响到农民的健康和生活,那么影响的将会是我们整个国家的发展。所以不管是当地政府还是村级领导,都应该履行自己的职责,明确自己的责任,维护好生活用水设施。

2014年10月政府公布的农村饮水工程的设施现状为:全国农村人口中的分散式供水人口为58 106万人,是农村人口的62%;集中式供水人口36 243万人,占农村人口的38%。农村的分散式供水多为户建户用,其中浅井供水占67%,直接取用河水、坑堵水占21%,引泉水占9%,集雨工程占3%。农村的集中式供水多数为单村集中式供水,占总工程数的91%,这类供水工程只有水源和管网,没有水处理过程和水质检测设施;配备有水处理设施的联村集中式供水工程仅占8%左右。在调查的宜宾地区的农户中(图3.9),只有21%的农户回答说是由政府或村级组织管理的,还有少数的地方靠饮水公司管理,但所占比例不到1%,生活用水关系到生命和身体健康,所以有70%的农户靠自己管理,当然,还有8.6%的农户是没有人管理的,他们靠天喝水,下雨时将水储备起来饮用。在广大农村,其实都建有一些或大或小的生活用水基础设施,但基本上处于无人管理状态,农村的用水设施管理缺乏合适的管理机制、管理方法和管理模式,使得广大农民群众的生活用水存在各种各样的问题。当地政府进行了用水设施的建设,但建设仅仅是基础,要做到切实有效的管理才是关键,让各家各户都有安全充足的水源才是王道。

在调查的七个地方(表3.19)均存在同样的问题,即生活用水设施基本是农户自己在管理,即使有少数的农户回答是政府管理,那是因为当地政府修建了水利设施,如修水库、水池等,有些修好后便不管设施是否能够供水,只是为了自己的考核,纯粹是面子工程。比如在珙县底洞镇大地村,政府组织修建了两个水池,但修好后便不再管理维护,在大地村调查的124户中,有110户的百姓是靠自己管理的。大地村所处的地理位置较高,想要从山下运水进村相当困难,交通也不方便,所以农民只有靠自己在山上四处寻找水源。在大地村,以前有一个永福煤矿,由于过度开采,导致整个村出现了脱层现象,在炎热的夏天,缺水情况更严重,有时为了解决饮水的问题,去旁边那条小河里一勺一勺地舀浑浊的泥沙水。用水条件相对较好的巡场镇箐林村,选择政府管理的有16户,村级管理的有30户,自己管理的有82户。他们中有许多农户都是饮用自来水,但组与组之间的差距十分明显,用自来水的那些组,便是政府直接管

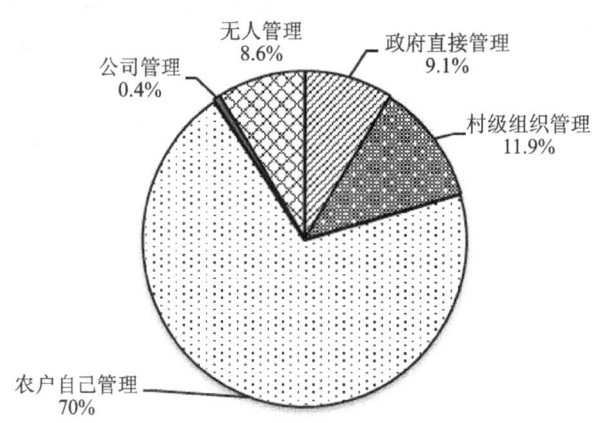

图 3.9　生活用水设施管理维护方式图

理或村里管理,但还有许多的组是靠自己挖水井,自己管理。所以,无论是生活用水丰富还是稀缺的村庄,都存在当地政府管理不到位的情况。

表 3.19　各村生活用水设施管理情况

调查区域	政府管理	村级管理	自己管理	公司管理	无人管理	合　计
翠屏思坡乡心宁村	20	4	100	6	4	134
翠屏凉姜乡九里村	20	28	64	0	18	130
珙县巡场镇汾洞村	2	0	80	0	42	124
珙县底洞镇大地村	8	6	110	0	0	124
长宁花滩镇新光村	2	8	112	0	6	128
长宁硐底镇新堡村	12	32	92	0	10	146
珙县巡场镇箐林村	16	30	82	0	0	128
合计	80	108	640	6	80	914

4. 农村居民对用水设施的满意度分析

(1) 生产用水满意度状况

水资源是农业生产中必不可少且不可替代的宝贵资源。农业水资源的开发、利用、调控依靠农田水利设施,农田水利是农业生产的重要生产条件和手段。水利化是农业现代化的重要组成部分,是提高农业生产率、增加农民收入的关键之举,是国家粮食安全、生态安全、经济安全和战略安全的重要途径。生产用水设施作为农村公共物品的重要组成部分,需要各级政府进一步加大资金投入和技术支持,以提高农业生产效率,提升农民满意度为目标,促进农村社会经济的加快发展。

从图 3.10 可以看出,对用水设施表示"非常满意"的仅占调查人数的 2%,表示"满意"的占总调查人数的 30%,两项相加满意率还没有达到总人数的一半。最近几年国家加大了对"三农"的投入力度,在农村水电设施建设方面各级政府均安排了相应的专项资金,保障了农民的基本生产和生活需求,取得了一定的成绩,但还是只能使一部分人满意。从另一方面来看,表示"不满意"和"非常不满意"的总人数达到了45%,农村用水设施的主观满意率仍旧偏低,用水设施的总体情况虽然得到了一定的改善和提高,但与农民群众的期望相比,仍旧存在一定的差距,因此农村生产用水设施建设还需要进一步改进。

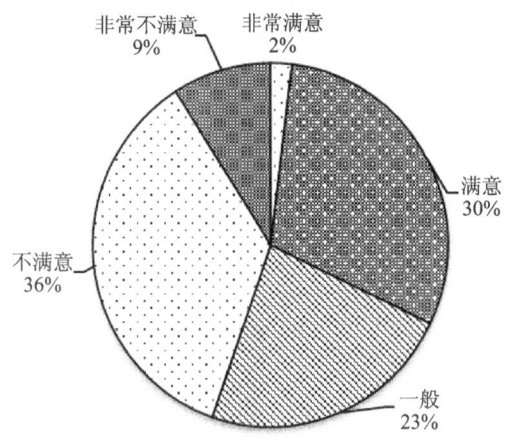

图3.10　生产用水满意度情况

在具体的调研村镇中(表3.20),从农村水利设施方面的情况分析,根据选定的巡场镇箐林村的具体情况,箐林村的灌溉用水主要分为旱地灌溉用水和水田水稻种植用水,2012年对附近的村庄实行了国土整理,建设规模561.72公顷,新增耕地77.80公顷,建设投资1 250.21万元。箐林村修建了大量的蓄水池,加强了梯地整治,对水塘进行了修缮,基本上满足了灌溉的需求,农业生产条件得到了极大的改善;但是仍然存在问题,农民对于该地区的满意度不高,从该村生产用水设施方面来看,主要由于蓄水池和水塘属于私人使用,在维护方面由个人维护,但是部分蓄水池因年代久远已经出现淤积情况;水库由宜宾巡场镇政府维护日常灌溉用水,由于水渠的普及率很低,主要是用于灌溉离水库较近的地方,其他离水库较远的地方、地势较高的地方,不能便利地将水引入田地。这些情况影响了农户对生产用水设施的满意度。

表3.20　各村对生产用水满意度状况样本

调查区域	非常满意	满意	一般	不满意	非常不满意	合计
翠屏思坡乡心宁村	0	36	46	50	2	134
翠屏凉姜乡九里村	4	20	22	72	12	130
珙县巡场镇汾洞村	0	6	42	26	50	124
珙县底洞镇大地村	0	54	36	34	0	124
长宁花滩镇新光村	0	24	22	70	12	128
长宁硐底镇新堡村	8	62	22	48	6	146
珙县巡场镇箐林村	6	74	22	26	0	128
合计	18	272	212	326	82	914

在同一个镇的汾洞村,情况却完全不同,人们对生产用水设施的状况很不满意,全村只有两个小小的蓄水池,并且池子里根本没有水,这更影响了百姓对用水设施的满意度。在汾洞村

调查的124户农户中,有76户农户对灌溉用水不满意。引用当地农民群众的一句话,用水问题犹如"当一天和尚敲一天钟",在需要的时候只能四处寻找水源。

(2) 生活用水满意度状况

受自然、经济和社会等条件的制约,农村居民饮水困难和饮水安全问题长期存在,加上我国长期的城乡二元化结构发展政策,使农村供水设施十分薄弱。城市自来水等基础设施建设由于政府投入力度大,发展很快;而大多数农村供水设施主要靠村集体和农民自建,投入不足,造成农村供水以传统、落后、小型、分散、简陋的供水设施为主,自来水普及率低。尤其是在相对偏远的地区,生活用水更困难。宜宾市是一个三线城市,远离大城市,农村对于生活用水设施的管理更不到位,图3.11反映了宜宾农户对生活用水的满意度情况。

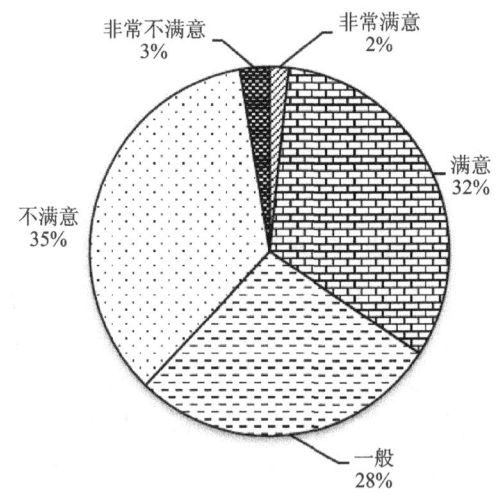

图 3.11 生活用水满意度状况

随着近几年基础设施的不断完善、改进,有一部分农户对饮用水方面还是比较满意的,但这并不能代表当地政府的管理维护是到位的。从图3.11中可以看到,有35%的农户对生活用水设施是不满意的,非常不满意的有3%的农户。农户不满意的比例比满意的比例高出许多,总的来说,在宜宾地区的生活用水状况还是不尽如人意的。这些数据表明,当前农村的饮水问题比较突出,当地政府应尽快改善农村饮水状况,这样才有助于提高农村人民群众的健康水平,减少医疗费用的支出;有助于改进农村人民群众的生活方式,提高生活质量;有助于节省低效劳动,解放农村劳动力;有助于水资源的有效利用,减少不必要的浪费。因此,完善农村地区的供水设施是一项不可缺少的基础设施建设。

由表3.21可以看出,满意度最低的是长宁县花滩镇新光村,在新光村共调查了128户,其中就有78户农户对生活用水是不满意的,在该村,没有一户农家用自来水,全村基本上都饮井水,并且一口井还要供应10户以上使用,水资源相当拮据,在干旱的时候,井水减少,农民饮水更困难。在翠屏区思坡乡调查了134户,其中有40户农户感到不满意,有50户觉得一般,因为还是有点生活用水,但必须特别节约,才能勉强保证生活用水。在思坡乡,其实水资源还是比较丰富的,他们不满意的原因主要是在思坡乡可利用的水资源极其稀少,在那些大片的水塘中,水里含有矿物质硝,对人体有很大伤害,如果长期饮用,会导致癌症等疾病,所以村民极其不满。令人高兴的是在思坡乡有一家饮用水公司,可以为一部分人提供干净放心的饮用水,因此在思坡乡还是有一部分农户是比较满意的。

表 3.21 各村对生产用水满意度状况样本

调查区域	非常满意	满意	一般	不满意	非常不满意	合计
翠屏思坡乡心宁村	0	44	50	40	0	134
翠屏凉姜乡九里村	8	18	44	58	2	130
珙县巡场镇汾洞村	0	4	64	48	8	124
珙县底洞镇大地村	2	50	28	42	2	124
长宁花滩镇新光村	0	20	30	70	8	128
长宁硐底镇新堡村	4	80	26	34	2	146
珙县巡场镇箐林村	2	82	12	30	2	128
合计	16	298	254	322	24	914

(3) 农村居民对用水设施的改进意见

当前农村水利设施存在的一系列问题,给农村生产生活用水带来了巨大的影响。目前,我国对农村的基础建设投入资金不足、农村人口素质不高、水利工作者业务能力不强、自来水普及率低等给农村的用水带来了困境。从社会发展的历史进程来看,农村水利基础设施建设与农业生产、农民生活高度相关。自改革开放以来,作为我国农村经济发展重要保障的农村水利基础设施建设虽然比之前有了非常明显的进步,但总体上还处于较低的水平,与现阶段所要求的农业和农村经济发展很不适应,与当下所开展的美好乡村建设的需求相比差距更大。为了改善用水设施情况,宜宾地区农民群众提出了一些宝贵的意见和建议,如图 3.12 所示。

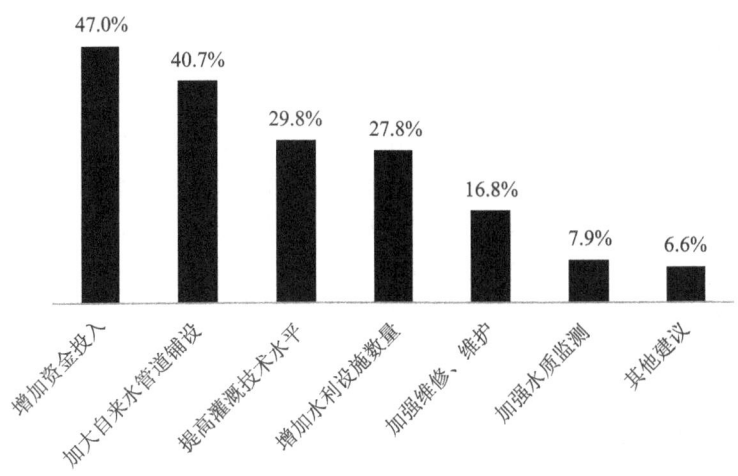

图 3.12 村民对农村用水设施改进建议情况

根据图 3.12 可以了解到,有 40.7% 的农户希望可以多铺设自来水管道,此外还有 7.9% 的农户的意见是加强水质监测,这说明目前大部分的农村缺乏基本的生活用水设施,农民饮水安全得不到保障。从当前的情况来看,大部分农村地区的生活饮用水主要还是来自井水,但是据村民反映,这些井水经过检测,水质都是不达标的,含有各种各样的矿物质。饮用水不安全，会直接影响人们的生活和身心健康。有 27.8% 的农户希望可以增加水利设施数量，有 16.8% 的农户希望可以加强对用水设施的维修、维护，反映出在农村灌溉水利设施相对落后，严重制约了农业综合生产力的提高。

调查显示，目前农村的水利设施，大多修建于 20 世纪的七八十年代，而且普遍都存在着建设标准较低以及工程不配套等问题。由于水利设施的使用年限较长，出现了一些损坏、老化等迹象，田地灌溉得不到保障，导致许多地方的庄稼只能是靠天吃饭，农作物的投入与产出不成正比，农民的收入得不到有效的保障，在一定程度上也会影响国家的粮食安全，所以广大农民提议应该新建一些水利设施，同时对以前的设施进行维修、维护，从而保障农村经济发展。

在调查中，有 47% 的农户希望增加对用水设施的资金投入，所占比例最高，这充分说明目前当地政府对用水设施的资金投入远远不足。尽管现阶段社会经济发展比较迅速，人民生活质量明显改善，国家对"三农"问题财政支出增多，但与农村现实相比仍显不足，而且由于农村水利项目建设数量大、面积广，平均分摊下来导致许多的工程资金投入不足，常出现水利配套设施资金不到位等现象，进一步影响了农村用水基础设施建设的推进。

在调查的七个村镇 914 个农户中，其中有 430 户选择了要"增加资金投入"，这个比例高达 47%，接近一半，说明相关部门对用水设施的资金投入远远不足，需要进一步增加关于"三农"问题的资金投入。在调查中，珙县的汾洞村和大地村最为明显，在这两个村分别调查了 124 户农户，每个村均有 74 户反映政府应增加资金。在这两个村都存在同样的情况，即政府组织修建了蓄水池，但水池里都没有水，工作没有到位，广大人民群众都希望政府增加资金，可以对水利工程建设进行完善。在大地村，地势较陡，海拔较高，水不能自下往上流入，需要政府出资购买压水机等机械设备，这样即使居住点高，人民群众也有水可用。

在调查的七个村镇 914 个农户中，其中有 372 户选择了要"加大自来水管道铺设"，这个比例高达 40.7%。自来水管道铺设好，对人民群众有极大的好处，农民有便利的水资源可以利用，不用每天为喝水、用水而发愁；同时还对他们的身心健康有极大的好处，有优质的水可以饮用，不用整天担心喝的水是否有危害身体的化学物质、矿物质，农民的身心健康，心情愉悦，也就有较好的体力进行农作物的种植，增加农作物的产出，提高生活质量，从而促进国家的农业经济发展。在翠屏区凉姜乡、思坡乡，分别调查了 130、134 户人家，其中分别有 62、50 户人家建议应该加大自来水管道铺设，尤其是在思坡乡，由于水质检测不过关，水里含有矿物质硝，所以农户整天都为生活用水发愁，连基本的饮水都得不到保障，他们很难有更多的心思去发展经济。因此，铺设自来水管道，让人民群众有放心的水可以喝，是目前迫在眉睫的工作。

在调查的七个村镇 914 个农户中，有 272 户选择了要"增加水利设施数量"。水利设施的建设、完善、维护，对农作物来说，是相当重要的。水是生命之源，对于庄稼也是如此。调查中发现，在长宁硐底镇新堡村和珙县底洞镇大地村，水资源极其缺乏，水利设施数量也稀少，农民种植庄稼完全是靠天吃饭。此外，还有一个共同的原因，在这两个村的附近分别有红卫煤矿和永富煤矿，由于对煤矿的过度开采，导致地下水位下降，原本的水源几乎全部干枯，使得农田没有水灌溉，所以需要增加水利设施数量，用于农田灌溉。

3.2.3 结论与建议

1. 结　论

研究发现,宜宾地区农村水利设施仍旧较为落后,并且用水设施缺少管理机制,没有得到很好的维护。生活用水主要源于农户自打的浅水井和雨水,农民的生活用水安全得不到保障,水质问题着实堪忧,而且自来水的普及率仍较低,水质一般不符合标准,且自来水压力小;农田灌溉以原始方式为主,新型或者现代的灌溉方式总体普及率不高,生产队用于灌溉的蓄水池、池塘数量极少,生产用水紧张。同时,农民自己负担了农村用水设施投资的很大一部分份额,用水更多的是靠自己解决,农村用水设施投资规模远远达不到促进农村经济发展,实现农村现代化的要求。由于资金投入的不足和技术的落后,农民对用水设施的主观满意度较低,迫切需要改变用水基础设施薄弱的局面。

2. 借　鉴

(1) 国外经验

世界各国政府普遍重视小型农田水利发展,许多国家都建立了一套适应本国国情的小型农田水利建设和管理体系,包括投融资制度、运行体制、水权交易、水利工程产权流转、用水户参与机制等,其中有很多水利建设方面的管理经验都值得思考与借鉴。

美国实行多元化、多层次、多渠道水利融资模式。王广深对美国水利投融制度做了深入研究分析,美国的投融资制度确保了美国水利投资来源的多元化,主要包括政府融资、社会融资和经营所得三类,融资来源的多元化使得美国水利建设效率比较高。

法国推行财政投资带动多样化的农村投资水利融资模式。法国农村投融资体制以财政资金、政策性贷款以及农场主自有资金三方资金投入为主。法国大力发展农村信贷,与财政资金一起引导其他资金对农村的投资。

印度、印尼推进产权改革、吸收农民参与,以小型灌区作为试点,逐步推行参与式灌溉管理。印度所有的地面灌溉工程,从水源、渠道到水量的控制和分配都由政府机构管理,深井归国有公司所有。

澳大利亚实行公司与政府合作经营管理。澳大利亚于1995年开始实施水务管理体制改革,采用私有化的形式将国家管理的灌溉系统或水务局的管理业务转让给农民或私人公司负责经营和维护。公司还与地方政府合作执行有关水土管理、农业开发、植被保护等项目,以此达到吸引农民投资农田基本建设和灌区自主管理的目的。

日本政府采用财政投资筹集水利建设资金。日本水利建设主要依靠政府的财政投入,这是由日本本身的国情决定的:日本人多地少,人均耕地面积小,水利设施的外部性较大,水资源使用的排他性和竞争性不明显,水资源更倾向于公共产品,水利设施供给的搭便车行为严重,制约了私人投资水利建设的积极性,市场机制失灵,这要求政府积极干预,弥补市场失灵。

(2) 国外经验启示

美国、日本和印度等国家的水利发展有如下启示:水利建设和发展以实现灌溉、防洪、抗旱以及饮用水投资均衡发展为根本立足点,以多元化水利筹资方式为战略着眼点,以加大水利科技投入为重要着力点,以充分发挥水权与水价的杠杆调节作用为关键切入点,推进产权制度改革,吸收农民参与灌溉管理,建立水权交易市场,健全农水定价机制;与土地整治紧密结合,提高可持续发展能力;注重制度建设,完善相应立法。

3. 建 议

水是生命之源、生产之要、生态之基。水利部部长陈雷强调,2015年是实施全国"十二五"规划的收官之年,也是解决农村饮水安全问题的决战之年。要充分认识肩负的使命和责任,切实把农村饮水安全工作作为当前水利工作的重中之重,采取超常措施,抓实抓细抓好,按时保质保量完成年度建设任务,如期圆满实现"十二五"规划目标。

促进农村经济长期平稳较快发展和农村社会和谐稳定,必须切实增强水利支撑保障能力,实现水资源可持续利用。通过国内专家学者对国内外有关农村水利设施对策的总结,结合宜宾市的具体情况,提出以下建议与措施:

(1) 加强领导,落实责任

高度重视,坚持把农村饮水安全摆在重要位置。各级政府在农村用水设施建设方面具有领导责任,为了社会主义新农村建设的不断发展,农村用水设施的不断完善,必须充分落实各级党委、政府的责任,认真执行水利设施建设的各项措施,加强责任意识,认真履行职责,把农村用水设施建设纳入改善民生的重要项目。各级政府部门要切实增强责任意识,认真履行职责,把加强农田水利建设作为农村经济社会发展的重要工作内容,各县(区)人民政府领导切实担起责任,按照时间节点不折不扣完成任务,对未完成的县(区)人民政府将严格追责。

保护水源,努力让群众喝上干净放心水。水源是工作的核心,一是要全面开展"清水工程";二是精心治理"流水不腐";三是抓好水源日常监管。基层政府要加强对农村用水的保护和重视,提升社会对水资源利用的责任意识,要加强农村生活用水水质监管,将责任落实到每一个人,建立定期检测、定期总结的水质监管制度,检验机构按照生活用水标准,严格进行检查。当地政府、周边企业和供水单位应分别编制分散式饮用水水源防范突发环境事件的应急预案。重视农村居民的饮水健康,要认真执行农村水利改革发展的各项措施。

充分发挥各级组织的示范引领作用,带领广大农民群众加快改善农村生产生活条件,实现农村社会经济发展和提高农民的满意度。在生活用水设施建设方面,发挥政府作用,完善用水供应系统,改善生活用水质量。政府应积极带领农村居民建立起完整的生活用水供水系统,对于人员较为聚集的村镇,建立自来水供应系统,加大管道的铺设,使得每户都有自来水供应,解决用水困难问题。相对比较偏僻的农户,政府给予统一的资金支持,开钻深水井、机井,提高生活用水的质量。

(2) 明确属性,加大投入

调查发现,农村用水设施建设存在的最大问题就是资金投入不足。政府在农村用水设施决策、供给、管理等方面有主导的作用,特别是要明确政府在农村用水设施供给决策方面的责任和权力。要进一步解放思想,积极探索政府和社会联合办水利的新路子,根据市场经济的要求,逐步建立政府、农民、社会各界共同参与的多层次、多渠道、多元化的投入新机制,提高农村用水设施基本建设的总体投入水平。

在用水设施的建设过程中,必须进一步明确农村用水设施的公共物品属性,坚持政府主导,发挥公共财政对农村水利发展的保障作用,形成政府社会协同参与的合力。2013年的中央一号文件中明确指出:要建立多样化资金使用体制,加大建设资金整合力度。结合实际,集中财力每年建好几个乡镇的水利设施,提高农村水利建设的整体效益,最大限度地发挥有限资金效益。政府财政以奖代补等方式投入资金,通过项目带动,建立和完善国家、地方、社会群众等多元化、多层次、多渠道、制度化的稳定增长投入。

(3) 科学规划，技术引领

要突出统筹城乡，突出政策扶持，突出部门服务，整合资源，全力抓好农村饮水安全工程建设。由于西南地区地形结构的复杂性和水利资源分布的不均衡性，在用水设施的整体设计和新技术采用方面存在较大的差异，必须打破现有条块分割的水利管理体制，对农村用水设施进行统一的规划设计和协调管理。与此同时，将水利设施的规划纳入城乡整体规划之中，将城镇化的发展与农村用水的现状相结合，科学规划水源，在规划时注重生态，保证可持续发展。

要以乡为单位，本着"统筹兼顾、突出重点、分步实施、注重实效"的原则，制定符合乡情和科学合理的发展规划。要把用水设施基本建设与发展现代农业、社会主义新农村建设有机结合起来，统筹规划。要把如何改革耕作方式，培育、推广使用抗旱品种，发展雨养农业；如何采取工程性措施，大量利用过境水发展低成本灌溉农业；如何利用水文地质资料和现有耕地状况合理布局井位，科学利用地下水发展水浇农业等原则、问题，用规划的形式明确下来。在规划编制过程中，要广泛征求各方面意见，特别是农民群众、农村基层组织的意见，着力解决其最关心的问题。

加强水源环境防护方面的知识宣传和技术指导，大力推广科学种田、合理施用农药和化肥，增强农民的饮用水水源环境保护意识，建立公众参与的水源地环境保护机制。同时加大对节水灌溉等新技术的引进力度，创新投融资体制和管理方法，充分调动起广大农民和农村科技工作者的积极性，以科学技术为指导，以节约利用为原则，真正达到农村水资源的合理规划和充分利用。

(4) 制度保障，政策先行

在中央立法的基础上，结合宜宾市区域的具体情况，制定政策，编订地方性法规，自主地解决当地农村用水设施问题。要针对农村用水水源保护，农村水源污染的现状，以及农村生活生产过程中对水的利用方面的问题制定明确的规定，对地表水源受采矿等破坏的地区采取回灌、调配等措施进行拯救与保护，明确以法规等方式限制水源的进一步污染和破坏；同时，注重水资源的重新利用，提高工业用水的效率，增强企业的责任感。

此外，相关部门应努力探索地方立法的新途径，大力推进地方立法工作，制定有利于农村用水设施完善的政策法规，修改或废除不利于农村用水设施完善的法规，从而较好地从法制建设上解决宜宾地区的农村用水设施存在的问题。对于已建成的水利工程，采取分级管理，按照"谁受益、谁负责、谁管护"的原则，理顺关系，明晰产权；明确责任，积极探索小型水利基础设施的产权制度改革，逐步建立起承包、租赁、股份合作等多种管理模式；建立和完善相应的管理机制，建立起统一的管理办法。

(5) 找准重点，加大整治

宜宾地区地形结构较为复杂，水资源的分布不均衡，在用水设施的设计和技术方面也存在着较大的差距，必须打破定向思维，针对各个地区的实际情况，对用水设施进行统一的引导和管理；加大新型灌溉技术的引进力度，为农民提供专业的技术支持，创新管理体制，以高效为目的，合理和充分利用水资源。

强化管护，促进农村饮水安全工程长期发挥效益。农村饮水工程是人民政府的一项公益性服务工程。建立以政府为主导，多种形式为补充的管护机制，是保障饮水安全工程发挥长期效益的关键。针对水利设施老化，损坏严重的问题，政府应该加大资金的投入，进行修理和维护,找准水利设施建设方面的难点、重点,解决其关键的问题:一是对老化、损毁严重的现有水利基础设施,要摸清底子,解决突出问题,把资金用在刀刃上;二是要解决农村水利基础设施建设领域的突出问题,建立统一、科学合理的农村水利设施维护系统,安排专人定期进行维护和管理,切实改变"重建轻管"的思想观念,不断地探索良好的管理方法,如对农民管护农田水利设施实行补贴,充分调动农民参与水利设施建设与管护的积极性,加强农民的主人翁意识,确保水利基础设施长期稳定运行;三是加大在建水利工程的质量监督,确保水利设施治理一处,成功一处。

（6）加强宣传,全民参与

人是历史的创造者,是社会发展的主体,也是社会发展的动力源泉,人的发展已经成为时代关注的焦点。在我国,农村人口的主体是农民,农民的素质与心态是农村乃至全国发展、改革、稳定的重要因素。

为进一步改善农村用水基础设施薄弱的现状,除了重视外部动力的推动外,还需要农民自身的努力与推动,在农村加大宣传力度,增强农民的积极性与创造性,鼓励农民自主创新。比如,在农业灌溉方面,结合自己的实际情况,提升灌溉用水的利用率,节约用水,采用新的节水措施。对于在农村用水方面有突出贡献的农民,给予一定的奖励与荣誉,以更好地促进农村用水设施的完善。

要提高农民自发保护饮用水源地的认识,在积极了解饮用水保护的重要性以及保护知识的同时,向家人、朋友、邻居宣传饮用水源保护,加强权利和责任意识。要通过政策引导、资金支持、民主议事、组织协调和技术服务等方式,充分调动农民群众投资投劳的积极性,在农民自愿和充分考虑农民承受能力的前提下,把政府财政补助与农民自筹挂钩,多筹多补,先干后补,充分调动农民自筹建设农村用水设施的积极性。

3.3 案例评析

该作品获得第十三届"挑战杯"四川省大学生课外学术科技作品竞赛二等奖。案例选题针对宜宾当地农村用水设施现实情况,通过对四川省宜宾市部分乡镇农村居民问卷调查及相关统计数据的分析,对宜宾农村地区水利设施的现状与村民满意度进行研究,对完善农村用水设施,解决农村用水问题提出政策建议。该研究首先根据问卷调查的基本数据进行汇总分析,阐述调查对象基本的个体特征和调查区域的社会经济、农业生产等基本状况;然后根据问卷以及访谈的数据分析结果,客观反映宜宾市农村地区用水设施现状及存在问题,结合宜宾本地实际情况,提出针对性的对策建议。

该作品最初参与校赛成绩不高,总成绩排在所有参赛作品第18名,获得校赛二等奖。校赛作品最初由一名学生为主要完成人,为个人参赛项目。在入选省赛候选作品后,重新组建了研究团队,团队成员主要包括行政管理和思想政治教育两个专业六位学生。同时,根据省赛参赛要求,结合前期调查情况,进一步扩大了实地调查区域,由一个乡镇扩展为六个乡镇,基本涵盖了宜宾各区县具有代表性的农村地区。学生团队利用周末节假日等课余时间,深入农村地区开展问卷调查和实地访谈,从宜宾最富裕的新农村走到最贫困的边远山村,获取了大量的第一手资料。

作品针对宜宾市农村用水设施的问题,以宜宾市各个典型乡镇的具体情况为例,运用科学的调查方式和规范的分析技术,以以小见大的方式,对宜宾市农村用水设施存在的问题进行客观分析,并给出针对具体问题的对策与建议。作品的特色与优点在于:第一,在研究数据资料来源上,以实地调查数据为主,以现有统计数据为辅,能够对研究对象的真实情况进行更准确的反映。为了更好地掌握农村用水设施的第一手资料,本研究在现有统计数据的基础上,以问卷调查、实地走访为主要形式,真实了解农村用水设施的现状问题,可以为政府部门的相关决策提供参考依据。第二,在研究视角的选取上,不仅从政府部门决策的角度考虑,而且将研究重点放在了农村居民对用水设施的满意度分析上,以使政府的相关政策措施能够更好地适应农村居民的需要,真正落到实处,可以为农村社会经济的发展提供支撑与帮助。

该作品在文本图表格式和书面语言运用上较为规范,是一篇中规中矩的研究分析报告。当然,从作品的理论深度和专业学术要求上来讲,该作品还存在着一定的欠缺,整体而言理论基础不够深厚,专业学术性不强,更像是一篇针对某一现实问题的调查报告,在研究层次上没有质的飞跃,这也造成了该作品最终只获得省赛二等奖,没能参与"挑战杯"更高级别的竞赛。

附件 调查问卷

宜宾市农村用水设施现状调查问卷

尊敬的女士/先生:

您好!我们是宜宾学院《宜宾市农村用水设施现状调查》课题组,主要向您了解您所在村镇的用水设施情况。问卷完全匿名,仅用于学术研究目的,您所填写的内容我们都将为您保密,请对以下问题选择您最直观真实的看法,非常感谢!

一、问卷题目

1. 你们村的主要农产品是什么?(可多选)
   A. 水稻　　　B. 小麦　　　C. 油菜　　　D. 玉米　　　E. 其他
2. 你们村农业生产用水的主要来源?
   A. 自来水　　　　　　B. 河水　　　　　　C. 蓄水池、池塘
   D. 井水　　　　　　　E. 粪水　　　　　　F. 其他
3. 你们村农业生产主要采取哪种灌溉方式?
   A. 引河水渠水灌溉　　B. 机井抽水灌溉　　C. 人工挑水灌溉
   D. 管道喷洒等新型灌溉方式　E. 无灌溉
4. 您所在的村民组大约有多少处可用于生产灌溉的池塘或者水池?
   A. 没有　　B. 1～2处　　C. 3～4处　　D. 5～10处　　E. 10处以上
5. 你们村生产用水设施建设资金的主要来源?(可多选)
   A. 个人出钱修建　　　B. 多户合作出钱　　C. 村级组织修建
   D. 政府拨款　　　　　E. 水利公司出资　　F. 其他
6. 你们村农业生产用水设施主要通过何种方式进行管理维护?
   A. 政府直接管理　　　B. 村级组织管理　　C. 个体农户承包
   D. 公司管理　　　　　E. 没人管理
7. 您对本地农村生产用水情况满意吗?
   A. 非常满意　B. 满意　　C. 一般　　D. 不满意　　E. 非常不满意

8. 您家日常生活用水的主要来源是?
   A. 自来水　　B. 浅水井　　C. 深水井　　D. 水库　　E. 河水
   F. 蓄水池、池塘　　　G. 雨水　　　　　　H. 其他
9. 您觉得您家日常饮用水的水质如何?
   A. 好　　　　B. 一般　　　C. 不好　　　D. 不清楚
10. 您日常生活用水设施建设资金的主要来源?(可多选)
    A. 个人出钱修建　　　B. 多户合作出钱　　　C. 村级组织修建
    D. 政府拨款　　　　　E. 水利公司出资　　　F. 其他
11. 你们村生活用水设施主要通过何种方式进行管理?
    A. 政府直接管理　　　B. 村级组织管理　　　C. 农户自己管理
    D. 公司管理　　　　　E. 没人管理
12. 您对当地生活用水设施是否满意?
    A. 非常满意　B. 满意　　　C. 一般　　　D. 不满意　　E. 非常不满意
13. 您认为您们村用水设施哪些方面还需要改进?(可多选)
    A. 增加资金投入　　　B. 加强维修、维护　　C. 加大自来水管道铺设
    D. 提高灌溉技术水平　E. 增加水利设施数量　F. 加强水质监测
    G. (可填写其他建议)

二、基本情况

1. 您的性别:
   A. 男　　　　B. 女
2. 您的年龄:
3. 您现在的居住地是在:
   A. 县城　　　B. 乡镇　　　C. 村组
4. 您的教育程度:
   A. 小学及以下　　　　B. 小学　　　　　　　C. 初中
   D. 高中/中专　　　　E. 大专　　　　　　　F. 本科及以上
5. 您的家庭人口数是_____人,家庭承包土地_____亩。
6. 您家所在村庄的地理环境是:
   A. 平原　　　B. 丘陵　　　C. 山地　　　D. 盆地
7. 您家庭月收入是:
   A. 800元以下　　　　B. 801~1500元
   C. 1501~3000元　　　D. 3000元以上
8. 您收入主要来源是:
   A. 务农　　　B. 外出务工　C. 做生意　　D. 其他
9. 您的家庭生活水平是:
   A. 贫穷　　　B. 温饱　　　C. 小康　　　D. 富裕
10. 您认为您所在村庄的经济状况是:
    A. 贫穷　　　B. 温饱　　　C. 小康　　　D. 富裕

再次表示感谢!!!

参考文献

[1] 王昕,陆迁.农村小型水利设施管护方式与农户满意度——基于泾惠渠灌区811户农户数据的实证分析[J].南京农业大学学报(社会科学版),2015,15(1):51-60,124-125.

[2] 陈默,张林秀,翟印礼,等.中国农村生活用水投资情况及区域分布[J].农业现代化研究,2007(3):340-342.

[3] 王广深,杨启彬,苏佩瑜,等.农民对农田水利建设的满意度及其影响因素——基于对广东303农户的调查[J].农业经济与管理,2013(4):63-71.

[4] 刘尔思,杨鸿昀.我国农村水利设施投入现状及其机制构建——以西南地区为例[J].云南财经大学学报,2013,29(4):156-160.

[5] 李香云.农村用水和管理现状调研与对策建议——对吐鲁番地区鄯善县典型农户调查分析[J].水利发展研究,2011,11(5):37-43.

[6] 甘琳,张仕廉.农村水利基础设施现状与融资模式偏好[J].改革,2009(7):125-130.

[7] 李燕凌.农村公共产品供给效率论[M].北京:中国社会科学出版社,2007.

[8] 吴雅玲.现阶段我国农村公共产品供给问题研究[D]:[硕士学位论文].华中师范大学,2008,12.

[9] 刘会柏.论韩国新村运动对我国农村公共产品供给的启示[J].商场现代化,2007(8):238-239.

[10] 张果,吴耀友,段俊.走出"公地悲剧"——"农村水利供给内部市场化"制度模式的选择[J].农村经济,2006(8):17-21.

[11] 毛寿龙,杨志云.无政府状态、合作的困境与农村灌溉制度分析——荆门市沙洋县高阳镇村组农业用水供给模式的个案研究[J].理论探讨,2010(2):87-92.

[12] 孔庆雨,郑垂勇.贫困地区农村水利发展面临的突出问题及对策[J].中国农村水利水电,2007(2):3-5.

[13] 倪焱平,钱焕欢.中国农村水利设施供给制度研究[J].中国农村水利水电,2007(6):142-144,147.

[14] 赵鸣骥.加大公共财政对农村水利的支持力度[J].中国水利,2006(19):1-3.

[15] 孔祥智,涂圣伟.新农村建设中农户对公共物品的需求偏好及影响因素研究——以农田水利设施为例[J].农业经济问题,2006(10):10-16,79.

[16] 李远华,严家适.新农村建设需要坚实的农村水利基础[J].中国农村水利水电,2006(6):1-3.

[17] 韩清轩.我国农田水利设施建设存在的问题与对策——从公共产品视角进行的分析[J].山西财政税务专科学校学报,2007(1):6-10.

[18] 王瑞金,李敬德.农民用水市场化建设问题的思考——以大兴区黄村镇为例[J].北京水务,2009(3):53-55.

[19] 杨朔,王辽卫.我国农村水利设施供给主体多元化探析[J].安徽农业科学,2007(7):2094-2095.

[20] 郭东玲,张乃芹.新时期建立农田水利建设新机制的探讨[J].科技信息,2010(21):1032.

[21] 王梅英.浅谈农村水利工作中存在的问题及改进措施[J].新农村 2011(6):123-124.

[22] 王广深.美国水利融资制度及其启示[J].管理现代化,2012(1):36-38.

[23] 柯庆明,陈金福,钟玉杨,等.福建省灌溉用水管理研究[J].科技创新导报,2013(31):175.

[24] 王广深.美日水利建设投融资制度比较研究[J].经济问题探索,2012(6):174-178.

[25] 王宾,高芸.国外小型农田水利建设和管理经验及借鉴[J].农村·农业·农民(A版),2014(4):31-32.

第4章 建绿色金融,筑绿色宜宾
——以宜宾市绿色金融发展为例

4.1 选题背景

坚持绿色发展、加强生态文明建设已经成为世界各国的共识。党的十八届五中全会把创新、协调、绿色、开放、共享作为新发展理念;习近平总书记在十九大报告中重点阐述了绿色金融和绿色发展的关系问题,指出"构建市场导向的绿色技术创新体系,发展绿色金融;壮大节能环保产业、清洁生产产业、清洁能源产业;推进能源生产和消费革命,构建清洁低碳、安全高效的能源体系""加快生态文明体制改革,建设美丽中国",把发展绿色金融作为推进绿色发展的路径之一。

当前国际经济发展速度放缓,部分国家甚至停滞不前,传统的经济发展方式遭遇瓶颈,且传统经济对生态环境造成了严重破坏,环境承受能力急剧下降,经济增长面临严峻挑战。为了创造良好生态居住环境和新经济增长点,国外许多发达国家开始大力发展绿色金融。我国当前经济发展也面临着结构转型问题,为了优化产业结构,提供新的经济增长点,开始大力发展绿色产业,绿色金融顺势而生,在部分试点地区取得了显著成果。绿色金融对环境效益贡献显著,未来发展前景光明。国内主要银行机构绿色信贷已达相当规模,绿色债券市场呈爆发式增长。促进绿色金融的发展,是建设美丽中国的重要路径之一,也利于保护环境,促进生态文明建设。

宜宾地区高污染、高耗能的传统产业仍然占较大比重,宜宾的经济建设应顺应绿色发展的时代潮流。据中国环境监测报告数据,宜宾市在2017年环境污染严重,绿色发展列居四川省倒数第二。根据四川省生态环境厅的相关数据,宜宾市在2018年三季度累计环境空气质量排名倒数第四。宜宾是长江上游重要的生态屏障,发展绿色金融,建设绿色宜宾,对推进长江经济带发展具有重要意义。

4.2 作品展示

建绿色金融,筑绿色宜宾——以宜宾市绿色金融发展为例

4.2.1 引 言

1. 国内外研究现状

(1)国外研究现状

绿色金融的运用是当今金融改革、金融业创新发展的新机遇。国外关于绿色金融的实践出现较早,20世纪70年代末,美国将20多部涉及水、大气污染等有关环境保护的条例写入法

律,并明确相应的责任主体,运用法律制度为绿色金融发展奠定了良好的基础。欧盟通过采取税收优惠、政策性金融机构带动私有制资本投入绿色经济等方式来推动绿色金融发展。2009年10月,英国政府出资30亿成立了首家绿色投资银行,迄今已支持超过百个绿色发展项目。2010年韩国政府公布了《低碳绿色增长基本法》,这部法规强调要促进绿色低碳产业的进一步发展。

绿色金融的发展,促进了绿色金融产品不断丰富。银行、企业、保险公司等金融机构都推出了各自的产品。例如,荷兰银行、本迪戈银行为家庭提供房屋节能减排的绿色抵押贷款;富国银行、新能源银行为商业的住宅、建筑项目提供的商业建筑信贷;温哥华城市商业银行推出的清洁空气汽车贷款,为低排放、低污染的汽车提供优先的贷款服务。2018年底已经有15个国家的央行和金融监管机构为促进绿色金融的发展采取一系列措施。2018年11月8日"北京绿色金融国际论坛"在北京举行,来自中国人民银行、英格兰银行、法国央行与监管机构绿色金融网络、阿根廷财政部、北京市人民政府、北京市金融工作局、中美绿色基金、北京环境交易等二十多个国家、上百家机构的400多位代表出席会议并参加了讨论。这表明,全球正在形成一个共同推动绿色金融发展的强劲势头。

(2) 国内研究现状

随着近年绿色城市思想开始扩展,我国许多学者对绿色金融进行了大量研究。在绿色金融的定义上,李欢(2017)、李俊毅(2018)将绿色金融定义为支持环境改善、应对气候变化和资源节约高效利用的经济活动;在发展模式上,杨娉(2017)、朱凤林(2018)提出了中国绿色金融的发展模式应走出一条自上而下的发展道路;在存在的问题上,张莉丽(2018)、李云燕(2018)指出我国绿色金融制度设计存在缺陷,相关制度不健全,中介机构绿化程度低,绿色金融产品匮乏,缺乏创新等;在解决措施上,芷琳(2018)、张贺哲(2018)提出推进绿色金融产品创新,健全绿色金融政策体系,强化监督管理体制等,需要建立一套新的激励和约束机制,从根本上治理环境,使经济资源(包括资金、技术、人力等资源)更多地投入到清洁、绿色的产业,减少社会有限资源向高污产业的投入。根据生态环境部、中国环境与发展国际合作委员会(国合会)等机构的研究报告,未来五年,我国绿色投资需求为每年3万~4万亿元人民币。因此,引导大量社会资本投入到绿色产业是当务之急。要解决这一问题必须先建立一个完善的绿色金融发展市场,包括健全绿色金融评价指标体系、完善绿色金融法律法规等。但是当前我国绿色金融的发展还处于探索阶段,仅选取一部分地区进行试点,发展仍然面临诸多问题。

2. 研究内容与方法

通过对国内外绿色金融理论和发展现状进行研究与分析,结合宜宾现状,构建绿色金融指标体系并进行纵向比较,找出宜宾发展绿色金融存在的薄弱之处,探索一种适合宜宾绿色金融发展的模式。本章主要采用文献研究、定性与定量分析、实证比较分析等方法,对绿色金融的发展进行深入分析并对宜宾发展绿色金融提出建议。

研究内容如下:

① 对选题背景与研究意义、国内外研究现状进行分析;

② 分析绿色金融发展模式;

③ 构建绿色金融评价指标体系;

④ 通过问卷分析当前宜宾市绿色金融发展的现状和宜宾市绿色金融发展存在的问题;

⑤ 根据上述分析结果,提出宜宾绿色金融发展对策建议。

3. 研究框架

本章的主要研究框架见图 4.1。

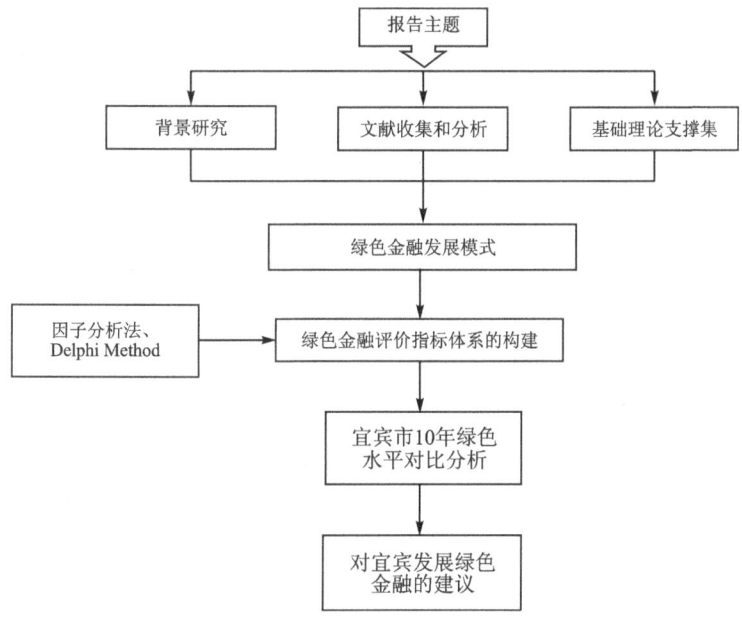

图 4.1　绿色金融评价指标体系研究框架图

4.2.2　绿色金融发展模式

绿色金融发展模式可就政府（监督与激励）、平台（发展策略）、工具（发展方式）分别进行讨论。各部分之间的逻辑体系见图 4.2。

1. 绿色金融与政府政策

(1) 国家总体政策

改革开放至今，我国经济发展进入了新时期，面临着新的机遇和挑战。绿色金融受到了国家的高度重视，得到大量的政策支持。2015 年，中共中央、国务院出台了《生态文明体制改革总体方案》，同年国家发改委办公厅印发了《绿色债券发行指引》的通知；2016 年，中国人民银行、财政部等七部委正式出台了《关于构建绿色金融体系的指导意见》；2017 年中国人民银行、国家标准委等五部委联合发布《金融业标准化体系建设发展规划（2016—2020 年）》，在浙江、江西、广东、贵州、新疆 5 省（区）的部分地方，进行了各有侧重、各具特色的绿色金融改革创新试验；2019 年，国家发改委、工信部、生态环境部等 7 部委联合发布《绿色产业指导目录（2019 年版）》，该目录从产业角度全面界定了全产业链的绿色标准与范围，绿色信贷、绿色债券等绿色金融标准有了重要的基础和参考。

(2) 四川绿色金融政策

四川积极响应中央政策，抓住机遇。2018 年 1 月省办公厅印发了《四川省绿色金融发展规划》，构建"一核一带多点"的绿色金融空间格局；同年 2 月，成都市金融工作局和成都市新都区人民政府发起的"成都绿色金融中心共建联盟"在成都成立，标志着四川首家绿色金融中心

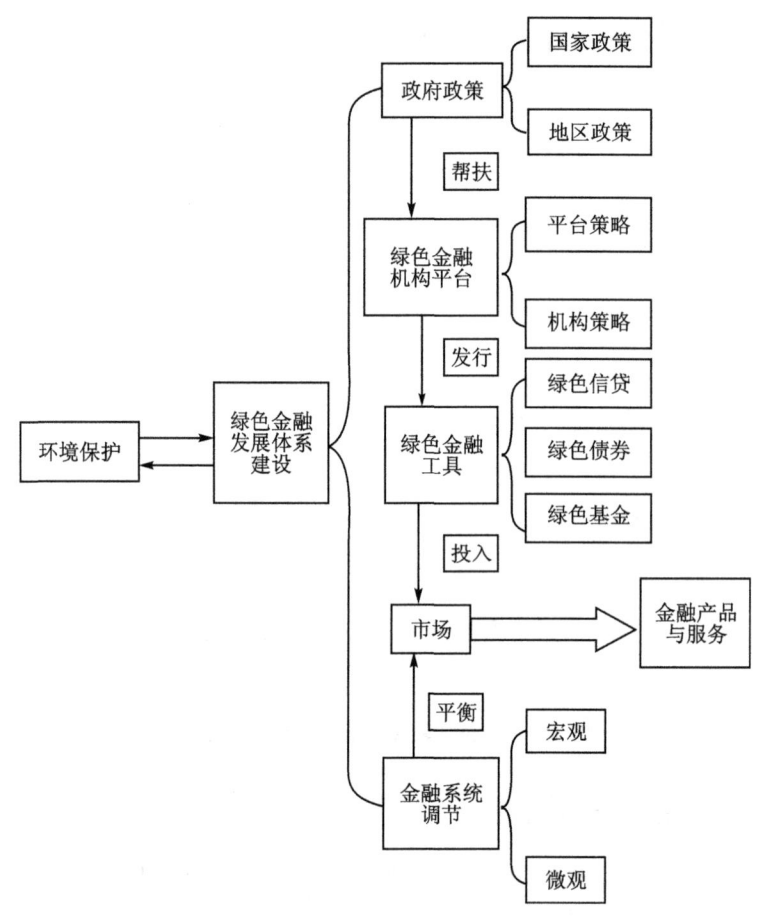

图 4.2　绿色金融发展模式

正式落户新都,同时新都制定出台了《成都市新都区建设绿色金融特色功能区行动计划(2018—2022)》和《新都区绿色金融发展若干政策意见》等相关政策文件,未来几年,将每年从预算中安排 3 000 万元资金用于支持绿色金融发展。同时,政府出资 2 亿元注册成立了成都香城绿色金融控股有限公司;8 月在成都举行了四川绿色金融博览会,参与的各大机构与相关企业进行了项目签约;12 月,在成都新都区举办了四川省绿色金融创新试点启动会,进一步落实"一核一带多点"的金融空间格局。

(3)宜宾市绿色金融政策

宜宾市"十三五"环境保护和生态建设规划中强调,宜宾市要加快建设长江上游绿色生态市,进一步推进绿色发展,建设美丽宜宾,筑牢长江上游生态屏障,全面改善环境质量,大力进行绿色发展,以绿色金融的发展带动经济发展。2018 年宜宾市宜宾县进行了林权抵押试点,吸引社会资本发展绿色金融;2019 年 1 月宜宾市出台了《宜宾市绿色金融发展规划(2018—2020 年)》,内容包括构建宜宾市绿色金融体系,创新绿色金融服务,支持绿色产业发展,推进生态文明建设。

2. 绿色金融机构平台

（1）机构平台策略

在国家政策的不断鼓励和支持下，国内绿色金融不断发展。由新华社主管、中国经济信息社主办的中国金融信息网，为绿色金融发展提供权威的信息和服务。2016年，中国人民银行联合多部门发布《关于构建绿色金融体系的指导意见》，标志着中国绿色金融体系初步形成。2017年国家围绕《指导意见》将绿色金融设施逐步完善，其中包括绿色金融平台的搭建，利用浙江、广东等绿色金融改革创新试验区的成功试点经验和各金融机构提供的信息，搭建起绿色金融信息交互平台。

（2）四川绿色金融机构策略

四川省绿色金融机构以坚持绿色发展为前提，以提供多样化的绿色金融产品为基础，以多层次资本市场为支撑，创新金融组织、创新融资模式、创新服务方式和创新管理制度，利用四川丰富的绿色资源，发挥四川绿色金融政策优势，充分立足"一核一带多点"的绿色金融空间格局，提供多样化的金融产品和优质服务，引导投资，转变经济发展方式，实现绿色发展。

3. 绿色金融与绿色金融工具

绿色金融作为一种新的金融方式，在投融资决策中充分考虑环境因素，其主要目的是吸引各类资本流入到绿色产业，促进经济的转型与升级，从而实现经济的高效、可持续发展。它既是经济的可持续发展，也是金融本身的可持续发展。

绿色金融工具是指通过具体的金融产品与服务实现融资的方式，其主要涉及信贷、债券、基金和保险等。它又可分为传统金融工具和新型金融工具，前者大多是通过衡量碳排放量、污染指数等因素而衍生的，后者主要包括一些可交易的排污许可证、环境责任保险、核证减排单位、环境类公私合作等。

（1）四川省绿色金融工具发展概况

目前，四川省绿色工具主要有绿色信贷、绿色债券、绿色基金、绿色保险、绿色股票等金融产品，以银行、债券公司等资本市场为支撑，共同推进绿色金融的发展。各级政府整合、发挥财政资金的引导作用，与社会资本共同设立绿色发展基金，积极推动证券经营机构、私募基金管理机构等对接绿色发展基金。四川形成以成都、绵阳、德阳为绿色金融核心区的"一核一带多点"的格局，建立起了多层次、多元化的绿色金融发展格局。

（2）宜宾绿色金融工具发展情况

① 发展壮大政府性融资平台。宜宾整合当地国有资产，政府注入优良股权或资产，搭建国有资产经营管理、政府性投资建设项目融资、投资的平台。将资源变资产、资产变资本、资本变资金，不断提升平台企业资本运作的能力，促进各类型投融资主体多元化、融资渠道多样化和投融资方式多样化。

② 积极搭建中小企业融资平台。2009年初宜宾市政府率先与宜宾和正担保公司签订战略合作协议，搭建中小企业贷款担保平台，为中小企业担保向银行融资近4 000万元；同时，拟定《宜宾工业集中区基础设施建设融资模式和构建中小企业绿色通道的意见》，将对中小企业的金融支持落到实处。

③ 健全金融生态体系。宜宾经济支柱为酒类产业，用酒产业带动相关产业的发展，拓宽产业发展的路径，促进经济结构转型升级。发挥政府宏观调控的作用，建立稳定的金融生态发

展结构,促进多方机构协调发展。

④ 增强项目推介融资实效。以项目为抓手,促进银行和企业深度对接,引导金融机构积极介入,做好项目储备、推介和信贷投放。在此基础上,每年举办"融资项目推介会",将涉及全市经济社会发展的重点融资项目,分政府性融资和企业融资推出。同时,成立重点项目贷款小组,使项目对接成功率大大提高。

4.2.3 绿色金融评价指标体系的构建

1. 指标体系的构建原则

指标甄选需要全面综合考虑城市绿色金融的状态和当今国际选取评价指标的普遍原则,结合构建目标,最终通过以下原则对宜宾绿色金融发展进行评价。

① 客观性原则。选取指标是现今存在的、被全球普遍接受的,能客观反映宜宾绿色金融的水平。

② 科学性原则。评价指标体系建立在科学基础上,理论与实际相结合,实现科学监测与计算。

③ 可行性原则。所选取指标能确切找到所需年份的数据信息或能计算得出。

2. 指标选取及体系构建

(1) 指标来源

本章数据主要源于《宜宾统计年鉴》《四川统计年鉴》《中国统计年鉴》《中国城市建设统计年鉴》《中国城市统计年鉴》《中国环境年鉴》《中国城市(镇)生活与价格年鉴》等相关统计年鉴,以确保选取的指标数据分析结果精确、有说服力。

(2) 指标体系结构

将各个评价指标进行分层,建立完整有逻辑的总体框架结构。在已有研究成果基础上进行分析总结和研究讨论,确定指标体系为目标层、路径层和指标层三层。其具体结构如图4.3所示。

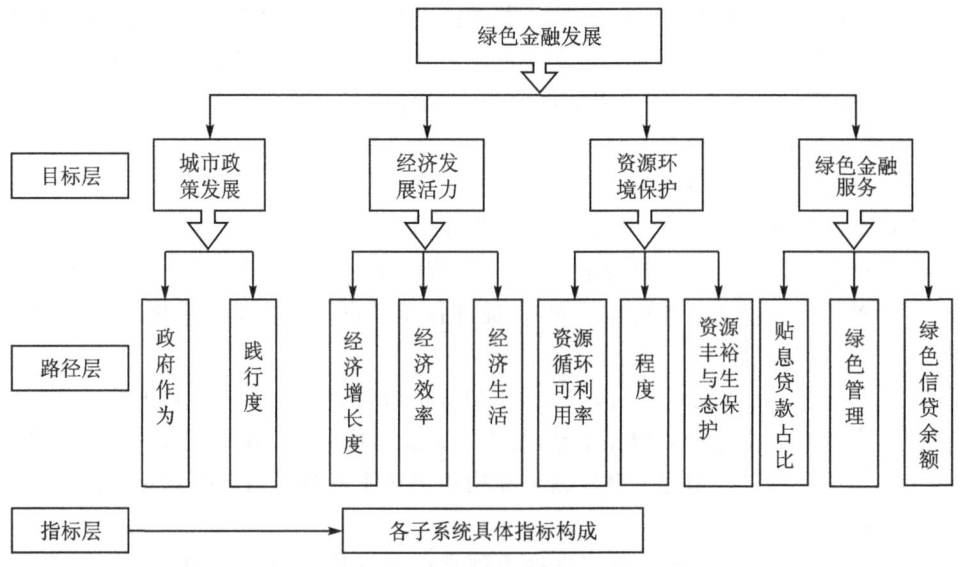

图 4.3 绿色城市评价指标体系研究框架图

（3）绿色金融发展指标权重

对权重进行设置采用 Delphi Method，具有技术性、科学性与可行性。具体指标权重如表 4.1 所列。

表 4.1　绿色金融评价指标体系

	要素	权重	指标类别	权重	序号	具体指标	权重
绿色金融发展	城市政策发展	0.18	政府作为	0.45	1	全社会固定资产投资	0.54
					2	公共预算支出	0.46
			践行度	0.55	3	进出口总额	0.25
					4	研究与实践发展 R&D 经费	0.36
					5	城镇职工基本医疗保险费收入	0.39
	经济发展活力	0.28	经济增长度	0.3	6	年 GDP 增长率	0.49
					7	人均 GDP 增长率	0.51
			经济效率	0.35	8	人均地区生产总值	0.26
					9	第三产业比重	0.33
					10	单位地区生产总值能耗	0.41
			经济生活	0.35	11	城市居民恩格尔系数	0.23
					12	城市人均收入之比	0.15
					13	城镇化率	0.18
					14	居民家庭人均可支配收入	0.32
					15	城市新增就业人数	0.12
	资源环境保护	0.3	资源循环可利用程度	0.37	16	生活污水集中处理率	0.27
					17	农村改水收益率	0.23
					18	城镇生活垃圾无害化处理率	0.25
					19	工业固体废物综合处理率	0.25
			污染程度	0.37	20	城市污水排放量	0.18
					21	烟（粉）尘排放量	0.2
					22	氨氮排放量	0.22
					23	年平均气温	0.15
					24	二氧化硫排放量	0.25
			资源丰裕与生态保护	0.26	25	植被覆盖率	0.53
					26	建成区绿地化覆盖率	0.47
	绿色金融服务	0.24	贴息贷款占比	0.32	27	节能环保项目贴息占比	0.19
					28	新能源使用率	0.19
					29	新能源汽车推广量	0.19
					30	每万人拥有公交车辆	0.19
					31	绿色农业支持度	0.24
			绿色管理	0.28	32	城市节能环保支出比重	0.61
					33	实有公共汽车营运车辆数	0.39
			绿色信贷余额	0.4	34	兴业银行绿色信贷余额	0.22
					35	中国银行绿色信贷余额	0.25
					36	商业银行绿色信贷余额	0.25
					37	工行绿色信贷余额	0.28

(4) 计算方法

将绿色金融发展指标设为 A,二级指标分别设为 B1、B2、B3、B4,三级指标设为 C1、C2、C3…C11,四级指标设为 D1、D2、D3…D37。

具体采用以下模型计算:

$$\begin{cases} D1=(X_{D1}/Y_{D1})\times W_{D1} & C1=[(D1\times W_{D1})+(D2\times W_{D2})] \\ D2=(X_{D2}/Y_{D2})\times W_{D2} & C2=[(D3\times W_{D3})+(D4\times W_{D4})+(D5\times W_{D5})] \\ D3=(X_{D3}/Y_{D3})\times W_{D3} & C3=[(D6\times W_{D6})+(D7\times W_{D7})] \\ \quad\vdots & \\ D37=(X_{D37}/Y_{D37})\times W_{D37} & C11=[(D34\times W_{D34})+\cdots+(D37\times W_{D37})] \end{cases}$$

$$\begin{cases} B1=[(C1\times W_{C1})+(C2\times W_{C2})] \\ B2=[(C3\times W_{C3})+\cdots+(C5\times W_{C5})] \quad A=[(B1\times W_{B1})+\cdots+(B4\times W_{B4})] \\ B3=[(C6\times W_{C6})+\cdots+(C8\times W_{C8})] \\ B4=[(C9\times W_{C9})+\cdots+(C11\times W_{B4})] \end{cases}$$

4.2.4 宜宾绿色金融发展分析

1. 宜宾绿色金融纵向发展分析

(1) 城市绿色金融发展指数测算结果及分析

由 2007—2016 年宜宾市绿色金融发展趋势(图 4.4)可以看出宜宾十年内绿色金融的发展状况,总体呈现上升趋势。2007—2012 年五年间上涨了 15.77%,2012—2014 年略有下降,下降了 1.03%,2014—2016 年增长了 6.19%。从 2007—2016 年十年间宜宾绿色金融发展上涨了 20.93%,可以看出,2007—2016 年宜宾的绿色金融取得很大发展。

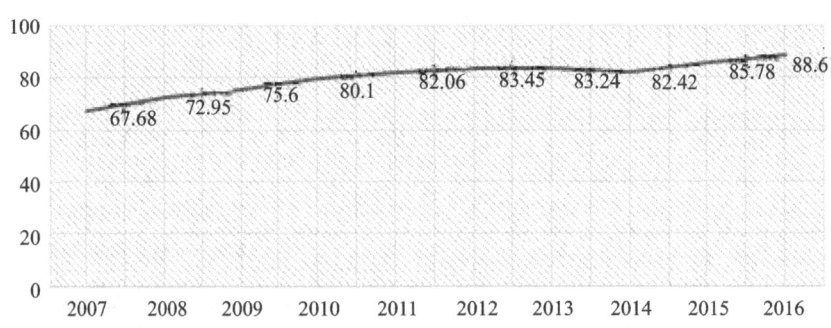

图 4.4 2007—2016 年宜宾绿色金融发展趋势图

为明确具体影响宜宾绿色金融水平整体发展的关键因素,现将绿色金融发展水平与各二级指标发展水平做以下详细对照(见图 4.5)。

2012 年之前宜宾经济发展活力、城市政策发展、资源环境保护和绿色金融服务指标都呈上升趋势,其增长都和宜宾绿色金融发展趋势一致。其中绿色城市政策发展和资源环境保护上升趋势明显,资源环境保护在 2010—2011 年出现高速增长,经济发展活力和绿色金融服务

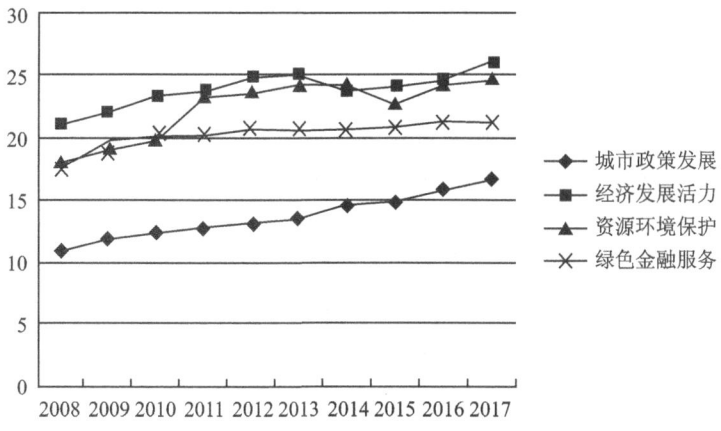

图 4.5　2008—2017 年宜宾市绿色金融发展各二级指标指数趋势图

增长较为稳定。

在 2012 年之后各指标有了不同的变化趋势,城市政策发展一直稳定上升。绿色金融服务基本持平不变。经济发展活力在 2013—2014 年出现了下降,之后又以缓慢速度上升。资源环境保护在 2014—2015 年出现明显下降之后又开始上升。宜宾绿色金融发展指标在 2013—2014 年受经济发展活力影响出现一次下滑,其他时间各二级指标虽略有增减,但宜宾绿色金融发展指标一直增加,这说明单一的指标因素很难再对城市绿色金融发展有较大的影响,四个二级指标对一级指标影响的比重逐渐持平。

为进一步明确影响宜宾绿色金融发展水平的因素,现对各二级指标及其附属的三级指标进行对照分析。

(2) 城市政策发展比较分析

由图 4.6 可以看出,2008—2017 年间政府作为呈现上升态势,期间 2008—2013 年缓慢增长,2013—2017 年迅速增长,可知政府投资不断增加;2008—2017 年政府践行度总体呈上升趋势,但是自 2013 年后出现后劲不足,可见增减速度与政府研究与城镇职工基本医疗保险有直接关系。但总的来说政府政策和实施从 2008—2017 年是上涨的,可以看出政府在发展绿色金

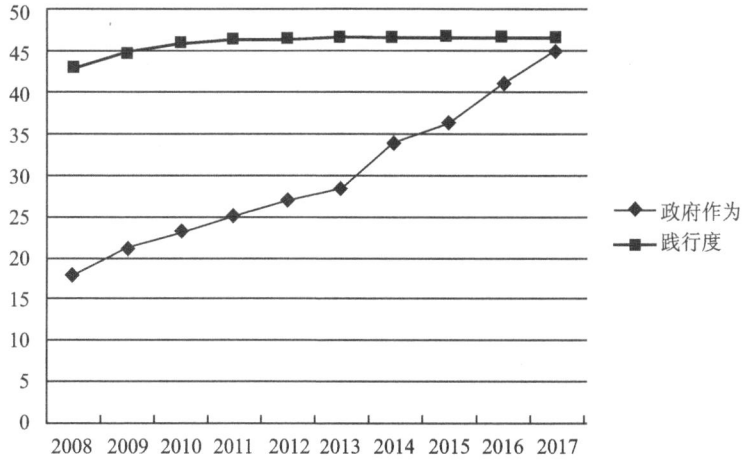

图 4.6　2008—2017 年宜宾城市政策发展及其三级指标指数趋势图

融方面给予很大的政策支持,但是政策覆盖面不全,政策实施力度还有很大的上升空间。

(3) 宜宾经济发展活力度比较分析

据图 4.7 可知,宜宾十年来的经济发展活力整体呈上升趋势。经济增长度从 2008—2013 年成上升态势,2013 年后出现下降,随着经济速度放缓,人均 GDP、年 GDP 增长率速度开始下降,但未出现负增长;经济效率 2008—2017 年总体保持上升,2013—2017 年效率增长速度放慢,原有的经济发展模式活力降低,产业比重由第二产业转向第三产业,绿色产业需寻求新的经济增长点;经济生活 2008—2017 总体呈现上升趋势,人民的经济生活水平显著提高。

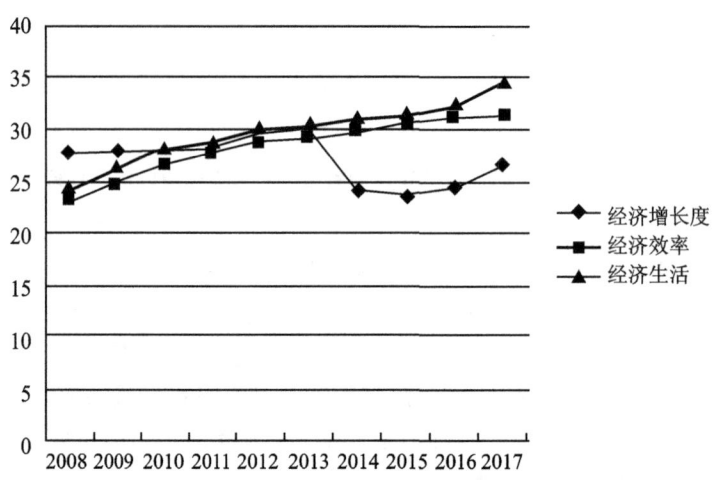

图 4.7 2008—2017 年宜宾经济发展活力及其三级指标数据趋势图

(4) 宜宾资源环境保护比较分析

由图 4.8 可知,十年间宜宾资源环境保护取得了较大的进步,资源循环可利用程度得到发展,特别是在 2011—2012 年呈直线式增长,资源利用效率明显提高;资源丰裕与生态保护增长缓慢;污染程度治理仍然处于一个较低水平,出现下降趋势。由此,能明显看出污染是资源环境保护中的阻碍因素,也更好说明宜宾发展绿色金融经济的必要性。

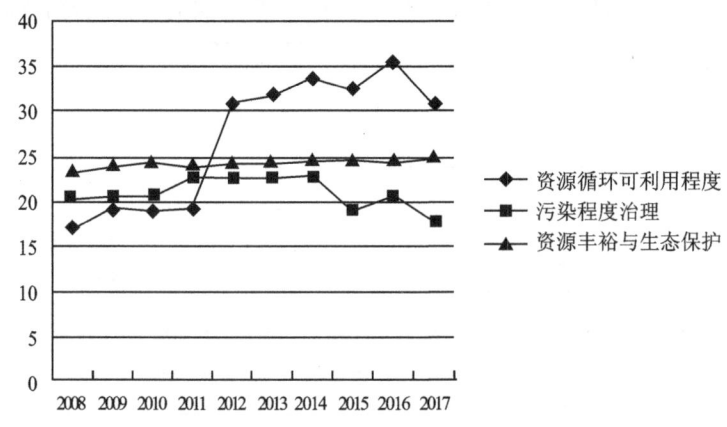

图 4.8 2008—2017 年宜宾资源环境保护及其三级指标数据趋势图

(5) 宜宾绿色金融服务比较分析

根据图 4.9 数据分析,2008—2010 年贴息贷款占比和绿色信贷余额有明显增长,2010—

2017年绿色信贷余额与贴息贷款占比均处于稳定的状况;绿色管理水平十年间基本持平,说明宜宾当前并没有一套完整的绿色金融管理体系。宜宾目前的状况适合发展绿色金融,但是仍缺乏相关理论和技术的支撑。

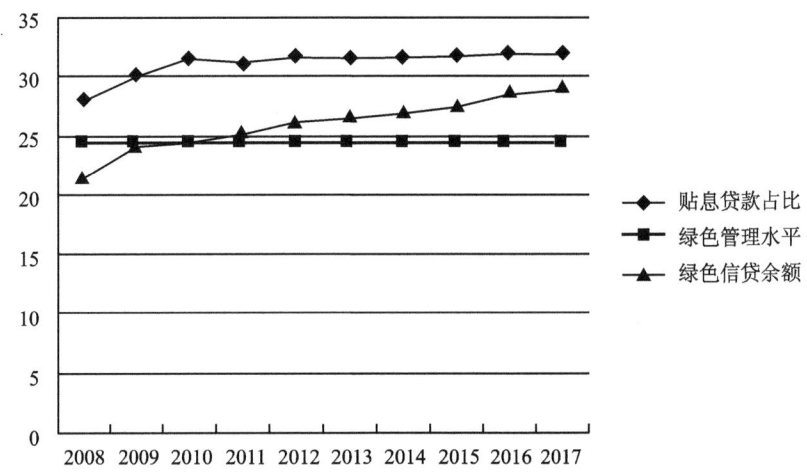

图4.9　2008—2017年宜宾绿色金融服务趋势图

2. 宜宾市居民对绿色金融的了解及认可状况

(1) 问卷整体分析

通过对362份有效问卷进行分析,问卷分别以金融人士、企业及机关人员、科教人员、务农人员、学生等不同职业类型的人为对象,从中分析得出市民对绿色金融的了解程度、了解的绿色金融产品,以及市民对发展绿色金融的态度。

此次调查人员中学生、务农人员共占54.06%,然后依次是科教人员、企业及机关人员、金融人士(见图4.10)。这几类职业涵盖了宜宾市居民从事职业的80%以上,保证了对象的全面性。

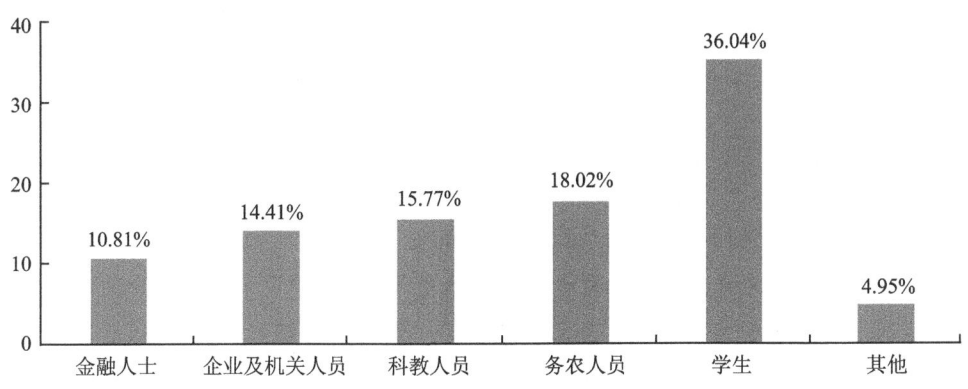

图4.10　调查对象职业属性

(2) 具体问题分析

据图4.11调查对象对"绿色金融的了解程度"中可知,51.57%的人不了解(但想了解);20.63%的人较了解;15.25%的人完全不了解;12.56%的人非常了解。不了解的人数占到六成以上,其中不了解的人数中大部分是务农人员,非常了解的人员中金融人士占比高达九成。

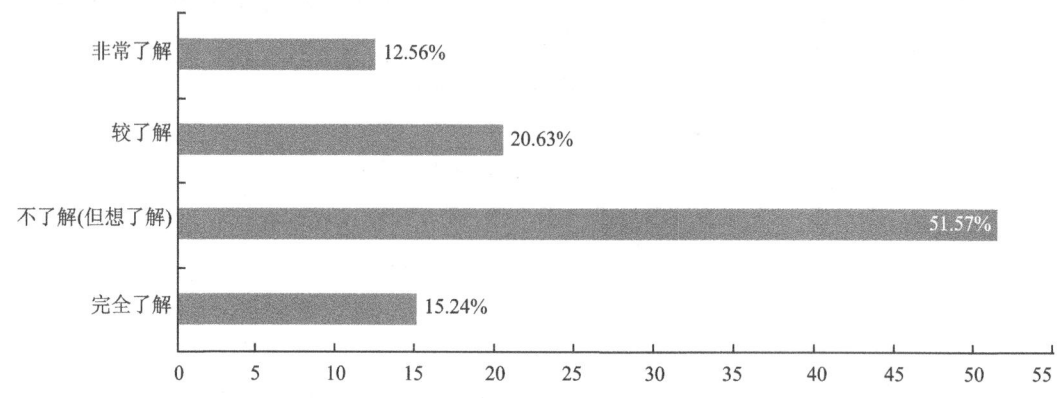

图 4.11 绿色金融的了解程度

据图 4.12 调查对象"对宜宾市绿色金融政策了解程度"中可知,有 53.97% 的人不了解,29.63% 的人了解一些;16.40% 的人非常了解。这说明当前宜宾市政府对于绿色金融的相关政策出台和宣传都很少。因此需要政府提供与绿色金融相关的政策支持,并进行宣传,让市民了解并参与其中。

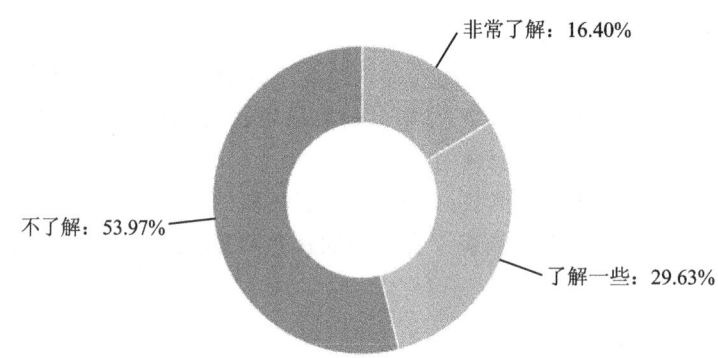

图 4.12 对宜宾市绿色金融政策了解程度

据图 4.13 可知,有 55.56% 的人认为宜宾绿色金融发展较好,但仍需加大发展力度;29.63% 的人认为宜宾绿色金融发展差,水平低;有 14.81% 的人认为宜宾绿色金融发展好,成就显著。这说明大部分市民对绿色金融的发展充满信心。

据图 4.14"宜宾市绿色金融发展过程中面临的主要障碍"中可知,有 73.02% 的人认为缺乏良好的市场管理和引导机制;61.38% 的人认为缺乏相关的激励机制;40.21% 的人认为发展前景不明确;57.14% 的人认为人民群众对绿色金融的了解不多;30.69% 的人认为金融机构自身建设不够完备。这说明目前宜宾市绿色金融发展处于初级阶段,存在的问题较多。

据图 4.15"宜宾市绿色金融发展前景"中可知,有 64.02% 的人认为发展前景好,发展潜力大;31.75% 的人认为发展前景不明确;4.23% 的人认为不适合发展绿色金融。这表明市民对宜宾发展绿色金融持积极态度。

据图 4.16"对当前提倡使用绿色金融产品促进绿色发展的必要性"可知,29.15% 的人认

第 4 章 建绿色金融,筑绿色宜宾——以宜宾市绿色金融发展为例

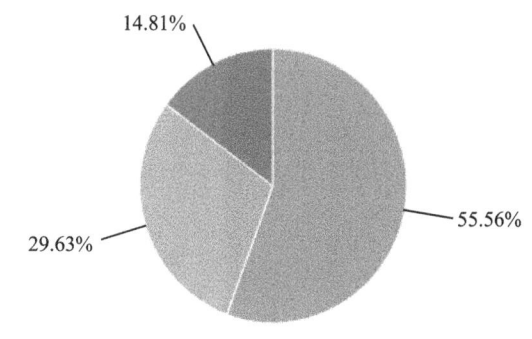

图 4.13 宜宾市绿色金融发展现状

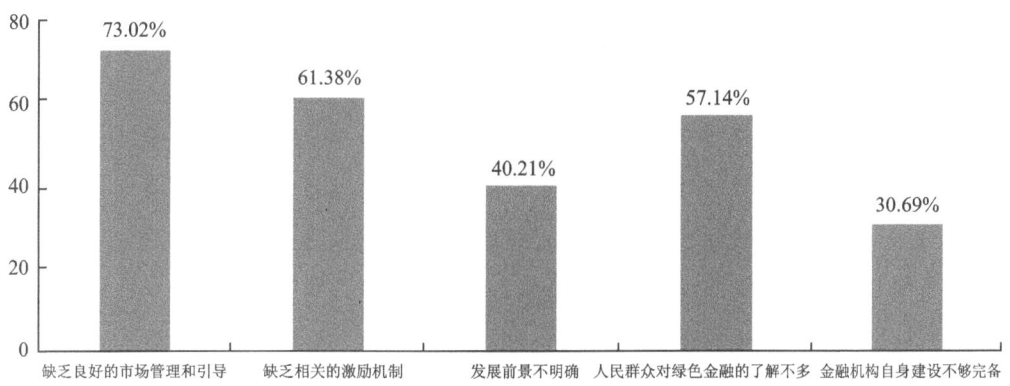

图 4.14 宜宾市绿色金融发展过程中面临的主要障碍

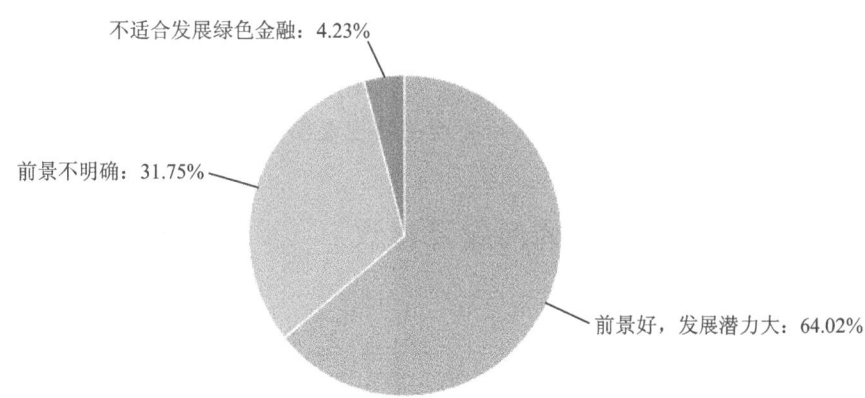

图 4.15 宜宾市绿色金融发展前景

为非常有必要;56.05%的人认为有必要;13.90%的人认为作用不大;0.90%的人认为完全没有必要。这表明大部分宜宾市民绿色消费观念强,有使用绿色金融产品的意愿。

据图 4.17"是否愿意将同样的钱存入绿色环保账户"这一问题的调查中可知,有 55.61%

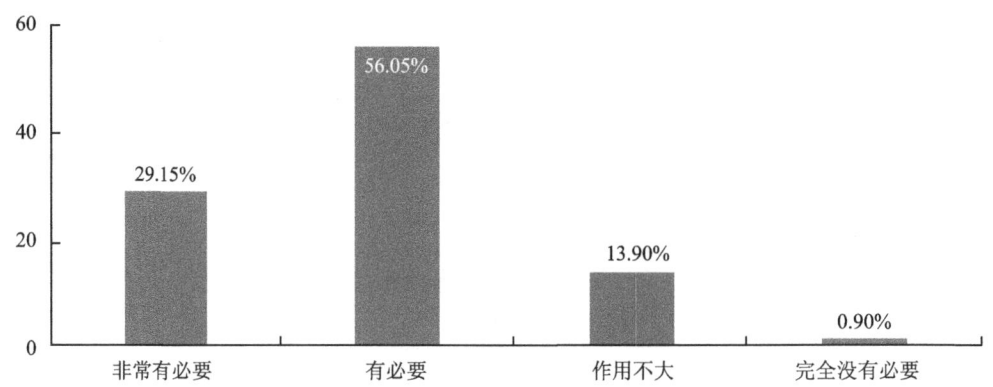

图 4.16 对当前提倡的使用绿色金融产品以促进绿色发展的必要性

的人很愿意,有 41.70% 的意愿一般,仅有 2.69% 的人不愿意。这说明宜宾市居民绿色观念很强,对发展绿色金融有极高的参与意愿。

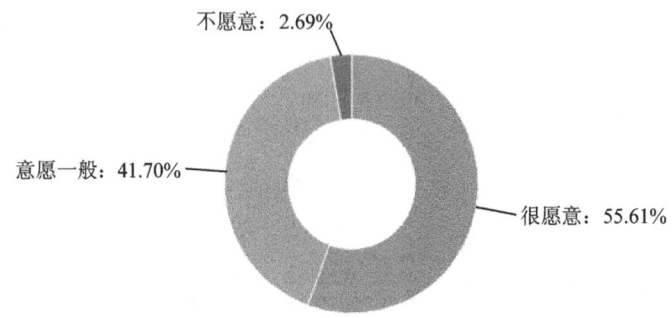

图 4.17 当绿色储蓄利率与其他储蓄利率水平相当时,是否愿意将同样的钱存入绿色环保账户

(3) 小　　结

综上,目前影响宜宾绿色金融发展的因素有:

① 有利因素:经济发展水平较高,城市政策发展符合民生,绿色金融服务环境基础较好。

② 不利因素:绿色金融市场不完善,缺乏相关法规支撑,居民对绿色金融缺乏了解,参与度极低。

4.2.5　宜宾绿色金融发展的问题及建议

1. 绿色金融发展问题

(1) 绿色金融产品问题

① 绿色金融产品单一,覆盖范围相对较小。当前宜宾的绿色金融产品主要是绿色信贷,如宜宾县公益林林地经营收益权质押贷款。其他类的绿色金融产品少,比如绿色储蓄、绿色债券、绿色保险、绿色基金等。并且绿色机构和产品面向的主要是一些大型企业和市重点产业,面向中小企业、普通市民的绿色金融产品极少。

② 资金在不同绿色金融产品上分配不均。宜宾的绿色金融发展目标主要是促进节能减排,而绿色金融资金更多流向与碳有关的金融产品,其他类金融产品资金严重不足。

(2) 绿色金融发展的政策问题

① 相关法律法规不健全。绿色金融作为一种新兴的经济发展模式，对经济有极大的推动作用。由于它是一种新兴模式，相关法律法规的制定仍处于制度层面，未落到实处，例如相关法律法规对市场参与主体的约束性弱，导致发生问题时出现各方推卸责任等问题。

② 政策支持力度不够大。目前宜宾绿色金融的投资周期长而收益小，且政府对绿色金融发展的扶持力度不够大，财政补贴少，不能激励融资机构积极参与绿色金融。而许多金融机构都愿意将资金投入到风险低、资本回报率高的行业，因此抑制了绿色金融的发展。

③ 宣传力度不够大。绿色金融在市民中普及度低，绿色金融发展的典型还不够突出。

(3) 市民参与度低

市民绿色金融知识储备少，投资能力弱。宜宾市高达80%的居民对绿色金融不了解，且倾向于储蓄、买房的传统投资方式，对绿色金融的投资参与度低。宜宾市民对宜宾绿色金融的了解度低、参与力度不够，更加延缓了宜宾绿色金融发展速度。

(4) 绿色金融市场体系不完善

① 绿色金融市场监督体系不健全，市场准入机制不成熟。市场监管体系存在诸多问题，导致市场混乱；在利益的驱动下，许多企业都未践行绿色发展理念。

② 缺乏有效的竞争和创新机制。宜宾发展绿色金融主要依赖银行的绿色信贷，而证券、保险、信托等其他金融机构参与较少，竞争力弱。法人银行在发展绿色金融的实践中没有建立绿色金融总部或专营机构的理念且缺乏与其他金融机构的密切配合。

(5) 金融机构对绿色金融的践行力度不够大

目前，宜宾的绿色金融发展水平较低，出台政策的目标也主要集中在优化生活环境上，且金融机构自身也没有重视绿色金融领域的发展，机构内部未建立起与之配套的制度，缺乏相应的激励机制、约束机制和管理机制。

2. 对宜宾市绿色金融发展的建议

(1) 对绿色金融产品的建议

① 宜宾应开发多种绿色金融产品，从推动绿色债券的发展开始，由点到面，带动绿色基金、绿色债券、绿色保险等产品的发展。从宜宾现有的绿色金融产品开始，遵循从简单到复杂、由基础到创新的原则，逐步丰富适应宜宾市情的绿色金融产品，优化绿色金融发展层次，让绿色金融更多的面向市民，面向所有企业。

② 制定绿色金融发展计划。有计划地调配资金在绿色金融上的分配，加强政府引导，发挥市场在资源配置中的决定作用，成立绿色金融发展的工作小组与部门，建立和形成多元化绿色金融服务模式，以支持宜宾市绿色金融的高质量发展。

(2) 对绿色金融发展的政策建议

① 完善绿色金融发展的法规。明确发展中各方的权责关系、利益分配关系，明确绿色金融发展中政府应承担的责任，合理地划分政府与市场的作用，在制度上予以保证。

② 分工合作。各牵头单位结合责任单位，细化责任分工，制定具体操作措施，建立信息交流平台，包括政府金融机构、环保机构、企业资源环境、企业信贷等信息，通过平台做到数据共享，为金融机构投资绿色金融领域提供信息，使投资决策有依据和支撑。

③ 政府应坚持从宣传教育入手，强调绿色金融对社会发展的重要意义，积极普及绿色金融知识，引导全民关注绿色发展，支持绿色金融，共建绿色金融发展新格局。通过会议、媒体

(传统媒体和新媒体)和举办各种活动等方式,为绿色金融生态环境营造良好的社会氛围。

(3) 对宜宾市民的建议

① 树立绿色消费观,在面临同等效应之下优先选择绿色产品,通过居民消费拉动绿色金融产业发展。

② 加强绿色金融相关知识学习。宜宾市民可通过政府的宣传资料、参加举办的宣传活动、关注绿色金融新闻等方式了解绿色金融,提高对绿色金融的认识。

(4) 对绿色金融市场的建议

① 完善绿色金融市场体系。出台和完善各项法规法令,将金融创新、支付结算环境改善、执行货币政策情况等内容列入监管之中,加强对绿色金融落实进程的监管。遵循"十三五"规划和十九大报告中的指示,使宜宾绿色金融有保障地快速发展。

② 加大对绿色金融的投资,吸引各方资金进入到绿色金融市场。扩大绿色金融市场参与主体,让不同类型的企业和广大的市民参与到绿色金融中,为绿色金融发展提供雄厚的资金支持。

(5) 对绿色金融机构的建议

加强金融机构之间的合作交流。加快推进金融机构、投资者、消费者三方之间的互联互通,实现绿色金融产品的信息共享。坚持绿色发展与利益共赢的理念,提高绿色金融的管理水平、服务水平,制定相应的激励机制,以提高员工的积极性,同时增加更多的绿色金融业务,扩大金融服务范围,做到敢实践、能创新。

4.3 案例评析

2016年9月,经国务院批准,中国人民银行、财政部等七部委联合发布了《关于构建绿色金融体系的指导意见》,意见明确表示,"绿色金融是指为支持环境改善、应对气候变化和资源节约高效利用的经济活动,即对环保、节能、清洁能源、绿色交通、绿色建筑等领域的项目投融资、项目运营、风险管理等所提供的金融服务"。这一文件体现了一系列重要创新,勾勒出了中国绿色金融体系的基本框架。绿色金融是通过金融机构积极支持节能环保项目融资的行为,是将绿水青山变为金山银山的重要市场手段。绿色金融不仅可以促进环境保护及治理,而且更重要的是引导资源从高污染、高能耗产业流向理念、技术先进的产业。近几年,我国绿色金融政策稳步推进,在信贷、债券、基金等领域都有长足发展。但在很大程度上我国绿色信贷仍然以自愿性、引导性政策为主,缺少更为直接、有力的扶持和鼓励措施。在我国经济由高速增长转向高质量发展、人民对环境质量的要求日益提高、绿色发展转型成为核心发展战略的背景下,绿色信贷的深化发展亟待进一步强化政策支持与鼓励。

宜宾是长江首城,也是长江上游重要的生态屏障。宜宾市委市政府提出要大力发展临港经济和通道经济,发展节能环保装备制造、页岩气开发利用、再生资源综合利用等新兴产业,建设长江上游经济带绿色发展先行区。要实现这一目标,必须积极构建完善绿色金融体系,以金融支持绿色产业发展为主线,发挥市场机制在资源配置中的积极作用,深化金融体制机制改革,通过金融组织、融资模式、服务方式和管理制度等创新,积极探索绿色金融发展的有效途径和方式。本选题是根据指导老师攻读博士学位期间的主要研究方向,结合国家宏观政策导向和宜宾当地实际,在对国内外绿色金融理论和发展现状进行研究分析的基础上,通过构建绿色金融发展的基本指标体系并进行纵向比较,分析宜宾绿色金融发展的各个指标状况,为宜宾市绿色金融的发展方式给出参考性建议,以进一步改善宜宾市生态环境,建设绿色生态宜宾。

该项目选题切合国家重要发展理念和宏观政策导向,通过与指导老师攻读研究方向和宜宾本地发展实际的结合,使作品在学术性和实践性方面都具备较好的基础条件。作品结构完整、论证较为规范,最终获得第十五届"挑战杯"四川省大学生课外学术科技作品竞赛二等奖,取得了较理想的成绩。

参考文献

[1] 董志强.烟台城乡一体化评价系统研究[J].烟台职业学院学报,2011,17(1):20-26.
[2] 钟宇平.我国绿色金融发展现状、问题及对策研究[J].金融经济,2016(6):114-115.
[3] 蔡玉平,张元鹏.绿色金融体系的构建:问题及解决途径[J].金融理论与实践,2014(9):66-70.
[4] 龚晓莺,陈健.绿色发展视域下绿色金融供给研究[J].福建论坛(人文社会科学版),2018(3):34-40.
[5] 中国人民银行马鞍山市中心支行课题组,朱先明.绿色金融支持循环经济发展评价体系研究——基于AHP的安徽省实证分析[J].金融会计,2018(1):63-68.
[6] 马骏.论构建中国绿色金融体系[J].金融论坛,2015,20(5):18-27.
[7] 张梁.发展中国绿色金融的逻辑与框架[J].环球市场信息导报,2017(2):31.
[8] 华兵.银行业可持续发展的若干法律问题研究——采纳赤道原则的启示[C]// 中国法学会银行法学研究会.金融法学家(第一辑).北京:中国法学会银行法学研究会,2009.
[9] 周道许,宋科.绿色金融中的政府作用[J].中国金融,2014(4):22-24.
[10] 宜宾市环境保护局.2017年宜宾市环境质量公报[R]. 2018.
[11] 芷琳.我国绿色金融发展现状与改善措施[J].西部皮革,2018,40(18):99.
[12] 杨娉,马骏.中英绿色金融发展模式对比[J].中国金融,2017(22):62-64.
[13] 朱凤林,郭晨.我国发展绿色金融的路径选择[J].西部财会,2018(8):40-43.
[14] 李云燕,孙桂花.我国绿色金融发展问题分析与政策建议[J].环境保护,2018,46(8):36-40.
[15] 罗辑,邓明慧,冯若娅,等.中小城市绿色金融发展模式探索与建议——基于合芜蚌自主创新示范区及其周边小城市的调研与分析[J].现代商贸工业,2018,39(11):29-32.
[16] 张瑞怀.创新绿色金融产品服务 探索金融引领绿色产业发展的"贵安模式"[J].清华金融评论,2017(10):37-39.
[17] 钟永飞,孙慧.完善绿色金融保障和激励机制[J].中国金融,2018(11):69-70.
[18] 林欣月.国内外绿色金融实践的比较分析[J].科技风,2016(11):100.
[19] 阮建明,郑登四,段国华,等.绿色金融支持衢州传统制造业 绿色转型的政策研究[J].绿色中国,2017(20):12-21.
[20] 姚雪,赵振宇.新时期我国风电产业发展SWOT分析[J].风能,2018(4):58-62.
[21] 王文,陈熹.绿色金融中国标准建设及其国际化进路[J].中央社会主义学院学报,2017(6):42-48.

[22] 陈游.绿色金融在我国的实践及思考[J].西南金融,2018(7):60-66.

[23] 翁智雄,葛察忠,段显明,等.国内外绿色金融产品对比研究[J].中国人口·资源与环境,2015,25(6):17-22.

[24] 潘为红,张文洁,朱俊波,等.绿色金融时代向我们走来[J].时代金融,2017(22):34-37.

[25] 李玫,丁辉."一带一路"框架下的绿色金融体系构建研究[J].环境保护,2016,44(19):31-35.

[26] 王善成.把绿色金融培育成节能环保产业新引擎[J].环境经济,2018(Z1):48-49.

第 5 章 基于企业进村背景下农村公共产品供给管理的实证分析

5.1 选题背景

建设社会主义新农村是我国现代化进程中的重大历史任务,这一发展战略决策不仅需从农业内部挖掘潜力,而且需要在农业外部找到出路。"企业进村"的动态发展因工商资本要素与农村所拥有的丰富资源的有机结合、优化配置而使其符合现代化企业的发展,同时符合现代化农业的要求,从而促进农村经济发展,已成为建设社会主义新农村的有效途径。这一有效途径越来越受到社会各界的认可,成为许多村庄发展的新模式。本章试图通过对企业进村的过程中各主体利益诉求差异引入博弈模型分析得出企业进村的必然性;还原企业进村的流程,了解在政策约束下企业进村对农村公共产品的影响;以"农业型企业进村"和"工业型企业进村"的典型村庄进行实证分析,并分析"企业进村"对农村公共产品供给与管理带来的具体的机遇与挑战。通过以上研究,提出针对企业进村背景下农村公共产品供给与管理问题的对策建议,以期为政府决策提供理论依据。

本选题基于企业进村背景下农村公共产品供给与管理的关键在于供给与管理主体的定位进行研究。当前,我国农村公共产品供给主体以政府为主,然而,政府管理不完善是造成我国农村公共产品供给严重不足的重要原因之一,因此,引入政府之外的力量——进村企业,参与农村公共产品供给势在必行。本选题从企业进村及农村公共产品的概念入手,探讨企业进村与农村公共产品的关系,并吸取经验教训,以便为我国西南其他相似农村地区在引进企业时起到借鉴作用,进而科学利用企业进村的契机努力实现各方共赢。本选题立足于博弈论探讨企业为何进村,对四川省宜宾市进行实证案例分析,采取问卷调查和访谈的方式进行实地调研,通过对问卷数据的分析,得出企业进村对农村公共产品供给与管理的影响;针对调研地区进村企业、政府及村集体存在的问题,提出相应的对策性建议;通过对豆坝村、黄江林村村情的描述,对比研究在企业进村前后公共产品的管理与供给的变化,对探讨公共产品的供给与管理问题具有重要的参考意义。

5.2 作品展示

基于企业进村背景下农村公共产品供给管理的实证分析

5.2.1 研究综述

社会主义新农村建设是我国现代化进程中的重大历史任务。这项重大历史任务要求协调推进农村各项建设。这一重大历史任务不仅需要从农业内部挖掘潜力,而且需要从外部寻找出路。实施"企业进村"战略是实现这一新型道路的有效途径,也是建设社会主义新农村的必然选择之一(李仁刚,2008)。事实证明无论是欧洲的意大利、法国、德国,还是亚洲的日本、韩国,无一不是在工业化、城市化充分发展的基础上,调动全社会的力量特别是企业的力量来建设新农村。特别是韩国的"一社一村"运动,通过构建企业支农扶农的机制,为缓解"农业和农村的危机"做出了贡献(陈红敏,2006)。这些研究都给我们以启发,"企业进村"形成的以工促农、以城带乡的有效机制将给农村带来新的机遇。同时企业进村可能为新农村建设中存在的一系列问题提供新的解决方案,也表明"企业进村"可能为解决农村公共产品供给与管理中存在的问题提供新的解决方案。

长期以来,我国在公共产品供给上存在着生产性公共产品供给不足的问题,该问题影响了农业稳定发展,影响了农民持续增收。据研究发现,该问题主要是由于基层政府制度内财政资金不足造成的。现行机制下农村公共产品的供给渠道较为单一,基层政府提供的农村公共产品难以满足农民对公共产品多样性、高质量的要求。

E. C. 萨瓦斯曾表明,没有任何逻辑和理由可以证明公共服务必须由政府提供,而摆脱政府公共服务效率低和资金不足困境最好的出路是打破政府的垄断地位。萨缪尔森也曾指出:"一种公共物品并不一定要公共部门来提供,也可以由私人部门来提供。"以上观点为我们构建多主体的公共产品供给结构提供了理论依据。

农村资源丰富,如土地、劳动力等。农村的市场化程度低,使众多发展重心由城市转向农村的企业看到了机会。工商资本进入农村给农村公共产品多渠道供给提供了可能。

在企业和村庄内部经济、资源之类的社会结构的相互作用下,在农村出现了促进农村经济发展的新动力、构建农村公共产品多元化渠道的新方法。与此同时,企业进村也给农村公共产品的供给管理带来了新的影响和变革。

冯佺光在《公共选择下的山区经济协同发展问题研究》中指出:从日本和我国台湾地区的改革经验来看,在农业发展早期,很多国家和政府采取了防止工商资本进入农业和农村的做法。其原因主要是农民作为个体而言,参与到市场竞争之中,在与大资本博弈的过程中,农民会因不对称的形势而导致交易中的弱势地位。因此在企业进村背景下,建立健全兼顾企业与农民发展利益的农村公共产品新型供给与管理渠道变得尤为重要。

5.2.2 研究区概况

企业分为农业型企业和工业型企业两种,而它们进村给村庄带来的影响也大体分为两大类。经过走访和收集资料得知,在宜宾市众多有企业的村庄,豆坝村和黄江林村为相对较早有企业进村的村庄。为更加深入地探究企业对村庄的影响,选出了这两个具有代表性的村庄。下面是两个村庄的简要介绍。

1. 豆坝村村情描述

豆坝村位于四川宜宾柏溪县安边镇政府东面6公里金沙江河谷地带左岸,东临县城柏溪,西靠向家坝水电站,北接高捷工业园区,处于"金三角"地带。面积4.5平方公里,下辖14个村民小组。现有常住人口4 853人,其中60岁以上的老人500人,占常住人口比例的10%;12周岁以下的儿童480人,占常住人口比例的10%;外出务工经商1 120人,占常住人口比例的23%。境内有向家坝专线公路、柏安公路、内昆铁路,金沙江通过,水陆交通便利。

由于处在我国第一阶梯与第二阶梯的交界处,豆坝村主要以山地为主,人均可用耕地较少,在1965年以前以农业为主导产业时经济发展落后,村民以务农为主,人均年收入低。1965

年,国家实施"备战备荒"的国防政策,在豆坝村修建了豆坝电厂,后来在豆坝电厂的带动下陆续有塑料厂、泡沫厂等企业进驻豆坝村,豆坝村村民开始进入企业工作,收入比以前大幅提高。2004年豆坝电厂关停后,塑料厂、泡沫厂等企业也相继迁出豆坝村。1965—2004年期间豆坝村属于典型的工业村,2004年以后豆坝村的公共产品长期处于管理不善的状态。对比研究豆坝村在企业进村前后对公共产品的管理与供给的变化,对探讨公共产品的供给与管理问题具有重要的参考意义。

2. 黄江林村村情描述

黄江林村现被市民美称为"宜宾后花园"。它位于四川省宜宾县安边镇、金沙江下游北岸,距离宜宾市区20公里、柏溪县城7公里、向家坝水电站12公里,海拔350~624米,面积10.3平方公里。地形以丘陵为主,属于亚热带季风气候,降雨充沛,土壤肥沃,适合发展茶叶产业。全村下辖9个村民小组,人口2 010人。

俗话说:"要想富,先修路"。早在1990年,黄江林村由于交通闭塞,群众生产、生活物资和农副产品进出难,全村农业产值仅79.8万元,农民人均纯收入不足325元。1991年,黄江林村两委组织群众动工修建村道和社道,群众积极投工、投劳、投钱、投粮食、投土地,到1997年的时候,该村基本实现了社社通。尽管毛路修通了,但路况很差,无法达到晴雨畅通,村民出行、出售农副产品仍然没有摆脱肩挑背扛的境况。2000年,黄江林村两委提出了一个大胆的设想——出让客运权,引资修路。这一想法一经公布,立即吸引了柏溪镇长江村村民杨明金,他投入资金35万余元,把黄江林村村道整治为片石路,并通班车。现在,到黄江林村的班车一天有10多个班次在营运,票价在3.0~4.5元之间。据2013年数据统计,黄江林村的人均年收入已达到9 620元。

近几年来,随着土地流转承包在政策上得到认可,黄江林村在上级政府的支持下通过各种优惠政策积极引进企业进村,培育了一批生态旅游农业型龙头企业。黄江林村也成为宜宾县有名的将生态效益与经济效益相结合的新农村。

本章主要研究从企业进村到企业搬出村庄的这一段时间内企业对村道路、水利、环卫设施等公共产品产生的影响,吸取经验教训,以便为我国西南其他相似农村地区在引进企业时起到借鉴作用,进而科学利用企业进村的契机努力实现各方共赢。

5.2.3 研究对象概述

1. 农村公共产品的界定

农村公共管理学认为,农村公共产品是指由不同阶级和性质的主体提供的范围不同的供农村居民消费、享用的各类物品和服务,它具有较强的外部性、多层次性、多样性和分散性。于奎提出将农村公共产品按其公共性质分为三类:一是接近于农村纯公共产品的农村准公共产品,主要是农村社会保障、义务教育、公共卫生等;二是中间性准公共产品,如农村医疗、信息服务、职业教育;三是接近于市场产品的准公共产品,如农业科技、文化娱乐、自来水工程等。这也是根据农村公共产品消费的非排他性和供给的连带性定义的。

在本次调研中,课题组结合研究调查的需要,将调研的内容具体到与企业进村有着密切联系的三类公共产品:一是接近于纯公共产品的道路设施;二是接近于市场产品的准公共产品水利设施;三是接近于农村纯公共产品的农村准公共产品环境卫生。

2. "企业进村"概念界定

"企业进村"就是利用企业丰富的人才、资金、农资、技术、企业家管理才能等生产要素,以农产品加工企业、规模企业配套产业、农业产业化经营、乡村特色旅游业为载体,充分发挥企业的综合带动效应,实现整个农村经济资源的优化配置,并以经济互动为发端,促进农村经济、文化、公共建设的发展,达到"以企带村、以村促企、村企共赢"的目的,推进社会主义新农村建设的动态发展过程。

(1) 进村企业分类概述

企业一般是指以盈利为目的,运用各种生产要素(土地、劳动力、资本、技术和企业家才能等),向市场提供商品或服务,实行自主经营、自负盈亏、独立核算的具有法人资格的社会经济组织。

《企业法规》中现代经济学理论认为,企业本质上是"一种资源配置的机制",其能够实现整个社会经济资源的优化配置,降低整个社会的"交易成本"。

企业按照经营内容可分为工业企业、商业企业、农业企业、科技企业、文化企业等,此次研究的是与农村工业化、农村现代化密切联系,在农村地区的行政村中实行自主经营、自负盈亏、独立核算的具有法人资格的社会经济组织,主要分为农业型生产企业和工业型生产企业。

工业型生产企业是从事工业性生产的经济组织,主要服务于工业。它利用科学技术、合适的设备,将原材料加工,使其改变形状或性能,为社会提供需要的产品,同时获得利润。工业型生产企业在农村发展的不同阶段具有不同的特征。在农村工业创办初期,其生产经营的各个方面都不成熟。早期表现为一种低水平、小规模、产品简单、非规范、不稳定的产业。虽然它在生产方式上和农业生产方式不同,但对劳动力素质要求并不高,生产经营没有保障,因此人们常常将其称之为"开关厂"。在这样的企业里从业人员具有兼职性,职业身份并不明晰,处于农业和工业的胶着状态。在农村工业比较发达的地区,农村工业生产已达到相当高的层次。它用先进的生产技术进行产品生产。具体表现为生产管理科学化、生产过程专业化、生产工艺尖端化。在这类企业中的从业人员斩断了与土地相连的脐带,由农民变为农村工业工人。

农业型生产企业是以农村为基础的企业,它主要是为农业生产服务。该类企业相对于其他企业而言更依赖于土地和气候,该类企业具有较大的风险。较大的风险、较弱的农村企业家才能造成了农户对资本联合和劳动合作的担忧,使人们常常将小农生产的基本困境称为"小生产"与"大资本"的困境,并对"企业+农户"模式寄予厚望。该类企业吸引的劳动力较多,土地利用率低,占地面积较大,环境效益好。

(2) 农业型生产企业与工业型生产企业比较

农业型生产企业与工业型生产企业的比较见表5.1。

表5.1 农业型生产企业与工业型生产企业对比

企业类型	服务对象	对自然因素的依赖程度	规模	生产工具	土地利用率	占用土地量	就业村民职业属性	就业村民居住属性
农业型生产企业	服务工业	高	小	先进	低	大	兼职性	单栖性
工业型生产企业	服务农业	低	大	不先进	高	小	兼有	兼有

注:兼职性:村民有工做工,无工回家务农;专业性:村民只做工不务农;双栖性:村民离土不离乡,白天在企业做工,晚上回家居住;单栖性:村民务工居住都在企业;兼有:同时具备两种属性。

3. 企业进村与农村公共产品的关系

"企业进村"是推进社会主义新农村建设的必然选择。企业进村与农村公共产品供给与管理具有相互促进、相互影响的作用。

一方面企业进村会促进农村公共产品的供给与管理。比如企业进村缴纳的税收会增加政府财政收入,随着财政收入的增加,财政收入会反哺公共基础设施,促进农村公共产品的供给,如增加垃圾站、建立清洁队。企业进村也会加大对农村公共产品的需求,比如在道路方面起初"企业进村"的过程会导致当地交通需求量增大,交通供求不平衡,当企业或者当地政府意识到此问题时便会牵头投资兴建道路,从而改善当地农村交通基础设施。企业进村甚至能直接给农村提供大量的公共产品,如豆坝电厂、曹阳水电站为豆坝村供电,使该村比邻村用电提早10~20年;还为该村提供了清洁的自来水,养殖用水,促进该村养殖业的发展,从而促进该村经济的发展。

另一方面企业进村也会产生一些弊端,比如会导致环境污染加重、环境资源遭到破坏、农村公共产品管理负荷增大、农村公共产品的使用年限降低。

"企业进村"对于农村公共产品的供给与管理是利大于弊还是弊大于利?"企业进村"对农村公共产品的供给与管理到底是机遇还是挑战?机遇和挑战之间又该如何转化?在接下来的论述中将会对此做出详尽地阐述和说明。

5.2.4 基于博弈论谈企业为何进村

企业进村的过程包含着许多错综复杂的利益关系,因为在这个过程中,相关主体会为维护自身的利益而与其他主体进行一场没有硝烟的"战争"。在这场战争中,每一方的最终目标都是为自己谋取最大化的利益,而这场"战争"最理想的结果无疑是在各方协商后可以找到一个均衡点,使得参与者都能获益,当然这一结果的实现就需要各方都做出一定的让步。

博弈论是研究决策主体的行为发生相互作用时的决策以及这种决策的均衡问题,而企业进村的过程实质上就是一场博弈。

1. 基本假设

① 假设1:在企业进村时,政府、企业和村集体均为追求效用最大化的理性人。

地方政府的效用目标为建立健全农村公共产品发展战略,进而实现农村经济的可持续发展。为了实现其效用目标,对企业进村采取"激励"与"不激励"两种策略,即对于愿意为当地投资促进当地发展的进村企业,政府提供税收等优惠政策进行激励,这种企业进村形式属于政府捆绑型;而对于不积极投资农村的企业,政府对其进行常规的行政管理。

企业的效用目标是经济诉求(如利润)和非经济诉求(如声誉),在投资、入驻农村这件事上有进村与不进村两种行为策略。企业自愿或主动进村谋求自身发展的进村形式属于企业自发型。

村集体的效用目标为经济诉求,即企业进村给该村经济带来的效用最大化,是否对该村经济发展带来积极的效用,对有正面效用的给予优惠条件进村,对无效用的拒之门外。

② 假设2:影响地方政府决策的投资变量。

地方政府对农村公共产品的投入成本减少 C_c。

税收优惠 $\Delta T=(t_0-t_1)M$，即政府对进村企业当前收益的减少税额，t_0 为企业应缴纳税率，t_1 为政府优惠税率，$t_0>t_1$，且 $0\leqslant t_1\leqslant 1$，$M$ 为企业收益水平，政府新增收入 $T=T_0-\Delta T$。

奖励性收支 J，包括地方政府接受来自中央政府的转移性支付和地方政府为鼓励进村企业的奖励性支出。假定地方从中央获得的奖励费用和企业从地方获得的奖励费用是成比例的，即 $J_s=\alpha J_n, 0\leqslant \alpha \leqslant 1$（$J_s$：地方；$J_n$：中央）。

政治资本积累 Z。在新农村的战略领导下，全国各地政府官员的政治前途，如升迁等，与区域新农村发展程度等密切相关。假定 Z 为地方政府采取有效策略使区域新农村企业进村活动有效发展并取得客观效果而赢得的政治资本。

③ 假设 3：影响企业进村的损益变量。

基本收益水平 M_0，企业是否进村的一个重要影响因素是能否保持基本收益水平。

预期收益 E。企业进村意味着企业消费市场狭小，生产和消费的地域不一致等问题；但从长期看，企业的发展方向更倾向于农村，企业在农村经历发展后的投资者往往会得到更高投资的报酬，实现更高的投资回报率和较低生产成本的期望。

间接收益 $U(b)$。企业积极投资农村会导致风险和成本的增加，同时，企业由此会获得间接收益 $U(b)$（生态环境改善、经济环境改善、市场份额提高、社会声誉提升等），b 表示企业由于投资农村所获得的经济和非经济效用。

风险应对成本 C_r。企业投资农村所面临的风险包括产业风险、政策风险、市场风险和技术风险等。

土地资金获取成本 C_f。企业进村属于资金密集型企业，投资农村需要巨额资金，农村基础设施（道路、水利、环境卫生等）不完善、不健全，需要建立健全。

机会成本 C_0。企业投资农村而放弃的投资其他有利可图的城镇的最高收益，即若不投资农村企业将获得的相当于 C_0 大小的利益。

政府奖励 J_{S1}。地方政府给予进村企业的货币激励。

村集体激励 P_0。企业在农村投资少支付的生产成本。

④ 假设 4：影响村集体的损益变量。

当前收益水平 M_1。即村集体在企业进村前的收益水平。

企业进村后对农村公共产品的投入成本减少 C_e。

预期收益 E_1。企业进村所在的村集体将面临土地减少，环境污染等问题。但从整体来看，农村的基础设施将会更加完善，经济发展前景更广阔；农村剩余劳动力可以得到合理利用；村集体可以得到更高的投资回报。

风险应对成本 C_2。不同的企业进村带来的风险不同。可能的风险有环卫风险、资金风险、政策风险等。假定 C_2 为克服投资风险所支付的成本，投资风险越大，C_2 也会随之增大，将对村民的积极性和信心产生消极影响。

机会成本 C_1。企业进村后，该村放弃的其他有利可图的项目的最高收益。

政府奖励 J_{S2}。地方政府给予积极接受企业进村的村集体的货币奖励。

2. 政府、企业、村集体三方的得益矩阵

基于上述假设,并且令 G、E、C 代表博弈三方的政府、企业、村集体,W_G、W_E、W_C 分别表示政府、企业和村集体的收益。政府、企业、村集体分别有 2 种策略选择,三方博弈中共有 8 种策略组合,每一种策略组合三方均有不同的收益,具体的策略组合及其相应收益如表 5.2 和表 5.3 所列。

表 5.2 政府、企业、村集体三方博弈策略组合及收益矩阵(政府激励)

博弈方	村集体接受	村集体不接受
1.企业进村	$W_{G1}=C_c+T+J_n+Z-J_S$	$W_{G2}=0$
	$W_{E1}=(M_0+E+U(b)+J_{S1}+P_0)-(C_r+C_f+T)$	$W_{E2}=C_0$
	$W_{C1}=(M_1+E_1+J_{S2})-(C_2+P_0)$	$W_{C2}=C_1$
2.企业不进村	$W_{G3}=0$	$W_{G4}=0$
	$W_{E3}=C_0$	$W_{E4}=C_0$
	$W_{C3}=C_1$	$W_{C4}=C_1$

表 5.3 政府、企业、村集体三方博弈策略组合及收益矩阵(政府不激励)

博弈方	村集体接受	村集体不接受
1.企业进村	$W_{G5}=T_0$	$W_{G6}=0$
	$W_{E5}=(M_0+E+U(b)+P_0)-(T_0+C_r+C_f)$	$W_{E6}=M_0+C_0-T_0$
	$W_{C5}=(M_1+E_1)-(C_2+P_0)$	$W_{C6}=C_1$
2.企业不进村	$W_{G7}=0$	$W_{G8}=0$
	$W_{E7}=C_0$	$W_{E8}=C_0$
	$W_{C7}=C_1$	$W_{C8}=C_1$

分析:由于企业进村的形式分别是经上级政府和不经过上级政府两种,所以企业能够进村有 2 种情况:①在政府激励的政策下,村集体接受企业进村,企业愿意进村,则企业能够进村;②政府不激励企业进村,但村集体接受企业进驻本村,企业想进村,则企业能够进村。

分析如下:

① 比较政府采取"激励"和"不激励"企业进村的平均收益,从而选择的策略。采取"激励"措施的平均收益 $\overline{W}_{GA}=\frac{1}{4}(C_c+T+J_n+Z-J_S)$,采取"不激励"措施的平均收益 $\overline{W}_{GB}=\frac{1}{4}T_0$。$\overline{W}_{GA}-\overline{W}_{GB}=\frac{1}{4}(C_c+Z+J_n-J_S-\Delta T)$,其中 $J_n-J_S \geqslant 0$ 具有必然性,上级政府给地方政府的奖励必会大于或等于地方政府和进村企业的奖励之和;其中 ΔT 是政府对企业的税收优惠,C_c 是企业进村后政府对农村公共产品少投入的资金,当政府所获得的资金积累与农村公共产品少支出之和大于政府对企业的税收优惠的时候,即 $\overline{W}_{GA}-\overline{W}_{GB}>0$ 时,政府会选择"激励"企业进村的策略。

② 讨论企业采取"进村"与"不进村"情况下的平均收益,而选择的策略。采取"进村"策略下的平均收益 $\overline{W}_{EA}=\frac{1}{4}(2M_0+2E+2U(b)+2P_0+J_{S1}+2C_0-2C_r-2C_f-T-T_0)$,采取"不进村"策略的平均收益 $\overline{W}_{EB}=C_0$。$\overline{W}_{EA}-\overline{W}_{EB}=\frac{1}{4}(2M_0+2E+2U(b)+2P_0+J_{S1}-2C_r-$

$2C_f - T - T_0 - 2C_0$),当企业在城镇发展的成本高于在农村发展的成本时,企业会考虑进村,但由于各种企业进村的标准不同,所以进村后的收益也不同,成本也有可能会降低;但当企业想进村,政府出租的土地资金的费用、风险比较低,期望收益值较高,而自己的机会成本较低时,$\overline{W}_{EA} - \overline{W}_{EB} > 0$,企业会选择"进村"策略。

③ 比较村集体采取"接受"企业进村与"不接受"企业进村的平均收益,来分析村集体可能采取的相应策略。采取"接受"企业进村策略下的平均收益为 $\overline{W}_{CA} = \frac{1}{4}(2M_1 + 2E_1 + J_{S2} + 2C_1 - 2C_2 - 2P_0)$,采取"不接受"企业进村策略下的平均收益为 $\overline{W}_{CB} = C_1$。$\overline{W}_{CA} - \overline{W}_{CB} = \frac{1}{4}(2M_1 + 2E_1 + J_{S2} - 2C_1 - 2C_2 - 2P_0)$,若村集体"接受"企业进村后所面临的风险成本较低、收益较高,以及村集体的机会成本较低,即 $M_1 + E_1 > C_1 + C_2$,则村集体会选择"接受"企业进村的策略。

博弈三方在理性"经济人"假设下,利益最大化的策略组合是激励,进村,接受。当然,它需要满足一定的前提条件,若条件改变,博弈方就会改变策略,从而导致策略的组合发生改变。理想博弈结果的实现需要各方的努力。下面将会对此结果作实证研究分析,研究在各主体利益最大化的策略下,对农村公共产品的影响,针对不利影响提出相应的对策。

5.2.5 企业如何进村

1. 企业进村程序

企业进村需要经历一个漫长而复杂的过程,这是因为在企业进村的过程中所涉及的相关主体较多,而且其中牵涉的利益关系也是纷繁复杂,如果不能很好地对这些主体之间的利益冲突进行处理,将会对企业的收益乃至发展造成严重的负面影响。企业进村的过程需要通过招商局、税务局、当地乡镇政府的许可。可以将企业进村按程序分为两大类:捆绑型和自主接受型。

"捆绑型进村"是指政府出于转变农村经济发展方式的考虑,选定一些企业,给他们较大的优惠,鼓励他们选择进入农村地区发展,借用工商资本这根杠杆来活跃农村经济,并且促成了农民的收入途径多样化,使广大农民可以真正享受改革开放的成果。

"自主接受型"是指企业自己主动与乡村政府部门协商洽谈,乡村政府同意后,企业去县镇政府相关部门办理相关手续的一种进村方式。企业是一种以盈利为目的的商业组织,所以,在发现有条件和环境可以帮助其实现更多的利润时就会极力争取,这也就是自主接受型企业进村方式形成的原因。

企业进村的程序如图5.1所示。

其中,招商局登记是第一个步骤,图5.1中的部门是不分先后的,企业可以自行选择手续办理顺序,进村过程中,企业要一直与这些部门打交道。这些部门组成了一条长链,将企业进村的各个环节紧密衔接在一起,而每一个部门就是这条"长链"上的一环,他们之间也是存在内在联系的,缺少了其中任意一环都将影响到企业进村的整个进度。这就要求企业在入驻过程中要认真办理各项手续,确保企业进村计划的按时完成。

2. 企业进村优惠政策

十八届三中全会中提到"进一步放开搞活农村经济,优化农村发展外部环境,强化农村发

第5章 基于企业进村背景下农村公共产品供给管理的实证分析

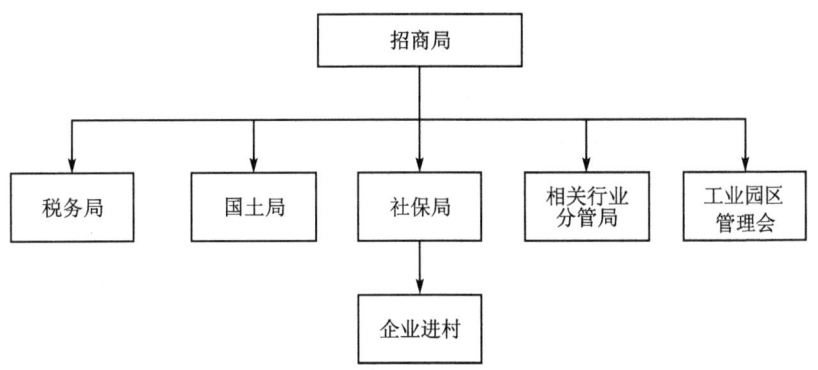

图 5.1 企业进村程序

展制度,保障完善农业支持保护制度,建立现代农村金融制度,建立促进城乡经济社会发展一体化制度,健全农村民主管理制度"。长久以来,农村经济的增长主要靠农民种植庄稼和经济作物,这样的增长方式比较单一且容易受到自然等不确定因素的影响。企业进村改变了农村落后的经济增长模式,为农村经济的发展注入了一股新能量,不仅促进了农民增收和农村经济的发展,而且增加了政府的财政收入。所以政府对企业进村很支持,宜宾县政府还出台了一系列的优惠政策,政府从土地、财政、规费、融资、投资保障等方面给予企业相应的优惠和支持。

(1) 土地支持政策

① 投资工业项目(含农产品加工)用地,采取招标、拍卖、挂牌方式依法出让,出让价不应低于宜宾县规定的工业用地出让最低价格,出让期50年。

② 商业用地(含商贸、物流、专业市场、星级宾馆酒店、旅游综合项目),按不低于宗地评估价,以拍卖方式出让。出让期40年。

③ 对宜宾县产业具有重大支撑作用的项目,固定资产投资达一亿以上的项目,世界500强企业投资的,中国100强、行业前10强企业投资的重点项目,其最终结算价按工业用地出让价的1.5倍执行。开发国有河滩用于旅游项目建设的,可按宗地综合取得成本价出让供地。

④ 国家鼓励类外商投资项目在确定用地出让底价时,可按不低于工业用地出让最低价标准的70%执行。

⑤ 投资在2 000万元人民币以下(不含2 000万元)按产业类型并符合国家鼓励类、支持类和综合能源、机械制造、酒类食品、特色化工四大支柱产业的微型小型项目,可租赁国有土地、租用工业标准厂房或按产业类型集中区域以出让方式取得土地使用权并享受同类企业用地出让价格优惠。

⑥ 固定资产投资在5 000万元人民币及以上的大型港口、码头、物流园区、大型原材料及产品、综合市场、汽车4S店、科技孵化园、新农村综合体等新项目用地最终结算价按照工业用地出让价的1.5~2倍执行;四星级及以上酒店项目用地最终结算价按工业用地出让价执行。文化教育、体育、医疗卫生等社会公益事业项目用地最终结算价按工业用地出让价执行。

从这些条文中不难看出,宜宾县政府对进村企业的土地支持政策是根据企业的生产性质和投资金额而定的。因为不同生产类型的企业对土地产生的影响是不同的,一般情况下工业型企业对土地的损害比服务型企业和农业型企业严重,所以政府的政策就会向服务业和农业生产型企业倾斜。

(2) 财政扶持政策

① 符合国家产业政策鼓励的新投资项目，经相关部门认定，按政策规定享受国家西部大开发和省委、省政府关于"扩权强县"试点政策及相关优惠政策。

② 新办工业、农业产业化龙头企业、总部企业、研发中心、科技孵化园、3A级及以上景区、三星级及以上星级农家乐、文化产业、新农村综合体、企业大型综合办公、金融、大型城市商业综合体（含四星级及以上星级宾馆、商务中心、大型购物中心及广场、大型综合办公）、大型原材料及产品、综合市场、汽车4S店等项目，其上缴的增值税、企业所得税、营业税县级税实得部分，由县级财政按第一年至第三年100%、第四年至第五年50%的财政扶持政策，支持项目或扩大生产经营规模。高管人员（含副总经理、总工程师及以上职务）缴纳的个人所得税县级实得部分，由县财政按第一年至第三年100%、第四年至第五年50%的财政政策予以扶持。

③ 兼并、重组及投资改造本县原有工业、农业产业化龙头企业或者县内工业企业在县内搬迁、技改，扣除原企业上年税收基数后，新增的增值税、企业所得税县级实得部分按上条规定执行。

④ 利用废水、废渣、废气进行综合利用、开发产品的新办企业，除享受环保有关政策外，按上述规定执行。

⑤ 大型港口、码头、物流园区及交通、电力、水利、市政建设等基础设施项目，该项目当年所缴纳企业所得税县级实得部分处理同上条款。

⑥ 其他税收。对引进新工艺、开发新产品，填补国家、省空白，以及创新精品、产品出口创汇省级及以上高新技术企业，享受上述优惠期满后的3年内，每年再按企业的营业税县级实得部分的30%给予财政扶持；对投资农业专业市场和出口创汇企业，除享受上述优惠外，前3年按其缴纳的房产税县级实得部分的50%给予财政支持；对投资建设农业产业化重点龙头企业和三星级及以上星级的农家乐，除享受第②条规定的优惠政策外，每年再按企业缴纳税费县级实得部分的30%给予财政支持；新办投资额在一亿人民币以上的酒类食品项目，除享受第②条规定的优惠政策外，项目上缴的增值税、企业所得税县级实得部分，由县财政安排资金，在第6年至第10年再按40%给予财政支持；鼓励县外工业、商贸流通服务等各类企业及企业集团将办公及总部迁入并依法在当地注册，根据组建企业形式的差异执行不同的优惠政策。

企业是趋利性比较强的，所以吸引企业最好、最直接的办法就是给他们利益。政府制定的相关鼓励企业进村的财政方面的政策无疑是看准了企业这一特性，想通过这些财政优惠政策吸引企业，希望他们可以入驻农村。

(3) 规费优惠政策

① 投资改造城镇供水、排水、污水处理、垃圾处理等基础设施建设项目，城市基础设施配套费按"收支两条线"原则，由县级财政安排支持企业用于投资项目建设。

② 投资兴办学校、医院、广场、公园、敬老院等公益设施和社会福利，且固定资产投资总额在1 000万元人民币以上的项目，建设期间县级应收的各项规费实行全额减免。

③ 新项目自身建有污水处理厂并实现达标排放的，所征收的排污费纳入地方环保专项资

金的部分,符合国务院《排污费征收使用管理条例》和财政部、国家环保总局《排污费资金收缴使用管理办法》相关规定的,该部分专项资金可安排给该企业用于污染防治。

(4) 项目补助和融资政策

① 在宜宾县境内新办并注册、符合国家产业、行业和银行信贷政策的投资项目,由县级相关部门积极协调有关金融机构和融资担保公司为企业提供融资贷款服务或担保。

② 投资新办并建成投产的项目,由县级相关部门向上级争取技术改造、环境治理、基地建设等项目资金支持企业发展。

(5) 引资奖励政策

新办企业投产第二年缴纳县级实得税额在 200 万元以上 1 000 万元以下的经营者,由县级财政按当年上缴县级财政实际所得的 3% 给予一次性奖励;年缴纳县级实得税额 1 000 万元以上的经营者,由县财政按当年缴纳的实得收入的 5% 给予一次性奖励。

(6) 投资保障与服务

① 入驻工业集中区的投资项目由工业集中区管委会实行"一站式"服务。申报资料和技术要素齐全的,在 3 个工作日内答复是否批准,7 个工作日内办结县内审批手续。对新办国家鼓励类工业企业所涉及的公共道路、供电、供水、供气、排污、通信等基础设施,根据项目投资协议的约定,由相关部门建设。

② 除安全、环保、公安、税务和劳动保障部门外,其余单位到企业检查,实行备案和报告制。

政府吸引企业进村发展,就需要提供对他们有吸引力的举措。政府的这些举措既可以使企业开辟出新的发展路径和新市场,又可以增加农民收入,同时为政府创造更多的税收收入。

3. 企业进村条件

企业进村虽然能够给广大农村地区带去较大的经济利益,但是如果政府方面不加以约束还是可能产生一些负面影响,如资源过度开发、企业无节制排放污水、废气等,可能破坏农村的生态环境,所以政府对进村企业进行了约束,制定了以下门槛条件,使得企业进村以后,农村经济与企业可以和谐发展。

① 符合城镇体系规划、土地利用总体规划、工业集中区规划和相关产业政策。

② 环保、安全生产技术达标,措施落实到位。

③ 具有较强的产业带动作用,组建并注册所住地为宜宾县的独立法人经济实体,依法从事建设、生产和经营活动。

④ 新入驻县级工业集中区和柏溪镇、普安乡、安边镇的项目,固定资产投资不得低于 2 000 万元人民币,注册资本不得低于 500 万元,项目投产年度实现税收总额不得低于 50 万元;入住其他乡的项目固定资产投资不得低于 300 万元,注册资本不得低于 10 万元,项目投产年度实现税收总额不得低于 20 万元。入驻县级工业集中区和柏溪镇、普安乡、安边镇的投资项目,土地单位投资强度不得低于 150 万元/亩;入驻其他乡镇的投资项目土地单位投资强度不得低于 120 万元/亩。

宜宾县近年积极规划企业进村事项,为了落实国家转变农村经济发展方式,让广大农民走上小康道路,使农民可以真正享受到经济发展成果,促进和谐社会的构建的政策,力争在"十二五"末,建成基础设施完善、公共服务配套、要素保障有力、政策环境宽松、产业聚集能力强的新型工业园区,努力形成主业突出、特色鲜明、优势互补、协调共进的园区发展格局。

5.2.6 企业进村对农村公共产品供给与管理的影响

1. 企业进村对道路设施的影响

对于农村来说,道路交通无疑是一项无比重要的公共产品,是发展农业和农村经济具有重要意义的基础设施。农村道路交通的建设,对保证整体公路网的协调发展,促进农村乃至区域社会的经济发展和保障社会稳定都具有十分重要的政治、经济意义。对于企业来说,道路交通对企业也极为重要。

(1) 农村公路的概述

农村公路包括县道和乡道两个层次。县道是指具有全县(旗、县级市)政治、经济意义,连接县城和县内主要乡(镇)、主要商品生产和集散地的公路,以及不属于国、省道的县际间的公路。乡道是指主要为乡(镇)村经济、文化、行政服务的公路,以及不属于县道以上公路的乡(镇)与乡(镇)之间及乡(镇)与外部联络的公路。便民路是指1至1.5米宽的以供村民通行的非机动车辆通行的硬化道路。

农村公路主要供机动车辆行驶并达到一定技术标准;县道一般采用三、四级公路标准;乡道采用四级公路或等外路标准。按照《中华人民共和国公路法》的要求,新建公路应当符合相关部门颁布的要求,原有不符合最低技术等级要求的等外公路,应当采取措施逐步改造为符合技术等级要求的公路。

在本次调查之前,考虑到矛盾的特殊性原理,不同类型的企业进村可能会对农村道路产生不同的影响。所以在本次调查时,选取了两个具有代表性的样本村,农业型企业进村以有"宜宾后花园"美称的黄江林村为代表,工业型企业进村以豆坝村为代表。通过查阅资料、入户访谈、调查问卷、现场观察的方式对两村道路设施基本情况,包括覆盖范围、规格、后期的管理和维护等现状进行调查。

结果显示:农业型生产企业进村(特别是其中的旅游业)对道路产生的经济效益及社会效益是极为有利的:一方面加强了农村道路的建设,带动农村经济的发展;另一方面还为农民社会生活带来了极大的便利;并且最重要的是后期对道路设施的维护做得较好,鲜有道路破损的路段。相对于农业型生产企业,工业型生产企业带来的社会效益就不是那么明显。工业型生产企业也会进行道路设施建设,但与此同时由于该类企业需要依托道路来运输大量原材料和产成品,产品运输压力较大,造成道路严重破损。由于破损的程度比较严重且破损面积较大,导致维护成本较高,所以很多企业不愿及时维护,使得道路状况每况愈下。

(2) 农业型生产企业对道路的影响(以黄江林村为例)

黄江林村被誉为"宜宾后花园",近年来的经济发展也是极为迅速的,黄江林村以农业产业发展来带动旅游业发展,建设成为宜宾市的后花园。2009—2013年期间,陆续引进7家企业,且企业多为旅游业。该村大力发展观光型农业,所以道路设施的建设发展是尤为重要的。截至2014年底,黄江林村道路基本情况见表5.4。

表 5.4 2014 年黄江林村道路基本情况

分　类	长度/公里
县级道路	91
村级道路	27
便民公路	18.4

注:其中未硬化道路为 8.4 公里,多为村级公路。

黄江林村距宜宾县 7 公里,距安边镇 12 公里。村级公路共 27 公里,主线公路 9.1 公里,便民公路 18.4 公里。其中未硬化道路为 8.4 公里,多为村级公路,大多数公路已实现道路硬化。从整体上来看,该村的道路建设是很好的。在调查中发现,该村良好的道路建设得益于企业的进驻。该村在企业进村后的具体变化如下(见表 5.5,图 5.2)。

表 5.5 黄江林村道路增减情况表

年　份	增减情况	长度/公里
2010—2011	新修道路	15
2011—2012	新修碎石路	17
2012	新修便民路	14
2013	拓宽道路	22.2

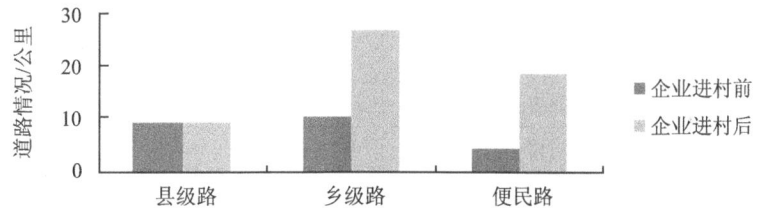

图 5.2 黄江林村道路变化对比图

近年来,黄江林村吸引越来越多的农业型企业进村,并且多为农业型企业中的生态旅游业。从图 5.2 中可以看出,在企业进村后,黄江林村的道路交通变化是极大的,尤其是乡村道路和便民公路的建设无疑加大了道路的覆盖范围,给村民的日常生活带来了极大的便利。同时拓宽道路在一定程度上增加了农村道路的运输承载能力,而且由于进行了道路的硬化工作,从很大程度上避免了晴天扬灰、雨天走泥状况的发生

通过各项数据可以明显看出道路在企业进村以来的变化情况,而针对这一系列的变化,民众对此看法设计问卷。针对道路方面设计独立问题共 10 个,每个问题 5 个选项。此次一共投放 522 份问卷,其中有效问卷为 450 份。通过对有效问卷进行统计,得出以下数据,并对此进行分析(图 5.3)。

设计的 10 个问题,每个问题 5 个选项(分别为很差、差、一般、好、很好)。经过对 450 份有效

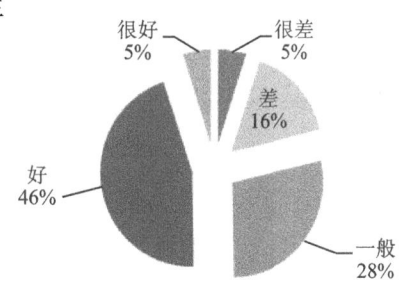

图 5.3 黄江林村道路满意度百分比

问卷进行统计发现,对于道路设施在企业进村后的变化,选择很差的共 222 个选项,占全部选项的 5%;选择差的共 739 个选项,占全部选项的 16%;选择一般的共 1278 个选项,占全部选项的 28%;选择好的共 2033 个选项,占全部选项的 46%;选择很好的共 228 个选项,占全部选项的 5%。

经过分析不难发现,在全部选项中,数据主要集中在"一般"和"好"两个选项。这说明黄江林村村民对企业进村后的道路变化是比较满意的。村民普遍认为,企业进村后,道路设施在规格、覆盖范围等方面无疑是变好了,使之日常出行更为方便,而且很大程度上避免了村民以前出行时晴天扬灰、雨天走泥的状况。但是,有少部分人对企业进村后的道路变化是不满意的,认为道路的辐射范围并不广泛,家离道路较远,出行的方便程度并未改善许多。但总体来说,黄江林村村民对企业进村后的道路变化是满意的。

(3) 工业型生产企业对道路的影响(以豆坝村为例)

豆坝村是宜宾重点建设的一个大型工业园区,近年来,该村迁入大量工业型企业。工业型企业的迁入对道路设施的影响极大,并且工业型产品的运输依托于道路设施的建设,道路的建设发展无论是对于企业,还是对于村民自身来说,都是尤为重要的。

豆坝村距宜宾县 8 公里,距安边镇 16.5 公里。通过调查(见表 5.6),村级道路共 18 公里,主线道路 7.8 公里,便民道路 12 公里,其中未硬化道路为 7.2 公里。从整体上看,该村的道路设施建设较好。该村道路设施在企业进村前后的变化是极为明显的。

表 5.6　2014 年豆坝村基本情况

分　类	长度/公里
县级道路	7.8
村级道路	18
便民公路	12

注:其中未硬化道路为 7.2 公里,多为村级道路。

经调查,豆坝村近年来进村的企业多为工业型企业,主要有豆坝电厂、水泥厂、沙石厂、泡沫厂、塑料厂,企业主要生产水泥、泡沫以及塑料加工和塑料制品。在企业进村后,豆坝村的道路交通变化明显。进村企业出于产品销售上的考虑,加强了对道路的建设,尤为注重道路的硬化问题。在进村后,企业对道路进行了很大程度上的改善,特别是加强了道路的硬化,进行了道路的拓宽,从而避免了拥堵情况的发生,同时也从很大程度上避免了晴天扬灰、雨天走泥路状况的发生,给村民带来了极大的便利,并且解决了自身的产品运输问题。具体数据见表 5.7。

表 5.7　豆坝村道路变化情况

年　份	增减情况	长度/公里
2004	新修道路	4
2013	新修碎石路	4.5
2009	新修便民路	12.5
2013	拓宽道路	8

但另一方面,豆坝村进村的水泥厂、沙石厂等企业生产的产品多为重量较重的产品,在进

行运输时,由于运输压力大,对路面造成了严重的损坏,并且由于维护工作跟不上,造成道路状况每况愈下。

通过对 450 份有效问卷进行统计(图 5.4)发现,对于道路设施在企业进村后的变化,选择"很差"的共 175 个选项,占全部选项的 4%;选择"差"的共 2409 个选项,占全部选项的 53%;选择"一般"的共 1432 个选项,占全部选项的 32%;选择"好"的共 224 个选项,占全部选项的 5%;选择"很好"的共 260 个选项,占全部选项的 6%。

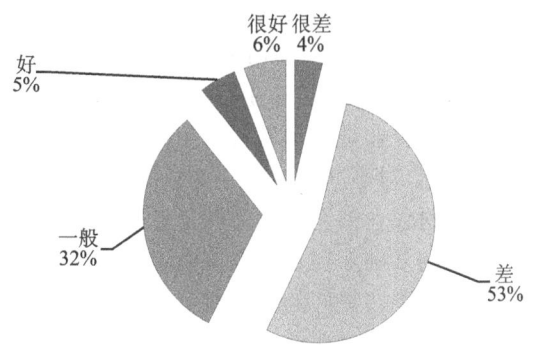

图 5.4 豆坝村道路满意度百分比

从上面数据分析可知,在全部选项中,数据主要集中在"一般"和"差"之间。这说明,豆坝村村民对企业进村后的道路变化是不满意的。只有少数人对企业进村后的道路变化是满意的,他们认为,在企业进村后,进行了一系列的道路设施建设,这对于村民的出行是极为有利的。但绝大部分人对此是极为不满意的,他们认为,虽然企业在进村后进行了道路设施建设,但是由于进村企业多为工业生产型企业,企业产品及原材料的运输压力较大,对建成道路造成了很大程度的损坏,并且由于后期管理维护制度的不完善,道路损坏的情况越来越严重。村民表示在损坏路段经常扬起灰尘,给日常生活带来极大的困扰;并且坐车路过受损路段时颠簸较为严重。

(4) 经济效益、环境效益、社会效益综合评估

前文分别阐述了黄江林村和豆坝村在企业进村后道路的变化情况以及村民对这一系列变化的看法。通过分析这一系列的变化,并结合在调查中的数据,我们从经济效益、环境效益和社会效益方面对不同企业在进村后对道路产生的影响进行综合评估。

1) 经济效益

无论是农业型生产企业进村,还是工业型生产企业进村,对道路设施上的建设都会拉动农村经济的发展。企业产品的销售是依托于农村道路建设的,良好的道路建设有利于企业产品的销售,从而拉动经济增长。所以两种企业进村对道路产生的影响而带来的经济效益都是正效应。

2) 环境效益

对于黄江林村来说,入驻该村的大多为观光型农业,在整体的环境建设上尤为注意。在道路的建设问题上,企业及村庄对道路的后期维护是很注重的,道路的破损较小。从整体上看,路面整洁美观,车经过时,扬灰的情况鲜有发生。

对于豆坝村来说,入驻该村的大多为工业型生产企业,由于产量较大,运输量也很大,对路面的损毁较为严重。且由于后期的维护工作不完善,使路面坑坑洼洼,时有扬灰的情况发生。

通过对比发现,农业型生产企业进村对道路产生的影响而带来的环境效益是正效应;而工业型生产企业进村对道路产生的影响而带来的环境效益为负效应。

3) 社会效益

通过对调查问卷分析得知,黄江林村村民对企业进村后的道路变化是很满意的,相反的是

豆坝村村民对企业进村后的道路变化是不太满意的。黄江林村在企业进村后的道路建设方面和后期的管理维护方面的工作较为完善,这是村民对黄江林村道路变化满意的原因。豆坝村道路设施的完善虽然给村民的出行带来方便,但由于后期维护工作不完善,使路面严重破损,这也是村民对此不满意的原因。

通过对比可以发现,农业型生产企业进村对道路产生的影响与带来的社会效益呈正效应;而工业型生产企业进村对道路产生的影响与带来的社会效益正负相抵。

综上所述,对不同类型的企业进村对道路带来的影响综合评估如下:

黄江林村农业型企业进驻的道路建设在经济效益、社会效益及生态环境效益中达到三赢:在保护环境的基础上提升了经济效益,并加大了道路建设方便村民出行。

乡村旅游要获得好的经济效益,道路的建设是尤为重要的,良好的道路交通状况会大大方便游客的出入。所以在企业进村后,应加大对道路设施的建设力度,从而拉动经济的发展。另一方面,道路的建设,大大方便了村民的日常生活,为村民出行带来了极大的便利。而且由于乡村旅游注重整体的环境,会注重在道路设施建设完成后的维护工作,所以道路的受损状况鲜有发生。由于这一系列的因素,可以看出,在道路的供给和管理上,黄江林村的农业型生产企业进村后在经济效益、社会效益及生态环境效益上达到三赢状态。

工业型生产企业进村对农村道路建设的影响是好坏皆有。

① 豆坝村工业型生产企业进驻在道路建设上带来了经济效益和社会效益的双赢:道路的建设在发展经济的同时为村民出行带来了极大的便利。

② 豆坝村工业型生产企业进驻在道路建设上带来了环境效益的负效应:重建设轻养护,豆坝村工业型生产企业因产品运输而对路面造成了极为严重的破坏,由于后期管理维护得不完善,路面受损状况日益严重。

2. 企业进村对水利设施的影响

水是万物生存之源,是人类最基本的公共物品和生产资料。古时,人们逐水草而居,引河水灌溉民田,民人以给足富,皆得水利。如果没有有效的水利支持,工农业生产发展将受到严重制约。可见水利在工农业生产中起着极其重要的作用。

根据公共产品的性质,即非排他性和非竞争性的程度,可以把农村公共产品分为农村纯公共产品和农村准公共产品。农村公共产品公共性程度高的物品(如纯农村公共产品),公共性程度越高,其供给状况对农村和农民福利影响越广,保证其充分供应就越重要。从公共产品视角来看,农村水利设施属于"准公共产品",具有不充分的非竞争性和不完全的非排他性,但它又有较大的外部性。因此,可以在政府一定的补助下提供,也可以由市场提供。

(1) 水利设施概述

农村水利工程涉及闸、站、堤、河流、沟渠及水利配套设施,分为农村蓄水设施、引水设施、输水配水设施,是农民抗御自然灾害,改善农业生产、农民生活、农村生态环境条件的基础设施,是促进农业增产、农民增收的物质保障条件。具体问题具体分析,根据选取的两个村庄的调查结果,农村公共产品中水利一般主要包括以下几种:

① 水库:水库是指在山沟或河流的狭口处建造拦河坝形成的人工湖泊。水库建成后,可起防洪、蓄水灌溉、供水、发电、养鱼等作用。

② 渠道:指人工开凿的水道,常用于农业灌溉,有干渠、支渠之分。干渠与支渠一般用石砌或水泥筑成。

③ 山坪塘:指蓄水容积在500立方米～10万立方米的小型蓄水工程,主要解决农村居民生产生活用水问题,属于小型水利设施。

④ 蓄水池:指用人工材料修建、具有防渗作用的蓄水设施。

⑤ 水窖:指的是修建于地下的用以蓄集雨水的罐状(缸状、瓶状等)容器。水窖是一种地下埋藏式蓄水工程。

⑥ 水池:指供直接使用的贮水池。

(2) 农业型生产企业(土地流转)进驻以黄江林村为例

天堂湾黄江林村以农业公司为主导,以农业产业发展带动旅游业发展为目的,旨在建设成为宜宾市的后花园。2009—2013年期间,陆续引进7家企业,其中树高集团的"一湾一世界,一景一天堂"的度假村酒店最引人瞩目。进村企业主要包括园木、花卉规模种植企业和小旅游开发企业两种。园木花卉规模种植对于水的需求是最大的,因此,便捷的水利灌溉对于农业产业的发展具有不可替代的作用。其中小二型水库,是指库容大于或等于10万立方米而小于100万立方米的水库。位于黄江林村的天益小二型水库,占地面积近100亩,常年蓄水22万立方米,灌溉天益、天合、天星、兴华等组的良田耕地近1 000亩,属于比较大型的水利工程,企业进村对它的数量没有影响。山坪塘,指蓄水容积500立方米～10万立方米的小型蓄水工程,主要解决农村居民生产生活用水问题,属于小型水利设施。由图5.5可知,数量上变化不大,但企业进村影响它的维护整修。

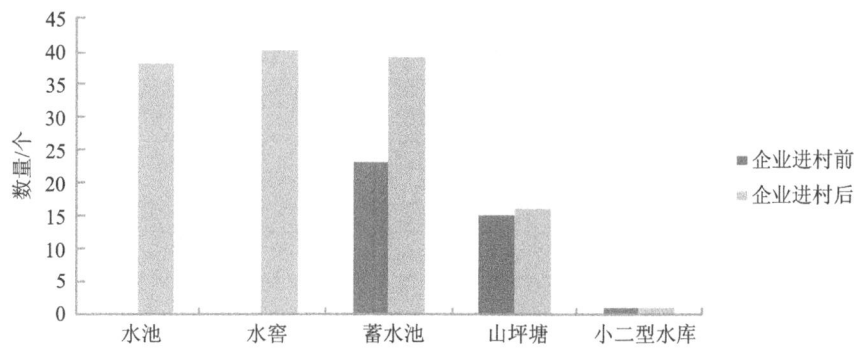

注:2006年为企业进村前村庄自有水利设施,2013年为企业进村后村庄现有水利设施。

图5.5 企业进村前后黄江林村水利设施对比情况图

从图5.6可以明确看出企业进村前后水渠长度的变化情况。在企业进村前,黄江林村的农业发展主要以种植粮食作物为主,水利设施较为单一,有小二型水库、蓄水池、山坪塘、渠道。而企业进村后,增加了水窖和水池两种新的水利灌溉工具,且增加的数目比较多,分别是水窖40个、水池38个。这是因为黄江林村形成了以农业产业发展带动旅游业发展的模式,进驻企业以发展茶业、园木花卉规模生态农业为主,规模种植业对于水利设施的要求是比较高的。不仅如此,连水渠的长度都加长了原有水渠长度的三分之一,证明农业型生产企业对于水的需求是庞大且连续的。

企业进村给农村公共产品的水利发展带来了契机,企业投钱修缮水利,打破了农村公共产品中水利传统的政府规划、村民投工投劳的供给模式及"重建轻养"的格局。

2013年,企业总投资225万元规划水利格局,其中精修山坪塘15口,新建水池38口,建水窖40口,渠道加长至9 000米。一年时间为黄江林村增加了这么多水源供给,为农业生态

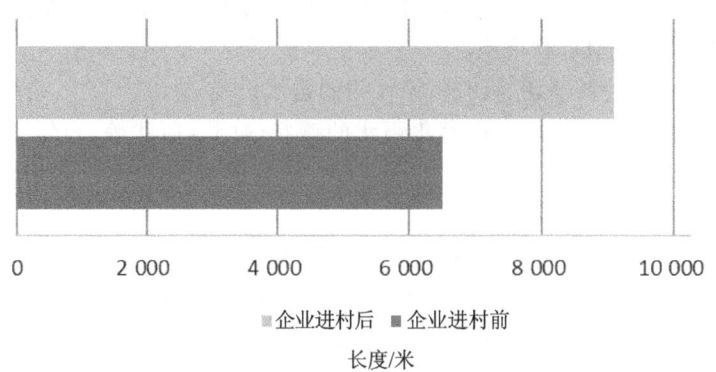

图 5.6　黄江林村水渠长度变化对比图

产业的发展"锦上添花"。

目前,黄江林村发展态势良好,以小旅游开发为主,生态观光产业带动为辅,朝着向家坝旅游产业带发展方向前行,得到了政府的重视与支持。表 5.8 为企业进村后黄江林村产业发展情况与水利设施现有情况。

表 5.8　黄江林村基本情况表

村名	社名	总人口	面积/km²	主导产业	主要农作物	亩数	水库（小二型水库）	山坪塘/口	蓄水池	水窖/口	水池	渠道/m
黄江林	天平组	244	1.1	梨子	水稻	200		2	12	4	5	650
	天堂	240	1.1	苗木花卉	水稻	167		1	7	5	6	460
	胜利	362	1.2	苗木花卉	水稻	70		2	3	2	4	900
	共桥	170	0.7		水稻	193		1	1	6	5	600
	共和	149	2.6	茶叶	水稻	100		2	4	4	3	100
	天星	211	1	茶叶	水稻	80		1	3	7	4	2 140
	天合	205	1	茶叶	水稻	180		1	3	6	7	1 200
	天益	294	1.1		水稻	250	1	4	1	3	2	2 500
	荔枝	135	0.5	茶叶	水稻	80		1	5	3	2	550
共计	9 个社	2 010	10.3			1 320	1	15	39	40	38	9 100

无论是社会效益、经济效益还是环境效益,企业进村为农村公共产品的水利带来了多元化发展的前景。

不仅如此,企业与村庄还达成了一致协议,制订了未来六年发展水利设施的计划:

① 2014 年已修蓄水池 2 个,投资 11 万元。2016—2020 年计划修建蓄水池 22 个,投资 121 万元。

② 2014—2020 年计划修渠道 5.5 公里,总投资 82.5 万元。2014 年已修 2 公里,投资 30 万元。

③ 2014—2020 年计划建水窖 26 口,总投资 13 万元。

④ 2016年计划建山坪塘1口,投资20万元。地点在胜利组。
⑤ 胜利组苗圃河道整治。2015年整治700米,计划投资280万元。
⑥ 2017—2020年计划修建聚居点供水站4个,投资2 000万元。

从村企达成的六年计划可以看出,企业对于农村水利的供给和管理是长效且持续的,而不是点到即止,包括对范围较广的农村公共产品亦是如此。企业进村带给农村公共产品中的水利是一个发展的契机与完善的保障。

（3）工业型生产企业（土地占用）进驻以豆坝村为例

豆坝村在企业未进驻时期,由于紧邻金沙江,水资源较为丰富,用水大都来自江中。因此,豆坝的水利设施非常少且单一,只有为了排水和灌溉的排水渠及灌溉水渠,加上几条早年挖的小河沟。水利设施极不完善。

从表5.9可以看出,企业进村前后对当地的水利设施还是产生了一定的影响。只不过完善修建的水利设施不多,这是因为工厂紧邻金沙江,取水排水都直接在江中进行,方便快捷。排水渠和蓄水池等的增加,只是为了满足工厂工人的生活用水及其他所需,与生产并无多大关系。

表5.9 企业进村前后的水利设施状况对比（以豆坝村为例）

水利名称	企业进村前	企业进村后
水库	无	一座
塘坝	无	无
蓄水池	无	二个
水窖	无	无
灌溉水渠	两条	三条
排水渠	四条	十二条
水池	无	无
河沟	四条	四条

注：水库水容量为56万立方米；蓄水池高1.76米,长1.91米,建于山高难以取水地区；灌溉水渠高1.26米,宽1.44米,为水泥浇筑,贯穿全村；小河沟为早年挖凿的灌溉设施,宽为1.5~2.4米。

豆坝村的水利设施管理存在很多的问题,管理方式粗放。首先,责、权、利不明确,理论上"人人有份",实际上"人人无责",出现"重建轻养"、资源浪费等问题,导致水利设施使用周期缩短或闲置废弃。其次,水利设施建、管、用脱节严重。由于小型水利工程没有列入国家投资范围,在资金投入方面,仅靠县、乡（镇）和群众自己筹集小型水利工程维修经费,难度大,不仅如此,在投工方面,一些农村水利设施建设主要依靠受益群众投工投劳完成（两工）。2002年,国务院取消了"两工"制度,这对过去依赖于"两工"来维护的基层农田水利设施建设产生了严重的影响。随着传统农区小农经济全面恢复,农民个体对农田水利基础设施的维护投入与自己的预期收入的不确定性预期相关度提高,农民在维护中存在搭便车和机会主义倾向,维护投入明显不足,降低了水利基础设施的可持续性,灌溉效率低下。水利设施建设完成后,维修和管理无人问津,豆坝村便是典型的水利设施无人监管状态,并且随着工业园区的确立,人们越来越多地放弃了农业生产,一些灌溉设施便弃置不用,长几千米的排水渠因为长年干涸,布满杂草和枯树枝,青苔丛生,造成了资源的严重浪费。

（4）两种不同类型的企业进村对农村公共产品带来的不同影响

从上述文字以及图表可以看出,企业进村对于农村公共产品中水利的影响是显性的,尤其是数量上的变化显著,且这种变化是呈增量的,不过,这种增量带来的各种效益却是不同的。根据调查的总体思路,主要从农业型生产企业进驻(以黄江林村为例)和工业型生产企业进驻(以豆坝村为例)两种发展模式来进行探讨,并就经济效益、社会效益、环境效益三个方面来探究不同类型企业进驻对农村公共产品中水利的影响。

1) 经济效益

目前以发展规模农业产业为主特别是茶叶发展的黄江林村,企业进村给农村带来的经济效益是有目共睹的。由于水利设施的完善,灌溉及时,水果、茶叶的产出都较高,这为村民及企业带来了可观的收益。据村长介绍,2013 年黄江林村人均纯收入 10 615 元,高于宜宾县 9 000 元人均纯收入,而规模生态产业也为企业带来了旅游收入。同时,企业进村解决了黄江林村剩余劳动力 400 余人的就业问题。而豆坝村以发展工业型产业为主,水利设施的增加为企业提供了便捷的水源,有利于生产。因为豆坝的区位优势、水源优势,政府将村庄规划纳入了新兴的工业园区——向家坝工业园区,村民分到了小区式的住房、货币形式的补偿和非货币形式的补偿等。

2) 社会效益

社会效益主要是通过向村民投放问卷得出的数据,从村民满意度来体现社会效益的大小。水利方面设计独立问题共 10 个,每个问题 5 个选项。一共投放 380 份问卷,其中有效问卷为 366 份。通过对有效问卷进行统计分析得出了如图 5.7 所示的数据。

由图 5.7 得知,黄江林村的水利建设带来的社会效益比较高,调查结果显示,黄江林村的水利建设不仅满足人们的正常饮水和生活用水,而且促进了规模生态种植农业的持续发展,特别是企业进村后精修的水渠和山坪塘,为村庄带来的社会效益令人

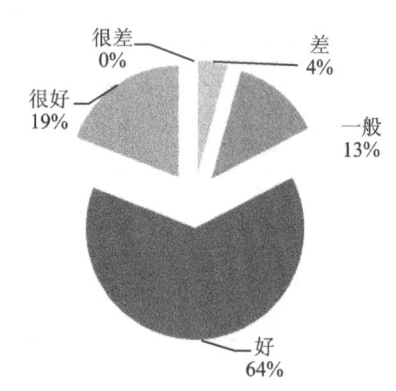

图 5.7 黄江林村水利设施满意度对比图

称赞。在豆坝村的调查中发现,由于工业园区的规划,部分村民已经搬迁出去,该村的农业生产已经渐渐消失,只有少数的村民还在经营自家门前的几棵果树。因此,对于水利的村民满意度调查无法进行,但在进行访谈调查以及调查豆坝村现有水利的状况中,了解到豆坝村由于紧邻金沙江,取水方便,对于农业水利的发展一直不是特别重视,发展态势较差。除此之外,豆坝村的水利设施单一,管理粗放,加之农业生产的消失,现有水利的状况是非常糟糕的,带来的社会效益很差。

3) 环境效益

十八届四中全会重点提出了一个关键词"生态文明"。这使得生态文明建设上升到了前所未有的高度,推进国家生态文明建设将直接促进生态农业及环保产业的发展,在新的政策背景下,生态农业将享受到土地补贴以及专项扶持的双重政策红利。黄江林村水利设施的完善,将促进规模生态农业的可持续发展,规模生态农业一方面降低了农业生产成本、提高了经济效益,另一方面减少了环境污染。豆坝村以工业企业为主发展工业、制造业等。依托豆坝村紧邻金沙江的水源优势,加之完善排水管道、排水渠等水利设施,获取了高额利润,但其带来的环境污染却是不可避免的,对农作物的生长造成严重影响。随着豆坝工业园区的建立,豆坝村村民

渐渐放弃了农业生产,这导致环境污染更加严重。

综上所述,农业型生产企业和工业型生产企业进村都有利于村庄的水利设施的完善。工业型生产企业的水利设施建设带来的经济效益是大于农业型生产企业的,这可以从博弈三方的利润回报率中得知。但农业型生产企业的水利设施建设带来的社会效益和环境效益大于工业型生产企业。农业型生产企业改善的水利设施更能体现经济效益、社会效益、环境效益三者的结合,工业型生产企业在社会效益和环境效益上还有待提高和完善。

3. 企业进村对环卫的影响

(1) 环卫设施概述

农村环境问题日益严重,对当地产生了较大影响。鉴于环境资源、环境保护都具有公共产品的性质,所以解决农村环境问题主要应通过地方政府和进村企业的力量来实现。这是进村企业应该承担的责任,也是无法回避的一个现实问题。但在实际生活中,农村的环境保护却面临地方政府和企业长期缺位等问题,这些都严重影响了农村的环卫设施供给,以致影响了农村的可持续发展。

萨缪尔森曾定义公共产品为"所有成员集体享用的集体消费品,社会全体成员可以同时享用该产品,而每个人对该产品的消费都不会减少其他社会成员对该产品的消费"。生态环境在享用上具有不可分割性和非竞争性,以及收益的非排他性,具有明显的公共产品属性。

哈丁的"公地悲剧"表明,如果一种资源没有排他性的所有权,就会导致对这种资源的过度使用,由此产生负外部性。目前我国农村生态环境的产权无法确定,导致所有人无节制地争夺使用环境资源,而使生态环境日益恶化。恶化的生态环境,不仅给当地人的生产生活带来了不良影响,有时还在区域范围内产生不良影响,由区域性公共产品不良影响向更大的范围延伸,变为全国性甚至全球性公共产品不良影响。农村的环境问题如此严重,需要有强有力的环境保护措施来解决这一问题。

不同类型的企业进村对农村的环境产生的影响不同。调查选择的是宜宾市具有代表性的豆坝村和黄江林村,通过查阅资料、入户访谈、调查问卷、现场观察的方式开展生活工业污水、垃圾排放与处理措施现状调查。调查结果显示,农业型生产企业进村对农村环境产生的生态效应大于工业型生产企业,垃圾及污水排放处理管理趋于有序,垃圾处理池普及率提高;村庄卫生状况较好;但同时还存在一些卫生问题,如生活垃圾堆放二次污染、养殖业垃圾污水直接排放、部分垃圾处理厂处理能力不足等。

(2) 农业型生产企业进村对农村环卫的影响

这次调查在黄江林村发放 150 份问卷对村民对环卫的满意度进行统计。结果显示(图 5.8),有 37% 的村民选择"好"的选项,13% 的村民选择"很好"的选项,这说明了黄江林村的环境卫生基本上是让村民满意的。从中也可看出这是企业进村对环境产生的正的社会效应。

黄江林村进村企业主要包括园木花卉规模种植企业和小旅游开发企业(观光旅游业以及度假酒店)两种,共七家企业。其中具有代表性的是树高生态度假酒店、长利农家园、瓜芦沟苗木基地。农业公司投资

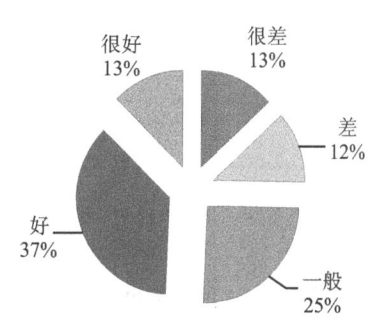

图 5.8 黄江林村环卫满意度对比图

1.5亿元用于小旅游开发。黄江林村以产业发展带动旅游开发,其开发环境好、污染小,旨在建设成向家坝旅游产业带,称为"宜宾后花园"。

黄江林村旅游农业用地的利用有利于环境保持(黄江林村是以土地流转形式和招商引资为主)。旅游农业用地即是农业旅游用地。农业旅游充分展示了生态农业旅游之路,突破了传统农业的掠夺式生产模式,实现了经济效益与生态效益的统一。该村发展观光旅游既弥补了传统农业生产目标单一、生产技术落后以及投入少、产出低的自然经济型农业的不足,又避免了石油、煤矿以高投入追求高产出、高经济效益所带来的生态破坏和农业环境恶化等弊病。可见,发展生态农业旅游对当地环境的保护具有十分重要的意义。

黄江林村发展观光旅游业和乡村旅游业达到生态效益和经济效益的双赢。乡村旅游是指利用乡村自然风光、人文景观、农耕文化、农家生活和民俗民风等旅游资源,通过科学规划和开发设计,为游客提供观光、休闲、度假、体验、教育、娱乐、健身等可以满足他们多项需求的旅游经营活动。乡村旅游发展对乡村自然生态环境具有双重效应,即生态环境效应的正效应和负效应。

① 黄江林村乡村旅游发展对生态环境产生的正效应:提升乡村自然生态环境质量。

乡村旅游具有生态环境保护的内在特质。乡村旅游立足于乡村优越的自然生态环境和丰富的人文生态景观,是一种"以自然环境作为主要旅游吸引物的旅游方式"。黄江林村旅游开发更多地借助乡村自然生态特征,而不是对乡村自然植被、地形、河流和土壤等做大的改造和变动,发展乡村旅游有利于乡村自然生态环境保护。

② 黄江林村乡村旅游经营过程对环境产生的负效应:追求短期效益的超载经营。

"依托于乡村原生态环境和乡村性资源的乡村旅游属于环境敏感性生产活动,环境很容易因乡村旅游的过快发展而遭到破坏。"其中,乡村旅游时间的相对集中和追求短期效益的超载经营最易引发乡村生态环境的破坏。周期性的旅游超载,直接影响了乡村自然生态系统的平衡,甚至会造成生态环境难以逆转的破坏,导致环境净化功能的衰退。

根据调查数据(表5.10),从垃圾堆放情况看,44.29%的村内垃圾采用定点堆放,但随意堆放垃圾仍占34.29%,比例较大。虽然企业进村给黄江林村带来了很多正向的经济效应和环境效应,但是该村还存在许多人为的环境污染,这些都需要村民和企业共同努力去解决。

表5.10 黄江林村垃圾处理方式

垃圾处理方式	堆放点/处	调查村民垃圾堆放方式/%
随意堆放	24	34.29
定点堆放	31	44.29
统一收集	15	21.42
合计	70	100

(3) 工业型生产企业进村对农村环卫的影响

由表5.11可知,工业型生产企业进村后,虽然修建了基本的环卫设施,但豆坝村环境卫生状况仍存在着很多问题:垃圾清运不及时,乱倒垃圾现象时有发生,影响镇容环境;公厕、垃圾库、垃圾箱等环卫设施缺乏或布置不均衡;清运、清扫、洒水等环卫专用设备不足,机械化水平低。

第5章 基于企业进村背景下农村公共产品供给管理的实证分析

表 5.11 村庄环卫的变化情况

时 间	数 量	规 格	状 况
企业进村前	无固定垃圾投放点	无	垃圾随意投放
企业进村后	5个垃圾池 4个垃圾投放点	垃圾池长2.1米,宽1.55米,高1.6米;垃圾投放点为2.5平方米到5平方米	垃圾池以水泥和砖块堆砌而成,但年久失修,破损较严重;紧靠道路的投放点有固定的垃圾车进行垃圾清理,离道路远的投放点三个月才清理一次,频率极低

注:该数据是以2008年为企业进村前后的分界点。从表中可以看出,工业型生产企业进村一定程度上促进了该村庄环卫设施的建设。

在此次调查中,在豆坝村发放共150份问卷对村民对环卫的满意度进行统计。结果显示,有41%的村民选择"很差",30%的村民选择"差",这说明了豆坝村的环境卫生满意度极低。从图5.9中也可看出这是企业进村对环境产生的负社会效应。

宜宾县豆坝村有叙州水泥厂、泡沫厂、塑料厂,企业主要生产水泥、泡沫以及塑料加工和塑料制品。为追求利润的最大化,企业开工建设之初就没有建造任何的环保设施。企业自投产以来,每天产生大量的废水、固体垃圾、噪声和粉尘等,给当地人们的用水安全及身体健康带来了极大的隐患。

该村大气污染问题突出,空气污染指数较高。空气污染指数是将空气中的主要有害物质二氧化硫(SO_2)、氮氧化物(NO_x)、可吸入颗粒物($PM10$)三项污染物指标的浓度与相应空气质

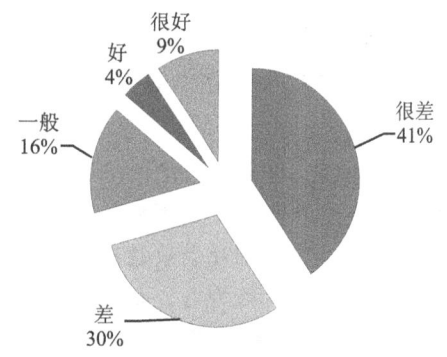

图 5.9 豆坝村环卫满意度百分比

量标准进行比较,通过数学计算分别得出各种污染指数,以其中最高者为当时、当地空气污染指数。该地工业废气中二氧化硫和烟尘的排放量占同类指标的比重较大,这是企业消除烟尘率、工业废气净化处理率较低,以及大量工业废气的随意排放所致。比如豆坝村曾有豆坝电厂、塑料厂、玻璃厂、叙州水泥厂、泡沫厂入驻,这些企业未处理的废气都直接排放到大气中,造成该村空气质量严重不达标,肺病患者增多,农作物生长受损。从该地企业建成的发展趋势来看,该地的废气排放量将以递增的态势增长。可见,企业在村庄造成了严重的环境污染和生态破坏,制约了农村经济的发展。现今,在国家政策的指导下,大部分污染企业已陆续搬离该村,但已造成的污染问题还有待处理。

噪声污染主要是由企业中的交通运输、建筑施工及企业生产引起的,目前豆坝村企业的一些重型运货车辆在公路上大声鸣笛的噪声都超过了50分贝标准,而村民的住宅大都建在公路两旁,有相当一部分乡镇居民生活在噪声超标的环境中,严重影响了他们的正常生产生活。

水资源污染大大超出了人们的心理预期。豆坝村内的垃圾大多数是工业垃圾,工业污水占污水量的绝大部分,叙州水泥厂、玻璃厂等的工业污水随意排放,污水处理率很低。豆坝村进驻的工矿企业,由于污水处理设施严重不足,达标率很低,对当地的水资源造成了严重的污

染,给当地居民的生活、健康和农作物的生长带来了极为不利的影响。

豆坝村在 2011—2013 年投资 5 万元建设环卫站一个,虽然该环卫站的建成有助于该村环境卫生的改善,但是前期污染型企业进村给该村造成的环境污染却是不可逆转的。豆坝村的环境治理与保护将是一个长期的过程。

(4) 工业型生产企业与农业型企业的效益

综合上述分析,可以看出工业型生产企业进村产生的经济效益大于农业型生产企业产生的经济效益,而农业型生产企业进村产生的社会效益和生态效益皆要大于工业型生产企业产生的效益。所以无论是工业型生产企业还是农业型生产企业进村,都应该尽最大可能发挥自身所带来的正效益,减小甚至避免进村所带来的负效益。这样,企业进村就能够促进农村和企业双方的可持续发展。

5.2.7 对策与建议

企业进村对农村公共产品的供给管理是一把双刃剑,为了使企业进村给农村公共产品带来的效益达到最大化,同时降低企业进村对农村发展带来的负面效应,促进农村可持续发展,提出以下对策建议:

1. 完善政策法规,建立健全监督机制

当前当地政府在企业进村的管理中出现漏管区,如企业进村对农村提供的公共产品没有明确的量化指标;企业对村庄的补偿规定有的只是一个不成文的口头约定等。有的地区企业和村民矛盾重重,却无相关当地政府部门进行管理。工业型生产企业给村民带来的经济利益较大,但给当地带来的社会效益却较少。工业型生产企业相对来说对环境的污染较大,虽然村民很不满意,却也无能为力。企业给村集体的污染费无人监管,这就需要当地政府进行法制建设,专设监督部门负责管理。

2. 树立长远目标,实现共赢持久发展

企业进村除了要符合当地政府的政策规定外,还要带动村民实现共同富裕,达到村企共赢的目标。企业是"理性经济人",目的是获取最大经济利润,但同时企业也是社会的组成部分,要想把企业做大做强,就应该兼顾经济效益、社会效益和生态效益,切实履行与当地政府、村集体的合约。这样一来,即使企业搬出村庄后也会得到较好的社会口碑。

3. 以农业型生产企业为导向

农业型生产企业进村发展乡村旅游、观光旅游时,应充分考虑到当地资源的环境承载力,将经济效益和生态效益结合起来。工业型生产企业进村应该给当地村民购买养老保险,以期保证当地村民的后期基本生活保障。签订就业协议,当地政府规定最低工资标准。同时工业型生产企业进村应该承担环境卫生保护的责任,做到垃圾、污水的合理排放,在获取经济利益的同时将生态效益作为重要的目标考量。

4. 加强后期维护与管理,延长农村公共产品的使用寿命

企业进村后修建或完善的基础设施常常质量不过关,只是在为自己服务的同时服务了村民。农村原有完善的基础设施,也可能受到进村企业的影响,如道路交通,原来的公路路况好,结果被企业的超重车辆损坏等情况。公共产品在使用过程中被破坏,却无人维修。应加强后期维护与管理,延长农村公共产品的使用寿命。

5. 增强法律意识,主动监督,维护自身合法权益

在调查过程中,发现村民对农村公共产品的政策法规知之甚少,即使他们知道自己的权益受损也不能找到解决问题的合法途径。应增强法律意识,主动监督,维护自身合法权益。

6. 让权力在阳光下运行

在走访中了解到,村集体代表在资金的运用途径上,只是经过几个负责人商量,开支情况并未对普通村民公开,对此村民很是不满。应让权力在阳光下运行。

5.3 案例评析

该作品获得第十一届"挑战杯"四川省大学生课外学术科技作品竞赛三等奖。通过"企业进村"的过程中各主体利益诉求差异引入博弈模型分析得出企业进村的必然性;还原企业进村的流程,了解在政策约束下企业进村对农村公共产品的影响;以"农业型生产企业进村"和"工业型生产企业进村"的典型村庄进行实证分析,并分析"企业进村"对农村公共产品供给与管理带来的具体机遇与挑战。通过以上研究,再结合宜宾实际情况,提出针对企业进村背景下农村公共产品供给与管理问题的对策建议。

案例选题针对宜宾当地进村企业、当地政府及村集体存在的问题,通过对四川省宜宾市部分村庄采取问卷调查和访谈的方式进行实地调研,经过对问卷数据的分析,得出企业进村对农村公共产品供给与管理的影响,提出针对企业进村背景下农村公共产品供给与管理问题的对策建议,以期为政府决策提供理论依据。研究首先对两个具有代表性的村庄进行村情描述,研究在企业进村到企业搬出村庄的这一段时间内企业对村道路、水利、环卫设施等公共产品产生的影响;然后通过一系列基本假设,制定出政府、企业、村集体三方的得益矩阵,并对结果做出实证研究分析,研究在各主体利益最大化的策略下,对农村公共产品的影响,针对不利影响提出相应的对策。

作品从宜宾市企业进村与农村公共产品的概念入手,运用科学的调查方式和规范的分析技术,立足于博弈论,探讨企业为何进村,探讨企业进村与农村公共产品的关系。作品的特色和优点在于:从研究的方法看,立足于博弈论,构建了当地政府、企业、村集体三方的得益矩阵,对博弈结果进行实证研究分析,研究在各主体利益最大化的前提下,对农村公共产品的影响,并针对不利影响提出相应的对策。

参考文献

[1] 刘加凤.三种典型旅游用地利用对生态环境的影响分析[J].资源与产业,2009,11(4):133-135.
[2] 董志强.烟台城乡一体化评价系统研究[J].烟台职业学院学报,2011,17(1):20-26.
[3] 创新管理机制 推进城乡环卫一体化[J].城乡建设,2012(7):6,3.
[4] 赵景来."新公共管理"若干问题研究综述[J].国家行政学院学报,2001(5):72-77.
[5] 曹堂哲.新公共管理面临的挑战、批评和替代模式[J].北京行政学院学报,2003(2):23-27.

［6］司汉武,高卫敏,张艳丽.环境的公共性与水污染责任的承担［J］.生态经济,2009（3）：173-176.

［7］诸大建.城市管理发展：探讨可持续发展的城市管理模式［M］.上海：同济大学出版社,2004.

［8］闫娟.政府、市场与公民社会三足鼎立中的有效政府［J］.行政与法（吉林省行政学院学报）,2005（4）:38-41.

［9］梁栋栋,陆林.旅游用地初步研究［J］.资源开发与市场,2005（5）：462-464.

［10］王珍子.区域旅游用地规划与管理研究以大同市为例［D］.北京：中国农业大学,2006.

［11］吴必虎.区域旅游规划原理［M］.北京：中国旅游出版社,2000.

［12］[美]弗雷德 波塞尔曼.弯路的代价：世界旅游业回眸［M］.陈烨译.北京：中国社会科学出版社,2003.

［13］史蒂芬·佩吉.现代旅游管理导论［M］.北京：电子工业出版社,2004.

［14］陈慧琳.人文地理学［M］.北京：科学出版社,2003.

［15］陆学艺.中国社会主义道路与农村现代化［M］.南昌：江西人民出版社,1996年.

［16］李仁刚,潘冬梅,刘春全.实施"企业进村"战略 推动新农村建设［J］.湖北社会科学,2008(1):117-119.

［17］于小彬,曹贵寿.阳城县农业产业化调查与思考［J］.黑龙江农业科学,2014(1):115-117.

第6章 宜宾农户农地流转现状及限制因素分析

6.1 选题背景

改革开放以来,随着我国工业化、城市化进程的加快,大量农村剩余劳动力向城市转移,农民开始从依靠土地致富向非农职业致富转变,从而使农村的大量耕地开始出现荒废的现象,导致了农业产业结构的不合理,农业规模化、现代化受到相应的阻碍,因此我国第一产业的根基有所动摇。十八大提出要加快我国新农村建设,而土地规模化经营是农业现代化的必由之路。我国现有的土地政策依然是改革开放初期的均田承包方法下的农地承包方式,已不完全适合我国的国情。另外,土地在之后相当长的时期内还将承载社会保障功能。所以土地流转不能依靠买卖式兼并,只能通过创造一些新机制,规模化、规范化地进行土地流转,使土地经营规模化,才能有效解决目前土地过于细碎化、大批农民外出务工造成的农村劳动力短缺以及大量土地撂荒的难题,从而提高土地利用效率,实现土地资源的优化配置,达到城乡统筹发展的目的。因此,探索科学化的土地流转制度、方法具有非常积极的现实意义。

本选题基于"挑战杯"项目的研究,结合学生团队的专业构成、知识储备和实践能力,针对我国目前农村土地流转的现状及存在的问题,对宜宾市农村土地流转情况进行调查研究和分析。

本选题切合公共管理本科专业研究方向,以客观调查、实证分析为基础,以因地制宜、理论与实践相结合为原则,对宜宾市农村土地流转现状进行调查研究,旨在解决土地过于细碎化、农村劳动力短缺以及大量土地撂荒的难题,为促进土地资源的优化配置、规范农村土地流转制度提供真实的支撑资料,对达到城乡统筹发展具有较强的现实意义。

6.2 作品展示

宜宾农户农地流转现状及限制因素分析

6.2.1 研究区域概况

1. 区位概况

宜宾市位于四川省东南部,川、滇、黔三省结合部。这座形成于金沙江、岷江、长江交汇处的酒都地处北纬27°50′～29°16′、东经103°36′～105°20′之间。东邻泸州市,南接云南昭通市,西接凉山彝族自治州和乐山市,北靠自贡市,东西最大横距153.2千米,南北最大纵距150.4千米,全市面积13 298平方千米,市辖2区8县。其中市辖区为:翠屏区和南溪区。县分别为:宜宾县(县城已经与市区同城化,拟撤县设区)、江安县、长宁县、高县、筠连县、珙县、兴文县、屏山县。共有72个乡(其中苗族乡11个,彝族乡2个)、104个镇、10个街道办事处、299个社区居民委员会、2 269 个居民小组、2 948 个村民委员会、22 869 个村民小组。

2. 社会经济状况

宜宾作为四川经济发展较快的城市之一,改革开放以来,市政府始终坚持"把握机遇加快发展"的工作基调,知难而进,开拓进取,全市经济和社会事业始终保持持续、快速、健康发展的势头。"九五"期间,特别是 1997 年撤地建市以来,宜宾经济得到快速发展。至 2000 年,全市经济总量已居全省第四位。"九五"期间 GDP 年增长率均在两位数以上,农业连续 7 年丰收,工业增长连续几年居全省第一位。与此同时,在以产权制度改革为核心的国有中小企业改革中,形成了成功的"宜宾经验"。目前,宜宾经济发展迅速,是世界银行咨询报告确定的 21 世纪长江流域最具投资价值的 25 个城市之一。宜宾具有的区位优势为自身的发展注入了新鲜的血液,2011 年宜宾地区在 6 年跨过 7 个百亿元台阶之后,生产总值跨过千亿元大关,继续领跑川南城市群。其中,第一产业增加到 163.27 亿元,增长 3.4%;第二产业增加到 675.69 亿元,增长 21.1%;第三产业增加到 252.22 亿元,增长 10.1%。三个产业对经济增长的贡献率分别为 3.3%、80.5% 和 16.2%。2011 年宜宾市城镇居民人均可支配收入 17 752.69 元,农民人均纯收入 6 779 元。为了确保宜宾经济继续领先川南各市,跻身全省前列,市委市政府不断制定切合本市实际的政策,使宜宾逐步建成了粮油、林竹、畜牧、茶叶、柑橘、烤烟、高粱、蚕桑、油樟、甘蔗十大商品农业基地,建立了国家定点的大林业开发、水利水电改革发展和生态农业开发三大试验区,发展形成了以五粮液为龙头的食品、能源、化工、化纤、造纸、建材等支柱产业,创造了宜宾经济总量始终以 15% 左右的增长速度,使宜宾经济发展取得了明显成效并保持良好态势,城市建设稳步推进,改革开放不断深入,人民生活进一步改善。

6.2.2 调查数据来源与描述分析

1. 数据来源

结合实际,采用了典型的访谈调查与问卷调查相结合的方式,对农户的家庭基本信息以及农村土地流转现状进行了详细的调查。在选择调查区域时将宜宾市经济发展划分为经济发展好、经济发展较好、经济发展一般三个类型进行调查,分别在翠屏区、宜宾县、筠连县、珙县、屏山县五个区县的 15 个村中各发放 10 份问卷,共计发放问卷 150 份,回收有效问卷 131 份,有效问卷率达到 87.33%。此外,本次调查还在宜宾市农业局和宜宾市政府工作报告中收集数据。

2. 数据描述分析

(1) 农户户主特征概况

根据对调查样本数据进行统计的结果见图 6.1,在 131 户农户中,最大年龄者为 81 岁,最小年龄者为 22 岁,平均年龄为 47 岁。对农户年龄以 10 年为一组进行划分后统计,人数最多的前三名分别是 41~50 岁、31~40 岁、51~60 岁,占农户数量的比例分别是 43.51%、21.37% 和 18.32%;其次是 61~70 岁、小于或等于 30 岁、大于 70 岁的农户,比例分别为 9.92%、6.11% 和 0.76%。排名前三组的农户数量占农户总数量的 83.2%。此外,在整个农户中,大于 40 岁的农户数量占农户的 72.52%,小于或等于 40 岁的农户数量占农户的 27.48%。

本调查结果将农户户主的文化程度划分为小学以下、小学、初中、高中、大学及以上(大学包含专科)五个组别,见表 6.1。在 131 名农户户主中,按照数量从大到小排名为小学 60 人、

第6章 宜宾农户农地流转现状及限制因素分析

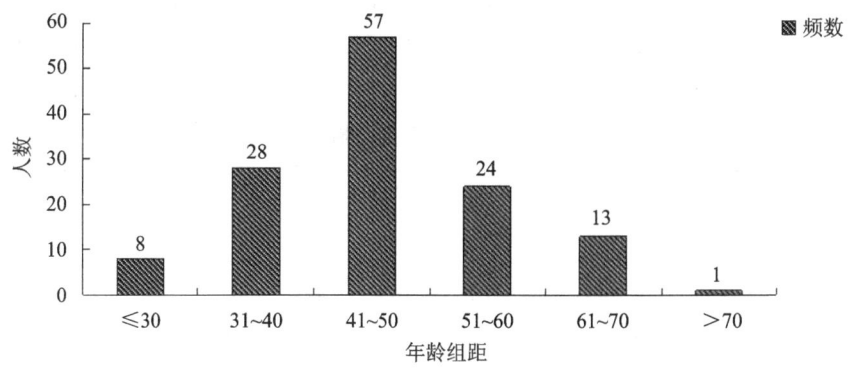

图 6.1 农户年龄分析

初中 38 人、小学以下 21 人、高中 9 人、大学及以上 3 人,占样本数量的比例分别为 45.80%、29.01%、16.03%、6.87%、2.29%。

表 6.1 农户文化程度分析

样本总数	小学以下		小 学		初 中		高 中		大学及以上	
	人数	比例/%	人数	比例/%	人数	比例/%	人数	比例/%	人数	比例/%
131	21	16.03	60	45.80	38	29.01	9	6.87	3	2.29

(2) 农户家庭特征描述

统计结果表 6.2 显示,131 户农户涉及总人数 593 人,平均每个家庭 4.5 人,家庭人数最多的为 9 人,家庭人数最少的为 2 人。为了了解农户家庭人口规模情况,将农户家庭人口规模划分为小于或等于 2 人、3~4 人、5~6 人、大于或等于 7 人四个组别,见表 6.3。3~4 人规模的家庭最多,共 64 户,占样本总数的比例为 48.85%;5~6 人规模的家庭共 54 户,占样本总数比例为 41.22%;大于或等于 7 人规模的家庭有 9 户,占样本总数比例 6.87%;小于或等于 2 人规模的家庭最少,总共 4 户,占样本总数比例的 3.05%。统计结果显示,目前农村家庭规模在逐渐变小,3~4 人规模的家庭为主要家庭,这与国家推行计划生育政策有一定的关系。同时,根据实地调查得知农户中小于或等于 2 人的家庭多为分家后独立出来的老夫妇,而大于或等于 7 人的家庭多为三代同堂的未分家农户。

表 6.2 农户家庭人数

农户总数	涉及人数	平均每户人数	最大数	最小数
131	593	4.5	9	2

表 6.3 农户家庭规模

家庭规模/人	≤2	3~4	5~6	≥7
户数/户	4	64	54	9
比例/%	3.05	48.85	41.22	6.87

家庭收入的主要来源是劳动力,但劳动力会受到年龄、身体健康状况、参与劳动意愿等因

素的限制,故每个家庭的劳动人数具有差异性。统计结果表6.4显示,131户农户涉及总人数593人,劳动力320人,劳动力人数占总人数比例为53.96%,平均每户家庭劳动力2.4人,劳动力最多的为6人,最少的为1人。

表6.4 农户劳动力描述

农户数量	涉及劳动人数	每户劳动人数	最大值	最小值
131	320	2.4	6	1

为了更清晰地了解每户农户的劳动力数量,将家庭劳动力人数规模划分为小于或等于1人、2人、3人、大于或等于4人四个组别。结果见表6.5,位居第一的是拥有2名劳动力的家庭,总共有76户,占样本总数的58.02%;位居第二的是拥有3名劳动力的家庭,共有31户,占样本总数的23.66%;其余的是拥有大于或等于4名劳动力的家庭和小于或等于1名劳动力的家庭,他们分别有15户、9户,分别占样本总数比例的11.45%、6.87%。由统计结果得知,目前位居主导地位的是由2名劳动力构成的家庭,其次是由3名劳动力构成的家庭。

表6.5 农户家庭劳动力规模

家庭劳动力/人	≤1	2	3	≥4
户数/户	9	76	31	15
比例/%	6.87	58.02	23.66	11.45

对农户涉及的320名劳动力的就业情况进行了统计,见表6.6。结果显示,有146名劳动力选择在家务农,占劳动力总数的45.63%;174名劳动力选择务工,占劳动力总数的54.37%。务工的劳动力中以在宜宾市区工作的人数最多,达到了84人,占劳动力总数的26.25%;其次是农场镇的人数,共49人,占劳动力总数的15.31%;最后是其他省市的人数,共41人,占劳动力总数的12.81%。由此可知,目前务工的农民劳动力占主导地位,且以农户户口所在地的市范围内务工的人数为主,到其他省市务工人数相对较少。根据统计的数据分析,农业生产的收益已经不能满足农民的需求,比较收益较高的非农产业备受青睐,但是由于农民不能完全抛弃土地,最终导致大批农民被土地束缚,不敢到其他省市务工,进而选择在本市范围内务工。

表6.6 农户劳动力就业情况

数据类型	务农	务工		
		农场镇	宜宾市区	其他省市
人数/人	146	49	84	41
比例/%	45.63	15.31	26.25	12.81

(3)农户经济收入及兼业情况描述

根据131户农户的数据统计,农户中的家庭年收入最高为60万元,最低为1200元,平均每户年收入为44 100元。在整个农户中(见表6.7),家庭年收入以15 001～40 000元区间为核心,占52.67%;其次是大于50 000元和5 001～15 000元区间的农户,所占比例分别为17.56%、16.79%。同时,农户家庭年收入中的农业收入比例不尽如人意,见表6.8,农业收入在0～5 000元区间的农户66户,占样本总数的50.38%;农业收入大于20 000元的农户仅为

15 户,占样本总数的 11.45%,农业收入总体偏低。

家庭收入受到家庭兼业状况的影响,根据农户收入结构的差异性将农户的家庭类型分为完全农业、完全非农、农业为主、非农为主四个类型。见表 6.7,根据农户的频数从大到小排序,结果是非农为主 70 户、完全农业 23 户、农业为主 21 户、完全非农 17 户,占农户总数的比例分别为 53.44%、17.56%、16.03%、12.98%。据分析,兼业型农户占主要地位,比例达 69.47%,其中非农为主的农户就占 53.44%;与此同时,完全农业的农户数量少,而完全非农的农户接近了完全农业的农户。在二、三产业快速发展的时期,农业比较收益低,大批农民离开土地从事非农工作,不过受到土地的牵制,能够完全脱离土地的农户数偏低。

表 6.7 农户家庭年收入和家庭类型

农户家庭特征	类 型	频数/户	比例/%
农户家庭年收入/元	0~5 000	3	2.29
	5 001~15 000	22	16.79
	15 001~40 000	69	52.67
	40 001~50 000	14	10.69
	大于 50 000	23	17.56
农户家庭类型	完全农业	23	17.56
	完全非农	17	12.98
	农业为主	21	16.03
	非农为主	70	53.44

表 6.8 农户农业年收入

收入区间/元	频数/户	比例/%
0~5 000	66	50.38
5 001~10 000	26	19.85
10 001~20 000	24	18.32
大于 20 000	15	11.45

(4) 农户资源禀赋描述

农户以家庭为单位承包土地受家庭人数、村集体人数以及所在村集体拥有土地总量的限制,因此每个家庭承包的土地总量具有差异性。131 户农户共涉及土地 1 355.25 亩,其中旱地 357.51 亩、水田 181.63 亩、柴山 53.09 亩、其他土地 13 亩,平均每户家庭拥有量为旱地 2.73 亩、水田 1.39 亩、柴山 0.41 亩、其他土地 0.1 亩。为统计农户家庭承包土地规模的大小,将农户承包土地规模划分为小于或等于 1 亩、1~3 亩、3~5 亩、大于 5 亩四个组别。统计结果显示(见表 6.9),农户中家庭承包土地总体偏少,以 1~3 亩区间的农户占首位,共计 64 户,占样本总数的 48.85%;其次是 3~5 亩区间的有 40 户,占样本总数的 30.53%;而大于 5 亩区间的农户只有 12 户,占样本总数的 9.16%。

表 6.9　农户家庭土地承包面积

农户家庭特征	类 型	频数/户	比例/%
农户承包地面积	≤1 亩	15	11.45
	1～3 亩	64	48.85
	3～5 亩	40	30.53
	>5 亩	12	9.16

6.2.3　宜宾市农地流转的特征

1. 土地流转形式多样化，以转包为主

宜宾市的土地主要以山地为主，大片平原的土地资源较少，所以大多数的土地流转都是散布在各处。为了结合当地实际，将土地流转模式分为转让、租赁、转包、代耕、其他五个类别来展开调查。对农户在土地流转中采用的流转模式进行统计（表6.10），数据显示：采用转包形式流转土地占主导地位，涉及面积86.20亩，共流转42次，流转频数占总数的60.00%；其次是代耕模式，涉及49.20亩地，共计流转19次，流转频数比例为27.14%；再次是租赁模式，涉及28.50亩地，共计流转7次，流转频数比例为10.00%；最后是转让模式，涉及1亩地，共计流转1次，流转频数比例为1.43%；此外，通过其他方式进行土地流转的频数占总数的1.43%。结果显示，以本村内部流转为主的转包模式涉及面积大且流转次数多，相对涉及面积小和流转次数少的租赁模式而言，转包模式平均一次流转土地面积为2.05亩与租赁模式的4.07亩差距明显。

表 6.10　农户土地流转模式

流转模式	总面积(亩)	平均一次面积(亩)	流转次数	比例/%
转让	1.00	1.00	1	1.43
租赁	28.50	4.07	7	10.00
转包	86.20	2.05	42	60.00
代耕	49.20	2.59	19	27.14
其他	1.50	1.50	1	1.43

之所以转包形式占首位，其原因很多。宜宾市外出务工人数较多，所以大多数农户较愿意把土地转包给自己的邻居、亲戚、朋友，而且都是小片转包。由于宜宾地处中国西部地区，相比沿海地区的农民思想上更保守，再加上受儒家文化的影响，家族信任比较普遍，缺少大众信任，因而把土地交付给邻居、亲戚、朋友，首先是比较放心，便于回来以后接管；其次是距离比较近，方便农民收种庄稼，这是成为制约进行大规模农地流转的主要因素；再次农民具有恋土情结，把土地交付给信任的人可以保障土地质量的保持。

2. 土地流转以零星为主，规模逐渐加大

宜宾位于四川南部，地势不平，所以不能进行大规模的耕作。而在农户与农户之间的土地流转中，大多数农户都比较愿意耕作离自己家比较近的土地，土地流转也仅限于邻里之间，便于以后对庄稼的各种管理,所以导致了流转的零星。农民也担心务工失败回来后收不回土地,生活就没有了基本的保障。比如宜宾市翠屏区思坡乡土地流转就呈现出零星的状况,许多农民在五粮液相关公司工作或者外出务工。

截至 2012 年末,宜宾市行政区域土地面积 13 271 km², 全市人口 546.569 6 万人,其中乡村人口 443.811 0 万人。乡村从业人员 266.899 9 万人,其中农业从业人员 150.512 0 万人。全市耕地面积 243 137 公顷,占行政区划总土地面积的 18.32%。其中,水田面积 149 489 公顷,占耕地面积的 61.48%;旱地面积 93 648 公顷,占耕地面积的 38.52%。早年农民都以务农为生,进行土地流转的农户较少。近年来,随着社会城市化的发展,农民在土地上花的时间日益减少,促使农民纷纷进入城市打工,这促进了农村土地流转,土地流转的规模也不断扩大。

3. 土地流转效益不高,收入差距大

由于宜宾市土地自身的特点决定了宜宾市农村土地流转效益不高。就宜宾市总体来说,离市区较近的土地效益相对较高一些。菜坝镇土地承包的费用是 1 000 元/亩,思坡乡土地承包的费用为 900 元/亩,而较远一些的屏山县土地承包费用为 600 元/亩,兴文县为 500 元/亩。表 6.11 数据表明,就转入者来说每亩收入 1 100~1 300 元,而除去农药、种子、肥料这些消费 500 元左右,所以每亩收入是 600~800 元,作为农民还要看天吃饭,受天气影响,还有其他虫灾、鼠灾之类的,农民的收入可谓微乎其微。

表 6.11 土地流转价格

元/亩

数据类型	转 入	转 出
平均价格	411.25	592.97
最大值	2000.00	3600.00

如果不是农民自己承包土地,而是以土地入股,如明威乡的入股形式,建立合作社,合作社与农民 4:6 分成,农民在自己的茶地里种植还拿工资,入股农民每户平均年收入 1.5 万元,到了茶园丰产期还会有更多的分红。宜宾县农民的土地进行集体转出后,每亩得到 480 斤粮食,农民可以到公司上班当工人,带动了就业,增加了农民的收入。表 6.12 对村民土地流转前后年均收入进行了详细说明。

表 6.12 土地流转前后年均收入比较

万元

类 型	流转前	流转后	增加值
转出户	2.72	4.32	1.60
转入户	2.42	4.67	2.25

4. 土地流转呈现明显的区域化差距

根据对宜宾市的调查了解到,宜宾市各县区的土地流转需求差距较大,如兴文县、屏山县有大片的荒山无人耕作,农民想租出去但是没人要租。有的农户甚至把土地送人都没有人愿意要,究其原因则是大多数的农民都出去打工,由于家庭支出较大,在家务农的收入根本不能保持家庭的运转。

反之如菜坝镇土地的转出便是供不应求,70% 左右的农户想要自己承包土地。菜坝镇的土地流转十分活跃,农户承包土地种油菜,收入相当可观。

5. 土地流转以农民自发为主,流转不规范且流转期限较短

根据调查发现,宜宾市由大企业或其他个人或组织大片承包土地的情况十分少见,主要的地区有兴文县绿源生态粮油物种专业合作社承包3 883亩土地种植油菜、特色水稻;高县的川红集团以入股的形式承包土地种植茶树;宜宾县的中森木业公司采用租赁承包和土地入股的形式承包土地3万多亩生产木材;翠屏区忠斌花椒种植专业合作社以入股的形式承包50亩土地种植花椒;明威乡以入股的形式承包800亩土地种植茶叶。其余部分土地流转多数为农民自发组织,见表6.13。

表6.13 土地流转组织类型

数据类型	自 发	政府发起
频数/户	60	6
比例/%	90.91	9.09

农民与农民之间自发组织的土地流转面积比例较大,多数农户都会选择信任的人承包土地,并且绝大多数的农户在承包过程中选择口头约定,并没有签订书面合同,见表6.14。但是这种农户与农户之间的口头约定形式的土地流转不具有正规性,也没有法律约束性,农户对转入的土地和转出的土地自己拥有的权利和义务并不清楚,而且绝大多数农民对《土地承包法》根本就不了解。有的农户就算签了合同但是实际上也没有按照合同规定的内容去执行,这直接或间接地产生了农村土地流转纠纷。除此之外,农户们自发组织的土地流转的期限不是很长,绝大多数是在一年或两年,有的农民承包土地以后因承包期限短的原因,不愿意在所承包的土地上投入过多的人力、物力、财力,因此也间接影响了粮食产量,而且承包的期限太短会导致诸多的不确定因素,这些原因都不利于当地农业规模化生产,不利于提高土地质量、作物产量和促进经济发展,也不利于流转市场规范化发展。

表6.14 土地流转签约情况

口头协议		书面合同		第三方证明	
数 量	比例/%	数 量	比例/%	数 量	比例/%
42	64.62	23	35.38	0	0.00

6.2.4 农地流转意愿行为剖析

本文通过理论研究和案例分析相结合的研究方法,按照"供给—需求"的分析框架对宜宾目前土地流转意愿进行了详细的分析,指出了宜宾农村土地流转意愿状况。分析见图6.2。

1. 流转意愿的行为特征

在实地调查收集的基本数据上,对131户农户的土地流转意愿现状进行统计。结果显示(见图6.3)有意愿进行流转土地的农户占主导地位,涉及农户83户,占样本总数的63.36%,不愿意进行流转的农户48户,占36.64%。这直接反映了宜宾当前农户参与土地流转的意愿比较高。

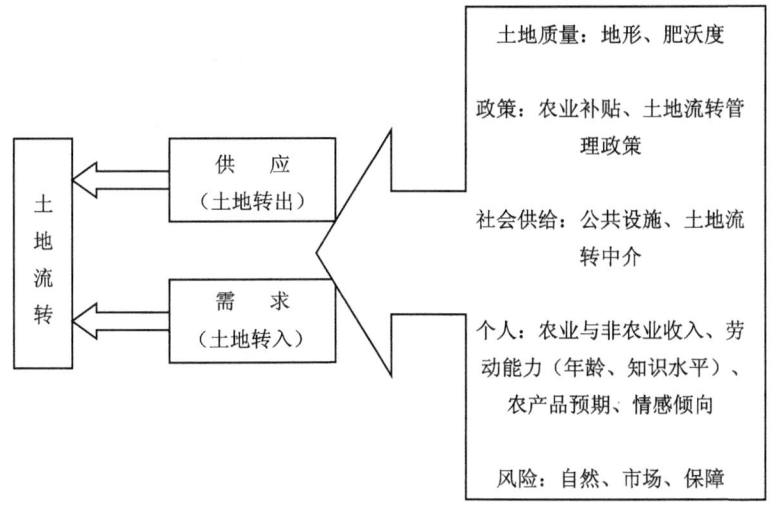

图 6.2 流转供需示意图

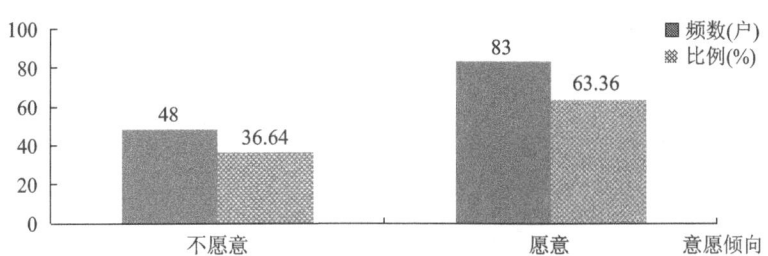

图 6.3 农户土地流转意愿情况

在83户愿意参与土地流转的样本中(见图6.4),47户农户愿意转出土地,36户农户愿意转入土地,转出意愿大于转入意愿形成的土地流转供给大于需求使得大面积的土地无法进入实质的流转阶段,土地流转速度缓慢,不利于提高土地利用效率和促进土地规模化发展。

针对愿意流转土地的83户农户,将影响土地转入转出的因素作对比统计,见表6.15。出现频率较高的因素为经济效益、劳动力、交易成本、地形限制、土地质量;影响转入土地的主要因素为经济效益、劳动力、地形限制、交易成本、不定因素,影响转出土地的主要因素为交易成本、不确定因素、地形限制、土地质量、经济效益、劳动力。进一步分析得知:首先,土地转入户主要考虑经济效益和劳动力,对土地质量、社会保障、信息障碍的考虑较少,其原因在于转入户的目的是追求收益,同时也担心劳动力成本,从而希望获取最大的利润;其次,土地转出户主要考虑交易成本、地形限制、土地质量、不确定因素,目前农民转出土地不是追求收益,而是因为大量农民从事非农产业无精力管理土地,所以在非农收入成为主要收入的同时,土地质量、地形、劳动力和不确定因素导致农民转出土地,解放束缚在土地上的劳动

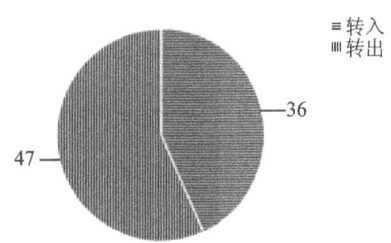

图 6.4 农户农地转入转出情况

力而从事非农产业以提高家庭总体收入。

表 6.15 影响土地转入转出的因素

流转性质	地形限制	经济效益	劳动力	气候条件	社会保障不健全	信息障碍	土地质量	交易成本	其他因素
转入	6	29	19	2	2	1	2	5	5
转出	11	10	10	1	3	7	11	17	12
总频数	17	39	29	3	5	8	13	22	17

针对 48 户不愿意流转土地的农户,对导致不愿意进行土地流转的原因作统计,见图 6.5。在情感、劳动力、土地质量好、社会保障制度、其他不确定因素五个方面,影响最明显的是劳动力,占 36.47%;其次是不确定因素和情感因素,分别占 24.71%、23.53%;最后是社会保障和土地质量好,分别占 10.59%、4.70%。主要是在该部分农户里,农民对劳动力的重视程度高,这与该群体的农民恋地情结有关,统计数据显示情感上对土地的依赖占 23.53%,恋地情结与劳动力的不可分割性致使土地流转受阻。然而,土地质量好坏和社会保障制度的影响不是很大,进一步证明这部分农民不愿意参与土地流转的原因在于农民自身的主观感受,要促进土地流转就必须转变农民对土地的看法,必须从传统式的恋地情结中走出来。

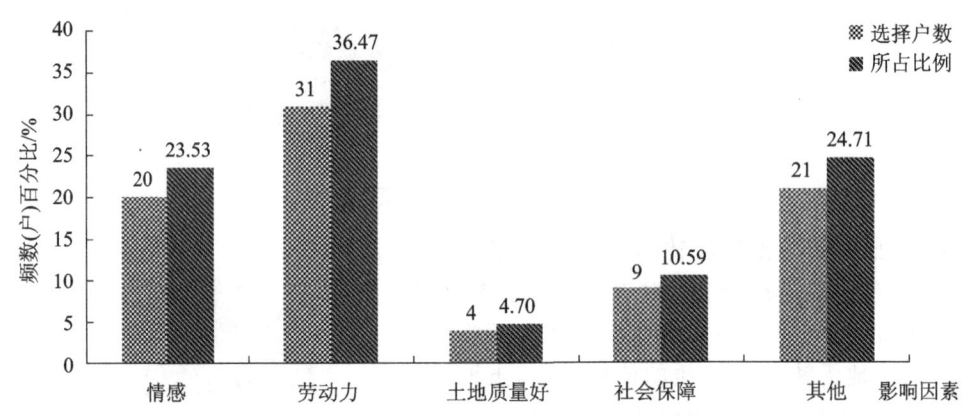

图 6.5 不愿意土地流转的影响因素

统计数据显示,在 131 个样本里 83 户农户愿意流转土地,48 户农户不愿意流转土地,而实际发生土地流转的农户 68 户,占样本总数的 51.91%,其中 66 户愿意流转,2 户不愿意流转。从表 6.16 看出,在 68 户实际发生土地流转行为的农户中,土地转出户 40 户,转入户 28 户,比例分别为 58.82% 和 41.18%,土地转出户远大于转入户。由以上数据得知,目前宜宾市农村土地流转市场里转出供给大于转入需求,大批农民在选择转出土地的同时却没有足够的市场需求接纳土地。

2. 影响流转意愿的因素分析

(1) 农户劳动力数量对流转意愿的影响

家庭的主要经济来源是家庭劳动力,其劳动力数量对于家庭总收入具有直接影响,我们对农户中愿意流转土地和不愿意流转土地的两类家庭的劳动力数量进行了统计,以探求劳动力数量对农村家庭是否愿意流转土地的影响程度。愿意流转土地的农户家庭劳动力数量统计表(表6.17)显示,以2人为规模的农户占该群体农户总数的55.42%,家庭劳动力数量小于或等于1名的农户占该群体农户总数的8.43%。

表6.16 实际发生流转行为农户统计

类 型	频数/户	比例/%
转入	28	41.18
转出	40	58.82
合计	68	100

表6.17 愿意流转土地的农户家庭劳动力数量

数据类型	≤1	2	3	≥4
频数/户	7	46	20	10
比例/%	8.43	55.42	24.10	12.05

相比之下,不愿意流转土地的农户家庭劳动力数量统计表(表6.18)显示,以2人为规模的农户占不愿意流转土地农户的62.50%,小于或等于1名的农户占不愿意流转土地农户的4.17%。数据分析得知,愿意参与土地流转的农户中小于或等于1名劳动力的农户比例高于不愿意参与土地流转的农户比例,由于家庭自身缺乏劳动力,劳动力投入较少,无法有效利用土地,达到提高产量,增加农业收入的目的;在劳动力不缺乏的情况下,农户愿意保留土地,作为生活保障。此外,不愿意参与土地流转的农户里,以2人为规模的家庭占所在群体的62.50%,这可能是由于当前非农产业经济发展缺乏稳定性和保障性,保留土地能够使农民利用土地的社会保障功能为自己提供保障。此现状说明,在愿意参与土地流转的农户中缺乏劳动力的情况是不能忽视的因素,而在不愿意参与土地流转的农户中缺乏劳动力的情况相对宽松;同时,国家经济发展和农民就业保障体制对土地流转也存在正相关的关系。

表6.18 不愿意流转土地的农户家庭劳动力数量

数据类型	≤1	2	3	≥4
频数/户	2	30	11	5
比例/%	4.17	62.50	22.91	10.42

(2)农户受教育程度对土地流转意愿的影响

农民的受教育程度决定了农民对土地的重视程度,同时,土地对农民的重要性是影响他们愿不愿意进行土地流转的关键之所在。农民文化程度越高,对土地的基本信息了解得就越全面,同时就业知识也相对丰富,对自身的职业规划不会局限于土地,在此情况下对土地的依赖性弱,最终导致土地在农民心中的重要程度下降。我们对农户的文化程度进行统计,见表6.19,结果显示,愿意参与土地流转的农户文化程度普遍高于不愿意参与土地流转的农户。

首先,不愿意参与土地流转的农户群体中小学和小学以下文化的农户比例分别为54.17%、20.83%,而愿意参与土地流转的农户中则分别为40.96%、13.25%,这说明农民文化程度越低,对土地的依赖性越强;其次,愿意参与土地流转的农户初中及以上文化程度的比例高于不愿意参与土地流转的农户。随着我国现代教育的不断发展,人民的受教育水平得到了普遍的提高,这对于加快农村土地流转,促进土地有效利用,实现资源的优化配置有着积极的作用。

表 6.19 农户文化程度对土地流转意愿的影响

意　愿	类　型	频数/户	比例/%
愿意流转	小学以下	11	13.25
	小学	34	40.96
	初中	28	33.73
	高中	7	8.43
	大学及以上	3	3.63
	合计	83	100
不愿意流转	小学以下	10	20.83
	小学	26	54.17
	初中	10	20.83
	高中	2	4.17
	大学及以上	0	0.00
	合计	48	100

(3) 农户职业现状对土地流转意愿的影响

农民的职业直接决定了农民的工作地点、家庭的收入情况和从事农业的能力,他们的职业与他们是否愿意参与农地流转息息相关。我们对农户户主的职业情况进行了统计,得到数据如表6.20所列。首先,务农的农户中,不愿意流转土地的农户比例为75%,愿意流转土地的农户比例为49.4%,不愿意流转土地农户比例高出愿意流转土地的农户25.6%,证明在家务农的农户一般不愿意流转土地,多为农户不愿意转出土地。其次,务工的农户中,愿意流转土地的农户比例高于不愿意流转土地的农户,一方面是因为务工因工作地点的变动,导致劳动力流动性强,无法管理农作物,使得农业种植没有有效的管理;另一方面是因为当前非农产业收入的吸引,在劳动力有限的情况下农民更愿意从事非农产业,得到更多的经济收入。最后,既务农又务工的农户中,愿意流转土地的农户比例高于不愿意流转土地的农户,这部分农户在外务工收入高,家庭主要经济来源由农业生产转为务工,土地的吸引力降低,通过转出土地能够释放更多的劳动力从事非农行业,增加家庭总体收入。

(4) 流转意愿行为形成分析

为了研究哪些原因促使农户形成了最终的流转意愿行为,我们运用SPSS统计软件对实际发生流转意愿行为的影响因素进行统计分析,分转入意愿、转出意愿、不愿意流转以及实际转入、转出,经过对131户农户的数据统计分析,得出统计结果,见表6.21。

表 6.20 农户职业现状

意愿	职业类型	频数/户	比例/%
愿意流转	务农	41	49.40
	务工	30	36.14
	两者兼有	12	14.46
	合计	83	100
不愿意流转	务农	36	75.00
	务工	10	20.83
	两者兼有	2	4.17
	合计	48	100

表 6.21 影响农户流转意愿因素分析

性质	影响流转意愿的原因	频数/户	比例/%
转入意愿	地形限制	6	9.38
	经济效益	29	45.31
	劳动力	19	29.69
	气候条件	4	6.25
	社会保障体系不健全	2	3.13
	交易成本	3	4.68
	不确定因素	1	1.56
	合计	64	100
转出意愿	地形限制	11	20.75
	土地质量差	10	18.87
	气候条件	10	18.87
	信息障碍	1	1.89
	交易成本	3	5.66
	社会保障体系不健全	7	13.21
	不确定因素	11	20.75
	合计	53	100
不愿意流转	情感上对土地的依赖	20	26.32
	劳动力	31	40.79
	土地质量好,收益高	4	5.26
	社会保障体系健全	9	11.84
	不确定因素	12	15.79
	合计	76	100

从愿意转入农地农户的角度看,主要的影响因素分别是:经济效益、劳动力、地形限制、气候条件,四个原因在转入意愿中的比例分别是 45.31%、29.69%、9.38%、6.25%。透过数据看,目前农户最在乎土地流转的经济效益,注重在土地流转中获取收益。同时,在社会主义市场经济条件下经济效益也是促进土地流转最根本的利益驱动因素,通过土地流转加快经济发展是土地流转的最终目的。从地形和气候方面来看,宜宾市地处四川西南地区,地形起伏大,气候条件差,年日照量不足,不利于农业生产。土地转入户转入土地就必须考虑该地区的地形和气候条件,地形起伏大势必导致土地利用的细碎化且机械化程度低,最终只能加大劳动力投入提高效率,这样的情况必然导致大幅提高农业生产的成本;与此同时气候条件差必然引起农作物产量较少,收益降低。这种高投入低产出式的农业生产阻碍了土地流转。

从愿意转出农地农户的角度看,由于地形、气候、土地质量差等方面的原因,农户个体经营式的小农耕种无法通过农业生产获取满意的经济效益,所以受到这些因素的影响,农户倾向于转出土地。通过转出土地能够解放受土地束缚的劳动力,从事非农产业,从而获得更多的收入。

6.2.5 制约因素分析

1. 经济发展的制约

我国东部沿海和中部经济发达的都市都有很多成功的模式或经验,但是这些模式或经验并不都适用于西部的发展。制度的创新是伴随着生产力的发展而不断向前推进的,它是一个渐进的具有路径依赖特征的过程。经济发展水平不一样,会产生不同程度的制度创新要求与活跃度。由于不同的地区经济发展水平存在着巨大差异,因此农地流转水平、认知水平都存在很大的不同。针对宜宾市,鉴于目前的状况,农地流转水平是与宜宾市的经济发展水平相伴而生的,如赵场的流转水平高,并且农民愿意流转,形式以转包为主,沿公路趋势伸展开。一方面,此地的花卉种植是服务于城区的,有一定的政策支持;另一方面,花卉种植能解决当地的劳动力就业问题,包括老年人、妇女等,事实上由此带来的收入高于种植农地的收入。而其他偏远地区流转有限,创造的经济效益也较低,这也会影响人们的流转意愿与行为。这在金坪和柏溪表现很突出。综上所述,经济发展水平的差异对农地流转也会产生不同程度的制约。

2. 农地流转制度不健全

(1) 流转方式单一,手续的不完善和口头协议较多,都源于没有完善的农地流转制度。在宜宾农地流转过程中出现了这样一种状况:只要保证农地的利用性质不变即可,由此导致了部分农地形式上的利用、实质上的荒废。集体所有权按其本来含义,应当是集体里的全体成员共同所有,但是现实情况是,由于在大多数地区农民集体经济组织已经解体或名存实亡,农民集体观念淡薄,出现了以集体或政府的名义占用农地的现象,使得他们想流转土地而无法流转,很难维护自己的合法权益,利益得不到相应的保障。

(2) 社会保障制度的不健全。现阶段,促进农地流转方面的政策还不完善,缺乏市场管理,不能有效地使土地的物质价值形态向经济价值形态转变,使得农民担心流转后自己的生活保障问题。福利制度的不健全,使得农民仍然以农地作为最后的保障,即使面对更高的利益驱使,他们也只是暂时放弃经营,却仍然抓住分得的土地权利,作为谋生手段。

3. 农民产权意识淡薄

根据调查的情况发现,大部分农民不清楚农地的权属,不明白所有权、使用权、经营权的含义。一方面,社会环境和文化程度导致他们对以上观念的认知水平有限,产权意识非常薄弱;另一方面,他们受中国传统小农经济的影响,更关心土地的利用价值,如果土地所带来的收益高,他们就会努力寻找土地;如果土地的收益不高,他们也不会去关心自己损失的权益。

4. 农民传统观念深厚

传统农业大国中几千年形成的"土地是农民安身立命之所在"的传统观念与习惯,造就了农民不会轻易放弃对土地的执着。特别是 2006 年国家全面取消农业税以后,农民在获得土地承包经营权的同时,不再上缴农业税,也许还可以获得一定数量的农业补贴,因此不愿交出其土地承包经营权。同时在当前宜宾尚不能为进城务工经商的农民解决好住房、就业、医疗、子女教育和社会保障等各方面问题的情况下,农民把在农村的承包土地作为其今后生活保障的最后一道防线,"不敢"流转或交出土地承包经营权,因此造成"有田无人种"与"有人有田不种"并存的不正常现象。

6.2.6 结论与建议

宜宾市各方面的现实决定了宜宾市农村土地流转的现状。一个地区农村土地流转与当地的经济发展水平相辅相成,农村土地流转有利于当地的经济社会发展,经济社会发展也必将促进农村土地的流转。所以要坚持具体问题具体分析,不能盲目照搬其他省市的模式,而要结合实际,实事求是,因地制宜,将政策和规划纳入具体的农村现状中去,从其他省市的先进模式中汲取精华,找寻适合宜宾自身发展的农地流转道路。

宜宾市 GDP 的不断增长,促进了"三农"的不断发展和深入变革。并且我们发现,在经济发展过程中,地区发展的差异也影响着农业规模经营和产业发展水平,使得其发展水平参差不齐,当地政府对农户和农村承包土地经营权流转的认识水平也千差万别,因此造成了不同区域农村土地流转的规模和比例各不相同的局面,呈现出明显的地区发展不平衡的态势。

简析当前我国的国情国策,以及农村的现状条件,必须认识到"加快农村土地流转"是加快发展现代农业、建设社会主义新农村的必然选择,也是建设统筹城乡综合配套改革实验区的重要手段。农村土地流转的意义重大:首先,有利于促进农业规模经营,加快农业结构调整步伐,促进土地、资金、科技、经营管理等生产要素融为一体,增强农业抵抗自然风险和市场风险的能力,提高单位土地的产出效益和农业生产的比较效益,实现流转双方的互利互赢。其次,农村土地流转有利于吸引"资本进村",缓解长期困扰农村发展的资本短缺问题;有利于"科技和信息进村",促进农业科技进步和农产品市场化,发挥市场导向作用和科技的第一生产力作用;有利于促进"劳动力"出村,使劳动力向城镇和非农业转移。除此之外,农村土地流转已经不局限于农户之间了,社会工商企业、产业化龙头企业、合作经济组织也参加了农村土地流转,使农村土地流转参与主体逐渐多元化,这大大地增强了农村农地流转的活力。

经过近半年的调查研究,走访农村,收集数据,了解政策,总结出宜宾市农村土地流转的总体情况如下:宜宾市农村土地流转的基本发展趋势是流转规模偏小,发展进程加快;流转形式多样,但是以转包和代耕两种形式为主;土地流转发展不平衡,但流转潜力比较大;部分土地流转已经趋向于规范化。尽管当前的宜宾市农村土地流转情况有一定的合理性,但是也存在着诸多的问题。

针对当前宜宾市农村土地流转的整体现状和流转中的不足以及存在的问题进行具体研究后,为了更好地促进宜宾农地流转,建立比较完善的流转机制,使宜宾农地的物质形态转化为

价值形态,提出如下建议:

1. 当地政府加强引导,推进农村土地流转科学发展

以科学发展观统领农村改革发展,强化领导干部对农村土地流转工作的认识,把农村土地流转统一到农村家庭联产承包制中来,把改造传统农业、调整农业结构、推进产业化经营摆上农村工作的重要日程。加强对农村土地流转工作的引导和服务,必须克服"流转放任、任其自然发展"的行为出现,建立健全促进城乡经济社会发展一体化、生态化、科学化的制度。

2. 加强规范农村土地的流转

与国家相关政策方针、法律条例紧密结合,加强农村土地流转的行为规范,健全现行土地产权管理制度。特别是一些乡级干部,应加大信息宣传力度,提高农民对农村土地流转行为规范化的认识。推进土地规模经营,大力发展现代农业,健全农村土地制度。自上而下建立农村土地流转的服务、监管、保障体系,使农村土地流转的机制更加规范。并且需要科学的定位系统,将国家土地政策同当地的实际现状和市场经济的发展水平相结合,使得农村土地流转的价格机制更加规范。

3. 大力提高农民的素质

农民的受教育水平直接影响到农村农地流转的进程。为了改变现状,提高宜宾农地的利用效率,必须大力发展农村教育,可以通过开办相关的培训班和干部、技术人员下乡进户等形式,使农民能够全面地了解掌握先进的农业科学技术,提高农民的整体素质和科学文化水平,让农民真切地感受到新农村建设的氛围,帮助他们走出自给自足的传统模式,增强接受新事物的能力。还有,需要提高非农业的就业率,大力发展第二、三产业,吸引农村中的剩余劳动力,鼓励农民进城、外出经商务工,改变他们深重的"恋土"情结。

4. 加快探索当地农村土地流转的机制创新

体制机制对于农村土地流转的影响是巨大的,现在宜宾市农村土地流转大多是自发的,并且带有盲目性,所以应推进农地流转多元化。农村土地流转属于市场经济行为,其根本目的在于提高土地利用率和产出效益以及转化土地的价值形态,因此应遵循市场经济规律,推进农地流转市场化,统一规范农村土地流转。另外,宜宾农地流转的服务环节薄弱,需要建立一个为农村土地流转服务的体制,才能更加协调和全面地进行土地流转,使得土地流转中的问题得到妥善解决,发展前景才会更好。

5. 建立、健全农村土地流转保障体系

必须建立起现代农村中的金融体系,设立专项的资金费用,加大对农村土地流转的财政支持力度。将政府"有形的手"和市场"无形的手"相结合,对农村土地流转进行调节。并且要不断完善农村社会保障体系,解决农村土地流转之后农民的后顾之忧。建立相关农村土地流转的专门管理机构,降低农村土地流转的成本,提高效率,通过培育农村土地流转的管理机构,为土地流转提供市场化、具体化、全面化的服务。

6. 完善农村土地产权管理制度

健全现行土地产权管理制度,是推进农村土地流转和规模经营的必然要求,如果没有政策和法律支持就难以有效保护农民的土地权利,难以开拓土地流转的新局面。我国经济社会已发展到一个新的历史时期,"工业反哺农业,城市带动农村",共建共享和谐社会是新时期的鲜明特征。因此,高度关注、有效保护农民的土地权利,是解决"三农"问题和统筹城乡发展的关键。当前农民土地权益安全隐患十分突出,健全土地产权管理制度有利于保障农民的权益,消除在加快农地流转过程中农民的顾虑,从而加快宜宾土地流转发展的步伐。

6.3 案例评析

该作品获得第十一届"挑战杯"四川省大学生课外学术科技作品竞赛三等奖。案例选题针对宜宾的土地流转在现阶段存在的问题,通过田野调查法、问卷调查法、访谈法和文献法对宜宾市翠屏区、宜宾县、筠连县、珙县、屏山县五个区县的15个村、131户农户的农村土地流转进行调查,并进行数据统计分析。本研究首先对农户基本情况以及宜宾市农地流转的特征进行研究分析;其次采用SPSS统计软件对实际发生流转意愿行为的影响因素进行统计分析,对农地流转意愿行为进行剖析,分析制约土地流转的因素;最后针对宜宾市15个村的实际情况,对农村土地流转的发展提出建议。

该作品针对宜宾地区的土地流转在现阶段存在的问题,以宜宾5区县、15个村的具体情况为例,运用科学的调查方式和规范的分析技术,通过以点带面的方式,对宜宾地区的土地流转的发展方式进行论证研究,最终得出结论并提出建议。作品的特色与优点在于:第一,在数据资料来源上,以实地调查数据为主,以文献和现有统计数据为辅,能够更为全面地对研究对象的客观规律进行更为准确的反映。为了更好地掌握宜宾地区的土地流转发展模式,本研究在现有统计数据和文献、政策的基础上,以田野调查法、实地走访为主要形式,深入乡村基层,真实了解宜宾市农村土地流转在现阶段存在的问题,可以为政府部门的相关决策提供参考依据。第二,在研究视角的选取上,将研究视角放在了当前农户基本情况、土地流转特征、农民土地流转意愿分析、农地流转制约因素四方面的综合研究上,以使政府的相关政策措施能够更好地适应农民土地流转的现实情况,可以为农村社会经济的发展提供更好的指导和帮助。

该作品在文本、图、表格式上较为规范,但在书面语言的运用上还存在不足,部分语句表达不清晰,论证还不够深刻、充分。而且从作品的理论深度和专业学术要求上来讲,该作品还存在着一定的欠缺,整体而言理论基础不够深厚,专业学术性不强,在研究层次上没有质的飞跃。

参考文献

[1] 张成玉.农地质量对农户流转意愿影响的实证研究——以河南省嵩县为例[J].农业技术经济,2011(8):72-79.

[2] 何萍,张文秀.城乡统筹试验区农户农地流转意愿研究——基于成都市296户农户调查[J].资源与产业,2010,12(5):111-116.

[3] 王茹.论西部欠发达地区农村土地流转[J].西安社会科学,2010,28(1):121-122,129.

[4] 兰晓为.论土地承包经营权流转与农民利益的保护[J].西安电子科技大学学报(社会科学版),2010,20(1):54-57.

[5] 何乐为.经济发达地区农户土地流转意愿影响因素研究——基于浙江省的调查分析[J].绍兴文理学院学报(哲学社会科学版),2009,29(4):80-84.

[6] 何乐为.浙江农户土地流转意愿调研[J].浙江统计,2009(7):13-15.

[7] 冯玲玲,邱道持,赵亚萍,等.农业经营大户参与农地流转研究——以重庆市璧山县为例[J].西南师范大学学报(自然科学版),2009,34(1):151-156.

[8] 陈美球,邓爱珍,周丙娟,等.耕地流转中农户行为的影响因素实证研究——基于江西省42个县市64个乡镇74个行政村的抽样调查[J].中国软科学,2008(7):6-13.

[9] 谭丹,黄贤金.区域农村劳动力市场发育对农地流转的影响——以江苏省宝应县为例[J].中国土地科学,2007(6):64-68.

[10] 曹建华,王红英,黄小梅.农村土地流转的供求意愿及其流转效率的评价研究[J].中国土地科学,2007(5):54-60.

[11] 焦玉良.鲁中传统农业区农户土地流转意愿的实证研究[J].山东农业大学学报(社会科学版),2005(1):82-86,120.

[12] 钟涨宝,汪萍.农地流转过程中的农户行为分析——湖北、浙江等地的农户问卷调查[J].中国农村观察,2003(6):55-64,81.

[13] 张广伟.对农村承包土地流转问题的思考[J].中国社会科学院研究生院学报,2003(6):50-53,110.

[14] 陆学艺.农村要进行第二次改革 进一步破除计划经济体制对农民的束缚[J].中国农村经济,2003(1):13-19.

[15] 李强.影响中国城乡流动人口的推力与拉力因素分析[J].中国社会科学,2003(1):125-136,207.

第7章 存在即合理:基于小农立场的农地流转研究
——基于西南三省的调查

7.1 选题背景

农村土地承包曾极大地提高了农民的积极性,解放了农村生产力,但随着生产力的提高,家庭承包、分户经营导致的农户原子化、土地细碎化等问题已经与现今要求农业土地集约化相矛盾。农村土地流转是解决当前我国农村土地利用细碎化及撂荒、闲置问题的有效途径,对于优化土地资源配置,提高土地利用效率,促进农业结构调整以及促进农民增收和农村经济发展具有重要意义。但现实是,有些地方政府将土地流转作为赚取自己政绩的手段,没有考虑当地实际情况,激进地推行大规模的土地流转,甚至不顾中央"在农民自愿条件下,才可进行流转"的原则,上有政策,下有对策,存在着"强制"流转的行为。

本选题基于2012年"挑战杯"项目"宜宾农户农地流转现状及限制因素分析"的研究,结合中央关于土地流转的政策导向,开展了累进调查。将研究区域延伸至西南三省,深入乡村基层,从农民流转意愿、农民工市民化以及社会后果三个方面进行分析,来论证小农立场的农地流转存在的合理性。

本选题以现阶段适度规模的土地流转在西南欠发达地区存在的合理性为研究方向,以客观调查、实证分析为基础,以因地制宜、理论与实践相结合为原则,对宜宾市农户农地流转现状进行调查研究,旨在为改善宜宾地区农户农地流转现状提供参考,对综合研究、论证基于小农立场的规模化土地流转的合理性,对促进农村经济社会发展和全面建成小康社会,具有较强的现实意义。

7.2 作品展示

存在即合理:基于小农立场的农地流转研究——基于西南三省的调查

土地流转是实现城市化的重要条件,加快农村土地流转是我国农村经济和社会发展的必然要求。加快农村土地流转是提高土地集约化使用、推进农业产业化经营、加快小城镇建设、增加农民收入的有效途径,是解决"三农"问题的现实选择。党的十七届三中全会提出:"加强土地承包经营权流转管理和服务,建立健全土地承包经营权流转市场,按照依法有偿自愿原则,允许农民以转包、出租、互换、转让、股份合作等形式流转土地承包经营权。有条件的地方可以发展专业大户、家庭农场、农民专业合作社等规模经营主体。"党中央出台的这份纲领性文件,将土地流转列为推进农村制度改革创新的重要举措,这意味着土地流转将对农业生产,进而对农民生活,甚至整个农村社会的发展产生根本性影响。

既有的关于土地流转的研究,主要是分析了两个方面的内容,并形成了不同的观点:一是关于土地流转的经济效益研究,二是对土地流转的社会公平性的研究。对于经济效益,一方认为"改造传统农业,实现农业现代化,走土地规模经营是必由之路"。在指出小农经营的弊端后,提出了规模经营在提升机械化水平、降低劳动成本、提高粮食商品率,进而增加农民收入方面的优势。另一方则认为,"农业在本质上并不是一个有显著效率的产业,在中国,农地家庭小规模经营仍然是有效率的",研究并没有发现规模化与机械化、粮食商品率、劳动生产率的正相关关系,进而对中国农业通过规模化、产业化实现现代化的路径提出了质疑。对于社会公平,后者指出"土地在农民生存保障、获取生活意义、维护村社文化、保证粮食安全等方面的重要作用,尤其是土地对中国社会稳定的保障作用",土地流转要与工业化、城市化和社会保障体系建设同步,大规模的土地流转必须谨慎。

一般情况下,土地流转可以提高土地的集中经营,但集中经营能否实现规模经济并带来农业生产效率的提高,无论是国内还是国外,无论是理论研究还是实证研究,都没有统一的认识,在现阶段主要有大农场规模经营论、适度规模经营论和规模质疑论。

7.2.1 理论基础

1. 大农场规模经营论

很多学者和政策制定者坚持认为农场更有效率,相信大农场可以更有效率地进行农业机械、化肥等投入并实现信息的共享。例如:Cornia(1985)利用15个发展中国家的数据对农场规模和要素投入产出以及劳动生产率之间关系的分析表明,在孟加拉国、秘鲁和泰国,农场规模和农业生产率之间呈正相关关系;陈宗胜和陈胜(1982)从市场角度进行了分析,认为小家庭农场导致地权分散且规模过小,增加了农产品的供给价格弹性和政府管理费用并将之转嫁到农民头上,从而导致农业效率低下。

2. 适度规模经营论

Hall 和 LeVeen(1978)通过对美国加利福尼亚农业的研究发现,中型农场在成本节约方面表现最突出。Hoque(1988)同样发现孟加拉国的农场规模和效率之间是一个动态变化的关系:1~7英亩①之间正相关,7英亩以上负相关,因此7英亩是最佳的规模。

3. 规模经营质疑论

这种观点更侧重于从农业生产效率特别是土地产出率的研究入手,对农业是否有规模经济提出质疑,例如:

Sen(1962)通过对印度农业部门的实证研究表明,随着农场规模的扩大以全要素生产率度量的农业生产效率提高,而单位土地产出水平则下降,即后来被称为农业发展中典型事实(stylized fact)的 IR 关系(inverse relationship);罗伊·普罗斯特曼、蒂姆·汉斯达德等(1996),通过文献综述总结出三条实践经验:农业生产中规模经济微弱,农场规模与效率负相关,家庭农场比集体农场更有效,并指出西方大规模农场与效率之间的非因果关系,从而对中国理论与实践中的农业规模化倾向表示了反对。

这种基于土地产出率的质疑对于目前的中国是有意义的。这一点可以从冯海发《中国农

---

① 1英亩等于6.075亩。

业总要素生产率变动趋势与增长模式》一文中得到证实,文中介绍了总要素生产率增长的三种模式,即以日本为典型代表的土地生产率导向型、以美国为典型代表的劳动生产率导向型和以德、法、英、丹麦等为代表的中性导向型,并给出了当前中国农业生产率应以土地生产率为导向的一个合理的证明。

综上,农村土地流转确实能够提高土地的集中经营,但集中经营并不等同于规模经营。关于农地集中经营是否能够带来规模经济并进而提高农业生产的效率,至今尚未取得一致的结论,所以不能简单地说土地流转就能实现农地的规模经营、提高农业的生产效率,进而盲目地推行大规模土地流转。就西南地区而言,地理、经济上都有其特殊性,当下地方政府强制地、操之过急地推行大规模土地流转,是不符合客观事实的。由于土地社会性功能存在的重要性,在当下甚至未来一段时间内,农民自发的适度规模的土地流转才是最佳选择。

7.2.2 研究方法与技术路线

1. 研究方法

为了达到研究目的查阅了大量的相关资料、政策,并在与农民的交谈之中将我们的想法进行提炼、升华,反复求证,以求获得更加客观真实的数据和资料,能更好地体现现阶段西南欠发达地区的真实状况。具体研究方法如下:

文献研究法。查阅大量关于土地流转的文献并对其进行分析和整理,总结前人的相关研究成果,并借鉴前人的相关专业方法。在此基础上,再对农村土地流转进行实地调查,对适度规模的农村土地流转的合理性进行论证,并提出一些政策建议。

访谈法。访谈法是传统的调研方法之一,是指调查访问员通过与被访者面对面交谈,以达到了解被访者心理和行为的基本研究方法。它分为结构访谈法和非结构访谈法两种,而在本次调查研究中主要采用非结构访谈的研究方法。为了真实地获取农村土地流转的第一手资料,对农户进行了实地访谈,了解他们对农村土地流转的意愿和看法,以及农村土地流转的现状。

饱和经验法。本次研究还吸取和采纳了"华中乡土派"在长期的经验研究中总结出来的饱和经验分析法。饱和经验法不预设问题,不预设目标,不怕重复,此种方法适用于本次研究中被调查对象和地点的现实状况。由于农民文化程度相对较低、农户比较分散、农村地域相对偏僻,因此,本次研究充分考虑到调查对象的个性,采用访谈法与饱和经验分析法相结合的调查研究方法就农村土地流转问题开展实地调查。实地调研以大观点和大方向切入,大进大出,真实地了解了土地流转的现状及农民对土地流转的观点和看法。通过真正融入农村、农民中,去感受和了解他们对农村土地流转的真实观点和想法,寻找农村土地流转的经验。

问卷调查法。根据研究的目的,从流转现状、经济效益、粮食安全、社会后果四方面来设计问卷。每个方面都根据调查区域的实际情况,设计问题,收集数据。如:"您家的土地主要流转给哪部分人?(没有土地流转则不填)"答案:"A. 亲戚朋友;B. 同村其他人;C. 专业种植大户;D. 农村专业合作社;E. 其他"。"您每亩的生产资料投入费用是多少?"答案:"A. 0~100元;B. 100~200元;C. 200~300元;D. 300~400元;B. 400以上"。"您认为没有土地你的老年生活能得到保障吗?"答案:"A. 不能;B. 能;C. 不清楚"。

2. 技术路线

报告研究内容基于相关政策和现实背景提出。调查研究坚持理论联系实际、实事求是的理论方法,遵循提出问题、分析问题、解决问题的理论研究路线。首先,论文是基于小农立场的规模化土地流转的合理性的假设。其次,大量收集和阅读中外关于农村土地流转的文献,从中总结农村土地流转的理论研究现状,并在借鉴他们的研究经验后,提取出此次调查研究的具体方法。最后,采用访谈调查、驻村调查、问卷调查与分析的方法,汇总关于农村土地流转现实状况调查的有关资料。通过对所收集资料的分析总结后,了解了农民的真实想法和意见,进而对大规模的农村土地流转的合理性进行论证,并提出建议与意见。具体技术路线结构示意图见图7.1。

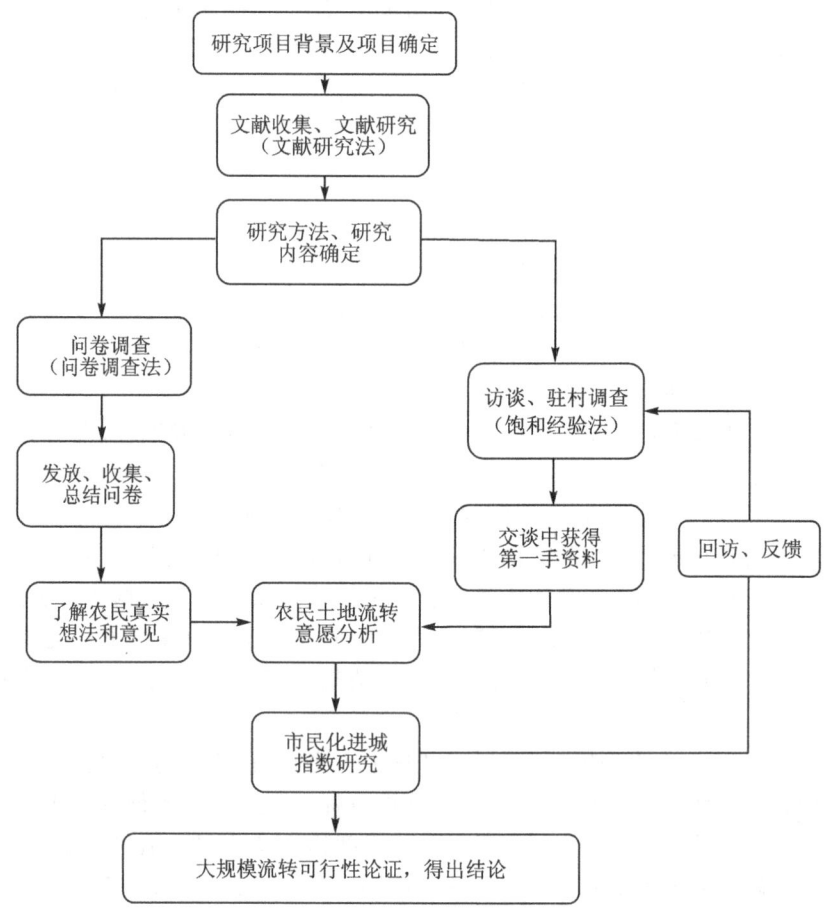

图 7.1 技术路线图

7.2.3 研究区域概况及数据来源

土地流转是必然趋势,这一点我们不可否定,而目前谈规模流转的案例研究,研究区多为经济发达的平原地区。但观我国国情,能达到此等条件的地方却是少部分,大部分地区是以山地丘陵为主,经济欠发达,区位优势不显著的地方。西南三省结合部,地形较为复杂,土地的垂直利用、因地制宜明显为该地区农业的一大特色。农民大多为兼业农户,离不开农业这条"拐杖",能够很好地代表中西部等欠发达地区、代表中国大部分的农民,符合我国国情。

1. 研究区域概况

川、滇、黔三省结合部是指四川、云南、贵州三省相邻地区,地理位置上包括云南北部、四川东南部、贵州西北部地区。此地区主要包括云南省的昆明、曲靖、昭通,四川省的泸州、宜宾、乐山,贵州省的遵义、毕节、贵阳。该地区虽位于青藏高原及横断山脉东部边缘,但地势起伏相对较低,农业可操作性较强,极具西南地区地理、农业区域代表性。

由于资金等条件限制,本次研究区的选择稍偏向于宜宾市,共选择了以下 12 个乡镇进行调查:四川省宜宾市的赵场镇、宗场乡、凉姜乡、李端镇、双龙镇、龙溪乡;云南省昭通市的柿子乡、麟凤乡、高田乡;贵州省毕节市的桂花乡、八寨镇、清水铺镇。

2. 数据来源

此次调查建立在本团队于 2012 年"挑战杯""农村土地流转存在的问题及对策研究——以宜宾市为例"项目基础上,上届成果具有一定的局限性,土地流转身后有着地方政府的影子。为了获取更丰富的一手资料,报告的数据均由调查者实地访谈和问卷发放等科学方法收集而成。

在研究中发现,近郊农村土地升值空间大,变现能力强;而远郊地区土地却少有人问津,二者差距巨大。为此按照近郊和远郊分别做了问卷调查,近郊是指距离城市中心近,土地升值空间大,企业愿意进驻,脱离传统农业,以经济作物为主的地区。远郊是指距离城市中心较远,由于地理、经济条件的限制,传统农业、大田作物仍占绝大部分的地区。这样方便就远郊农村的土地流转和近郊农村的土地流转进行比较。

在近郊农村中,选择了以宜宾的赵场镇、宗场乡、凉姜乡,云南昭通的柿子乡为代表,赵场、宗场、凉姜三个地方距宜宾市中心较近,平均距离 8 km。赵场镇以花卉、渔业、畜牧业为支柱产业,招商引资成绩突出;宗场镇村民多种植经济作物芥菜,以制作四川四大腌菜之一的宜宾芽菜;而凉姜乡更是以打造"川南优质水果之乡""川南优质水果示范基地"为目标,现水果种植面积已达 1.5 万亩;而昭通的柿子乡交通便利、资源丰富,已被确定为盐津县工业园区,具有典型的近郊农业特征。而远郊则以四川宜宾的翠屏区李端镇、宜宾县双龙镇、屏山县龙溪乡,贵州毕节的桂花乡、八寨镇、清水铺镇,云南威信的麟凤乡、高田乡为典型。李端镇虽属翠屏区,但仍以种植传统农业大田作物为主。其他地方也是如此,都是传统的远郊地区。

在调查初期发现,研究区域具有农户分散、位置偏僻、居家不定、分层抽样调查困难的特征,故采用不预设目标、随机走访的方法,实地走访了 1 300 家农户,并与农户进行了详细的交流和深刻的探讨,做好相关访谈记录,并收集录音、照片。为了深入了解农村现状和收集数据,调查员于 2014 年 4 月 22 日至 4 月 28 日期间,以四川省宜宾市翠屏区李端镇为代表性个案开展了为期 7 天的小规模驻村访谈调查。李端镇虽属翠屏区,但其经济发展却带有典型的远郊特征,即以大田农业为主,极具代表性。采用饱和经验分析的方法对李端镇就农村土地流转的实际现状进行了详细的访谈调查。最后,为了对论文进行最终的修改和完善,还分别选择了远郊特征明显的李端和近郊特点显著的宗场进行了回访调查。样本分布情况见表 7.1。

表 7.1 样本地区分布情况

地 区	发放问卷	回收问卷	有效问卷	问卷有效率/%
龙溪乡	100	96	89	92.71
宗场镇	125	120	109	90.83
双龙镇	100	97	94	96.90

续表 7.1

地　区	发放问卷	回收问卷	有效问卷	问卷有效率/%
李端镇	125	125	113	90.40
凉姜乡	100	95	87	91.58
思坡乡	100	95	84	88.42
桂花乡	100	95	90	94.74
八寨镇	100	92	90	97.83
清水铺镇	100	98	95	96.94
柿子乡	150	130	120	92.31
麟凤乡	100	96	92	95.83
高田乡	100	97	95	97.94

本次调查共发放问卷 1 300 份，分别为四川省宜宾市龙溪乡 100 份，宗场镇 125 份，双龙镇 100 份，李端镇 125 份，凉姜乡 100 份，思坡乡 100 份；贵州省毕节市桂花乡 100 份，八寨镇 100 份，清水铺镇 100 份；云南省昭通市柿子乡 150 份，麟凤乡 100 份，高田乡 100 份。最终，收回问卷 1 236 份，实际有效问卷 1 158 份，回收率达 95.08%，有效率达 93.69%，具有较高的可信度和效度。

7.2.4　数据分析

1. 流转现状

调查组于 2012 年四川省"挑战杯"的参赛作品中，针对当时两年来宜宾市农村土地流转的情况进行了调查分析，其结论为：宜宾市农村土地流转的基本发展趋势是流转规模偏小，发展进程加快；流转形式多样，但是以转包和代耕这两种农户自发式流转为主；土地流转发展不平衡，但流转潜力比较大；部分土地流转已经趋向于规范化。去年研究中，我们认为土地流转是合理的，虽然存在不足，但有走向正轨的趋势。尽管当前的宜宾市农村土地流转情况有一定的合理性，但是也存在着诸多的问题。

但事实上，这种土地流转，有着当地政府的影子，并且也不是较为符合现阶段流转区域的发展状况，这样可能会潜藏了引发风险和不良后果的诱因。在此问题基础上，进行了累进研究，将研究区延伸至西南三省，力求深入基层，扩大样本区间和容量，从而得到更好、更贴近事实的研究结果。调查结果具体分析如表 7.2 所列。

(1) 样本数据分析

从表 7.2 中可以看出，在 1 158 位被调查者中，男性占总体的 57.9%，女性占 42.1%，这说明当前农村中的主要劳动力仍然是男性。同时，在被调查者中，以中老年人为主，其中 60～74 岁的占总体的 37.9%，45～59 岁的占总体的 33.5%。数据说明了当前农村存在的一个普遍现象，留守在家的大多是中老年人。虽然青年人比较多，但是他们几乎都是在附近或外地务工，在家的很少。从文化程度上看，1 158 位被调查的农民学历普遍不高，初中及以下的占总体的95.9%,大专或本科的仅占总体的0.7%。

表7.2 调查样本特征

个人特征	类别	人数	百分比/%
性别	男	670	57.9
	女	488	42.1
年龄	44岁以下	270	23.3
	45~59岁	388	33.5
	60~74岁	439	37.9
	75~89岁	61	5.3
学历	初中及以下	1 111	95.9
	中专/高中	39	3.4
	大专/本科	8	0.7

注:世界卫生组织规定的年龄分段:44岁以下为青年人,45~59岁为中年人,60~74岁为年轻老人,75~89岁为老年人。

(2) 农业净收入和非农净收入

通过对比农业净收入和非农净收入来分析、研究农民的行为选择和经济效益的关系。通过图7.2的数据分析可以发现,农业年净收入与其所占人数的百分比呈反比例分布。也就是说,农业净收入越低,农户人数所占比例越大。农业净收入在3 000元以下的农户占58.7%,这说明近60%的农户农业净收入较低。与农业净收入与其人数所占百分比的情况刚刚相反的是非农的现状,非农净收入在5 000元以上的占64.3%,这说明近65%的农民非农净收入较高。就数据而言,超过一半的农民种地收入是不高的,反而多数从事非农就业的农民收入往往较高。通过对上述样本数据以及对农户农业和非农净收入的分析发现,农村中老年人居多,并且农户家庭收入中大部分非农收入比例较高。基于上述情况,对农户的流转意愿进行分析,并找出他们想外出务工以及土地流转的原因。

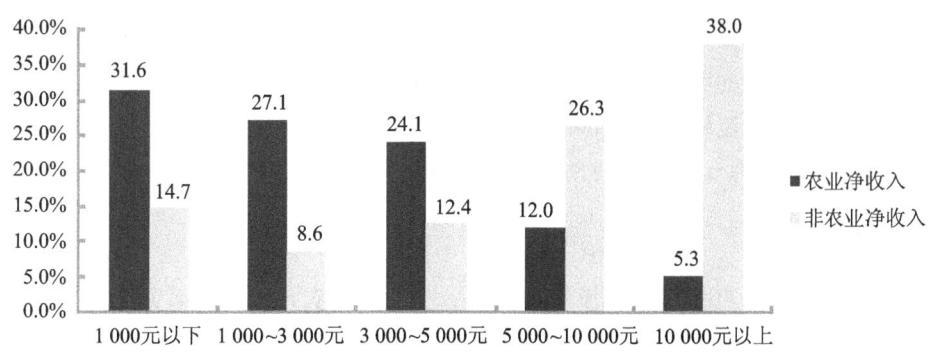

图7.2 农业净收入与非农业净收入比较图

2. 农民土地流转意愿分析

当前政府采用各种政策大力引导和鼓励农民积极进行土地流转,为了了解研究地区农民土地流转的意愿,我们对调查区域进行问卷调查和实地走访,利用 Logistic 模型对农户农地流转意愿进行研究,从家庭主事者特征、家庭特征和外部约束三方面分析农户土地流转意愿的驱动力,从而探究它们之间的相关关系。

问卷通过"当前条件下是否愿意流转自家土地"来采集农户流转意愿,答案设计了"愿意转出;愿意转入;愿意保持现状"三种选项。有效问卷汇总结果如下:有 458 户愿意转出,占总户数的 39.55%;有 336 户愿意转入,占总户数的 29.02%;没有想法的农户有 364 户,占总户数的 31.43%。农户流转意愿地区分布见表 7.3。

表 7.3 农户流转意愿情况

地区	有效问卷数	有转出意愿		有转入意愿		无流转意愿	
	户数	户数	所占比例	户数	所占比例	户数	所占比例
龙溪乡	89	42	47.19%	14	15.73%	33	37.08%
宗场镇	109	29	26.61%	18	16.51%	62	56.88%
双龙镇	94	51	54.26%	12	12.77%	31	32.97%
李端镇	113	47	41.59%	28	24.78%	38	33.63%
凉姜乡	87	30	34.48%	41	47.13%	16	18.39%
思坡乡	84	26	30.95%	28	33.33%	30	35.72%
桂花乡	90	39	43.33%	26	28.89%	25	27.78%
八寨镇	90	36	40.00%	30	33.33%	24	26.67%
清水铺镇	95	43	45.26%	30	31.58%	22	23.16%
柿子乡	120	25	20.83%	60	50.00%	35	25.17%
麟凤乡	92	42	45.65%	22	23.91%	28	30.44%
高田乡	95	48	50.53%	27	28.42%	20	21.05%
总计	1 158	458	39.55%	336	29.02%	364	31.43%

采用 Logistic 回归模型分析农户的特征变量与农地流转意愿之间的关系,计算出各影响因素与流转意愿的关联度,进而找到影响农户农地流转的主要因素。Logistic 回归分析适用于因变量为二分类变量的回归分析,是分析个体决策行为的理想模型。

因变量为农户农地流转意愿,如果农户有流转意愿,则因变量取值为 1;反之,农户没有流转意愿,则因变量取值为 0。利用 SPSS 17.0 的 Binary Logistic 模型可建立模型:

$$P = \frac{\text{Exp}(\beta_0 + \beta_1 x_1 + \beta_2 x_2 + \cdots + \beta_m x_m)}{1 + \text{Exp}(\beta_0 + \beta_1 x_1 + \beta_2 x_2 + \cdots + \beta_m x_m)} \tag{7.1}$$

式(7.1)中,P 是农户参与农地流转的概率;x_i 是影响农户农地流转意愿的诸多因素;β_0 是常数项,与 x_i 无关,表示当自变量为 0 时,农户愿意流转与不愿意流转概率之比的自然对数值;$\beta_0, \beta_1, \beta_2, \beta_m$ 是回归系数,表示诸因素 x_i 对 P 的贡献量。

结合实地调查,初步选择了家庭主事者特征、家庭特征和外部约束三个方面的因素,具体细分为 10 个指标,详见表 7.4。

表 7.4 模型变量描述

类别	变量	变量代码及意义	均值
家庭主事者属性	年龄 x_1	主事者的年龄/岁	47.3
	文化程度 x_2	1 文盲;2 小学;3 初中;4 高中;5 大专及以上	3.41
	职业 x_3	1 以农业为主;2 以工业为主;3 以商服业为主	2.19
客观因素	土地预期收益 x_4	0 高;1 低	0.79
	家庭劳动力数 x_5	家庭中劳动力人口数量/人	2.62
	非农收入比例 x_6	家庭非农业收入/家庭总收入	0.51
	非农技能 x_7	0 没有非农技能;1 有非农技能	0.21
外部约束	参加农村保险 x_8	0 没有参加农村保险;1 参加了农村保险	0.68
	土地流转政策认识 x_9	0 不了解土地流转政策;1 了解土地流转政策	0.92
	土地流转中介组织 x_{10}	0 没有中介组织;1 有中介组织	0.34

通过应用 SPSS 17.0 对研究区 6 个乡镇 576 个样本数据进行 Logistic 回归分析,并采用 3 种方法对模型进行检验,即:Likehood,Cox&Snell R Square 和 Nagelkerke R Square。Likehood 是似然估计,表达的是一种概率,即在假设拟合模型为真实情况时能够观测到这一特定样本数据的概率。—2Log Likehood 值越大,意味着回归模型的似然值越小,模型的拟合度越差。Cox&Snell R Square 是一种一般化的确定系数,被用来估计因变量的方差比率。Nagelkerke R Square 是 Cox&Snell R Square 的调整值,这两个值越大,说明模型的整体拟合性越好。

通过模型分析,结果见表 7.5。对模型检验得出—2Log Likehood=42.318,Cox&Snell R Square=0.631,Nagelkerke R Square=0.778,模型有较好的拟合性。

表 7.5 模型参数估计

	Variables	转出意愿			转入意愿		
		B	Sig.	OR 值	B	Sig.	OR 值
主事者属性	文化程度 x_1	3.241	0.264	8.932	−20.143	0.982	8.327
	年龄 x_2	−1.724	0.178	17.210	−1.693	0.024**	7.674
	职业 x_3	7.125	0.022**	0.105	−23.262	0.018**	0.484
家庭特征	土地预期收益 x_4	−0.962	0.346	1.177	−1.524	0.087*	1.856
	家庭劳动力数 x_5	−17.287	0.008***	1.762	12.893	0.043**	1.509
	非农收入比例 x_6	7.613	0.031**	1.896	−49.782	0.022**	6.529
	拥有非农技能 x_7	16.334	0.067*	8.311	−26.133	0.268	3.079
外部约束	参加农村保险 x_8	3.361	0.004**	2.399	−5.382	0.347	1.366
	土地流转政策认识 x_9	1.468	0.447	5.597	−3.531	0.169	0.851
	中介组织 x_{10}	5.012	0.021**	2.024	4.341	0.003***	0.007
	Constant	−5.318	0.421	9.790	6.421	0.934	2.606

注:*表示在 10%的显著水平;**表示在 5%的显著水平;***表示在 1%的显著水平。

从表 7.5 分析结果可得：首先从家庭主事者属性上看，主事者的文化程度(x_1)在转入意愿和转出意愿两方面都不具有显著性。主事者的年龄(x_2)与转出意愿不具备显著关系，与转入意愿在 5% 水平呈显著负相关，即年龄越大其转入意愿越弱。主事者的职业(x_3)与转出意愿在 5% 水平显著正相关，分析其原因为主事者从事第二、三产业能够经常去大城市或者沿海城市，从而了解到更多信息，具有较强烈的非农化意愿而愿意进行农地流转；同时，主事者的职业与转入意愿在 5% 水平显著负相关，表明以农业为主要生活来源的主事者更愿意转入土地经营以增加其收入，提高生活水平。

其次，从客观因素上看，土地预期收益(x_4)与转出意愿不具有统计学意义，相关关系不显著，但对转入意愿却呈显著正相关，即农户对拥有的土地的预期收益越高，便越愿意转入土地。土地预期收益高，增加了农户生产的积极性，更愿意转入土地获得更多的经济收益。家庭劳动力数(x_5)与转出意愿在 1% 水平具有显著负相关，即家庭劳动力人口越少，转出意愿越强，其中的原因是家中劳动力没有足够能力经营自家土地，愿意转出土地；而家庭劳动力数与转入意愿在 5% 水平呈显著正相关，主要原因是部分企业和农业大户具有劳动力优势愿意转入土地进行规模经营。非农业收入比例(x_6)在 5% 水平与转出意愿呈显著正相关，与转入意愿呈显著负相关，说明家庭非农收入比越高，转出意愿越强；反之越低，转入意愿增强。其原因是非农业收入高的农户家庭逐步从第一产业转向二、三产业，对土地依赖逐渐降低；而家庭收入以农业收入为主的，其对土地依赖性强，转入土地经营能增加家庭收入。拥有非农技能(x_7)和转出意愿在 10% 水平具有正相关关系，表明拥有非农技能的农户更倾向于转出土地，他们拥有更多的就业机会和就业选择，能够获得比单一种田更高的经济收入，因此，他们更愿意凭借自己的一技之长在外赚取更多薪水，从而会选择将土地转出。

最后，从外部特征来看，参加农村保险(x_8)和转出意愿在 1% 水平显著正相关，与转入意愿不具有相关性。表明参加社保能够弱化土地的保障功能，刺激农户转出土地。对土地流转政策的认识(x_9)与转入或转出意愿不具有显著相关关系。文章从土地流转中介组织(x_{10})着手调查对流转意愿的影响，结果表明土地流转中介组织与转入或转出意愿分别在 1% 和 5% 水平呈显著正相关。有土地流转中介组织，相关信息更加对称、公开透明，农户进行土地流转更加便利，他们就更愿意流转。

综上可得，在主事者属性、客观因素、外部约束三个方面 10 个指标中，主事者职业、非农收入比例、非农技能与转出意愿具有显著正相关关系。从主事者职业来看，离土农民的转出意愿相对较高，是由于他们对土地依赖性不强，土地对他们来说可有可无。而半工半农的农户和纯农户的转出意愿不高，半工半农的农户是想把土地作为一种后备生活保障，在没有合适的务工机会时可以回家继续务农维持生活；纯农户则依靠土地生活，更愿意转入土地获得更高的收入。从非农收入比例和非农技能分析，非农收入比例大，具有非农技能的农户更愿意去城市生活寻求更好的发展而不愿留在农村，其中有部分农户已经有足够能力在城市生活，所以这部分农民愿意将土地全数转出；而另外一部分农户则是去城市寻求更好的就业机会提高生活质量，他们也愿意在转出土地的同时保留少量土地备用。那么这些转出土地进入城市的农民能否成功转化为市民呢？

3. 农民工市民化指数的构建

由 Logistic 模型可得，半工半农的农户和纯农户的转出意愿不强，而离土农民的转出意愿较为强烈。一般来说，转出土地的农民只有在他们已经完全能够脱离农业进入非农就业时，他们才肯完全放弃土地,如果他们的非农就业或非农就业收入没有稳定可靠的保障,他们是不肯轻易放弃作为最后保障的土地的。这也是导致两者转出意愿差异的原因,半工半农的农户所获得的非农就业机会不多抑或说他们的非农收入不稳定,因此他们是想把土地作为一种后备生活保障;纯农户则完全依靠土地生活,更愿意转入土地获得更高的收入。离土农民的转出意愿之所以强烈,主要是因为他们拥有非农技能,在城市有一定的关系网和社会经历,他们能获得更多的非农就业机会。且离土农民自身也希望能够从农村中脱离出来,进入城市赚取更高的经济收入、获得更好的发展,能够在城市安居乐业,转化为市民。那么这部分进城农民是否能够成功转化为市民呢?为此利用农民工市民化指数的构建,从而了解到进城农民工转化为市民的真实情况。

(1) 模型设计

农民工市民化指数的构建涉及指标权重的确定,以下采用层次分析法(以下简称 AHP)处理该问题。AHP 是由美国匹兹堡大学教授萨蒂(Saty)提出的一种模拟人的分析、判断以及决策过程的系统分析方法。该方法被广泛应用于多指标综合评价模型中,其基本思路是:根据问题的性质和要求达到的总目标,把问题层次化,建立起一个有序的递阶系统,将系统分析归结为最低层(决策对象、方案、措施等)相对于最高层(总目标)的相对重要性权重的确定问题。AHP 建模大体上可按四个步骤进行:

① 建立递阶层次结构模型;
② 构造出各层次中的所有判断矩阵;
③ 层次单排序及一致性检验;
④ 层次总排序及一致性检验。

(2) 指标构建

在构建农民工市民化指数上主要选择了四方面的指标,分别为:

① 生存职业指标;
② 社会身份指标;
③ 自身素质指标;
④ 意识行为指标。

建立的指标体系见表 7.6。

表 7.6 农民工市民化指数表

一级指标	二级指标	三级指标	
生存职业的市民化 (X)	工资收入	相对收入(农民工收入/城市居民人均收入)	X_{11}
	社会保障	是否参保(是 1,否 0)	X_{21}
	劳动强度	日均工作小时数/8 小时	X_{31}
	就业情况	是否失业(是 0,否 1)	X_{41}
社会身份的市民化 (Y)	主观身份	自我身份认同	Y_{11}
		成为市民的主观愿望	Y_{12}
	社会身份	城市社会对农民工身份的认可	Y_{21}

续表 7.6

一级指标	二级指标	三级指标	
自身素质的市民化（S）	教育程度	农民工受教育年限/城市居民受教育年限	S_{11}
	职业培训	是否参加过职业培训（是 1,否 0）	S_{21}
	社会资本	是否使用过关系（是 1,否 0）	S_{31}
	务工经验	按务工年限赋值（0~1）	S_{41}
意识行为的市民化（T）	居住情况	居住时间（每年在城市务工月数/12）	T_{11}
		居住条件（住房类型）（赋值 0~1）	T_{12}
	未来打算	未来打算（留城 1,回乡 0）	T_{21}
	生活方式	娱乐消费（娱乐支出/工资收入）	T_{31}

如表 7.6 所列，构建了农民工市民化测度的三级指标体系。二级指标为一级指标的细分，三级指标为二级指标的解释或替代指标。下面对指标体系的选取与赋值进行说明：

① 生存职业指标。

在生存职业方面，农民工的市民化是指其职业由次属的、非正规劳动力市场上的农民变成首属的、正规劳动力市场上的非农产业工人。由于农民工群体层面的市民化进程，是把农民工群体置于城市市民的"对立面"，反映的是他们"离市民还有多远"。因此，选取了相对于城市市民收入的相对收入指数；社会保障指标的选择主要是考虑农民工在城市就业时社会保障制度对他们的影响；劳动强度则反映他们工作的环境，由于农民工通常加班加点，这里用他们每天平均工作小时数除以法定工作 8 小时，值大于 1（包括 1），则取 1，若小于 1，则取实际值；就业情况用他们"是否曾经失业"（否＝1）来反映他们在城市找到工作的概率。

② 社会身份指标。

在社会身份方面，户籍变化固然重要，但仅户籍上由"农民"变为"市民"，远不能表明农民工真正在社会身份上变成了市民，而更多取决于农民工怎么看待自己的身份，以及打工地城市的市民如何看待他们的身份。

据此，主要从两个方面对社会身份的市民化进行阐释：一是农民工自身对自己的身份的判断，即主观身份认同；二是城市市民对农民工身份的判断，即城市市民是把农民工作为"农民"，还是作为"城市发展不可缺少的产业工人"。

③ 自身素质指标。

选取四个二级指标用于衡量在生存职业方面农民工市民化的程度。教育程度 S_{11} 的赋值为农民工受教育年限/城市居民受教育年限；职业培训 S_{21} 的赋值为是否参加职业培训（是 1,否 0）；社会资本 S_{31} 的赋值为是否使用过关系（是 1,否 0）；务工经验 S_{41} 的赋值为不足 1 年设置为 0.2,2~5 年为 0.5,6~9 年为 0.8,10 年以上为 1。

④ 意识行为指标。

意识行为的市民化由他们的生活方式以及未来的留城意愿反映，居住情况由在城市居住时间与居住条件来说明，前者用每年在城市工作时间替代（在城市工作的人绝大多数在城市居住），并表示为每年在城市务工月数/12；后者用住房类型来反映。关于住房类型，设置方法为：自购房为 1，租房为 0.65，单位宿舍、寄住亲戚朋友家为 0.5，单位工棚和自搭简易房为 0.25，其他为0。在"未来的打算"中,"倾向于留城"为1,否则为0。而生活方式则计算"娱乐支出/工资收入"的值。

(3) 指标组合及数据处理

如前所述,将要构建的农民工市民化指数是四大指标的加权平均。按照这种思路,农民工市民化指数将呈现下述形式:

$$L = \eta_1 X + \eta_2 Y + \eta_3 S + \eta_4 T \tag{7.2}$$

式(7.2)中,η是各指标的权重,$\eta>0$,$\eta_1+\eta_2+\eta_3+\eta_4=1$。权重的确定是采用AHP法,分别对各级指标的重要性进行两两比较和科学计算,最终确定多层次指标体系中各指标的权重。据此得到整个指标体系的权重分配,见表7.7。

表7.7 农民工市民化指标体系权重分配表

一级指标	权重	二级指标	权重	三级指标	
生存职业的市民化（X）	0.458	工资收入	0.311	相对收入(农民工收入/城市居民人均收入)	X_{11}
		社会保障	0.409	是否参保(是1,否0)	X_{21}
		劳动强度	0.044	日均工作小时数/8小时	X_{31}
		就业情况	0.236	是否失业(是0,否1)	X_{41}
社会身份的市民化（Y）	0.250	主观身份	0.429	自我身份认同	Y_{11}
			0.143	成为市民的主观愿望	Y_{12}
		社会身份	0.428	城市社会对农民工身份的认可	Y_{21}
自身素质的市民化（S）	0.146	教育程度	0.300	农民工受教育年限/城市居民受教育年限	S_{11}
		职业培训	0.300	是否参加过职业培训(是1,否0)	S_{21}
		社会资本	0.100	是否使用过关系(是1,否0)	S_{31}
		务工经验	0.300	按务工年限赋值(0~1)	S_{41}
意识行为的市民化（T）	0.146	居住情况	0.564	居住时间(每年在城市务工月数/12)	T_{11}
			0.055	居住条件(住房类型)(赋值0~1)	T_{12}
		未来打算	0.263	未来打算(留城1,回乡0)	T_{21}
		生活方式	0.118	娱乐消费(娱乐支出/工资收入)	T_{31}

(4) 农民工市民化指数应用

以下将对农民工市民化指数进行计算(见表7.8),数据来源于本次调查数据,2013年川、滇、黔三省的统计年鉴以及国民经济和社会发展统计公报等相关数据。

表7.8 农民工市民化指数赋值

数据名称		农民工总体
相对收入(农民工收入/城市居民人均收入)	X_{11}	0.1015
是否参保(是1,否0)	X_{21}	0.0641
日均工作小时数/8小时	X_{31}	0.6400
是否失业(是0,否1)	X_{41}	0.2071

续表7.8

数据名称		农民工总体
自我身份认同	Y_{11}	0.3014
成为市民的主观愿望	Y_{12}	0.6026
城市社会对农民工身份的认同	Y_{21}	0.0835
农民工受教育年限/城市居民受教育年限	S_{11}	0.2147
是否参加过职业培训(是1,否0)	S_{21}	0.1045
是否使用过关系(是1,否0)	S_{31}	0.1127
按务工年限赋值(0~1)	S_{41}	0.5013
居住时间(每年在城市务工月数/12)	T_{11}	0.4167
居住条件(住房类型)(赋值0~1)	T_{12}	0.1013
未来的打算(留城1,回乡0)	T_{21}	0.1572
娱乐消费(娱乐支出/工资收入)	T_{31}	0.0531

表7.9计算了农民工总体的市民化指数。表中显示农民工市民化进程的指数并不高,仅有20.43%,即100个农民工最终只有20个能够留在城市拥有稳定而体面的生活,成功转化为市民。这说明城市的容纳力及承载力都很有限,并不能吸收所有的农民工,为他们提供充足的就业机会,让他们在城市里安家立业。因而农民工转化为市民无论是从他们"所从事的职业"还是"身份"等方面都还存在很大的差距。

表7.9 农民工市民化指数

指　　数	农民工总体
生存职业指数(X)	0.1349
社会身份指数(Y)	0.2512
自身素质指数(S)	0.2575
意识行为指数(T)	0.2882
市民化指数(L)	0.2043

由上述Logistic模型可知,职业、非农收入比例、非农技能与农民转出意愿具有显著正相关关系。从事二、三产业,以非农收入为主,具有非农技能的农民更倾向于转出土地,转出意愿强烈。一方面是因为城市优越的生活环境和生活条件以及更多的就业机会对他们有强烈吸引力;另一方面是因为他们自身对土地的依赖性弱,土地已不再是他们生存的必需保障,且这部分农民大多为离土农民。且实地调查得知,当前80%的农民愿意将自己的土地转出,使自己从土地中解放出来,进而进城挣取更高的经济收入。如此多的农民想涌入城市,在城市安家立业,而事实却证实100个农民工中仅有20个能够留在城市,过上稳定体面的生活,从职业、身份等方面真正转化为市民。这表明大多数农民工是无法在城市站稳脚的,即使留在了城市也是处于失业或半失业状态,这部分农民工最终还是要回到农村,那么土地就成了他们最后的退路、再就业机会和生活保障。如果切断了这些返乡农民工的退路,势必会产生一系列社会问题。加之,近年来我国跻身于中等收入国家行列,社会的不稳定因素迅速增加,返乡农民工又

失去了赖以生存的"一亩三分地",这无疑是雪上加霜。因此,在城市化快速发展的今天,农户之间的自发土地流转是具有合理性的,因地制宜的适度规模的流转是符合当前现状的,农民的兼业行为是他们在考虑了自身资源禀赋以及周围环境等因素下的理性选择和最优选择。

7.2.5 社会后果

由上可知,虽然农民流转意愿强烈,但市民化程度却较低,返乡是农民的退路;同时,由于农村保障制度的不完善,土地对农民的保障作用尤为突出;企业虽然流转了土地,但去粮化和非农化的趋势却比较严重,同时,也会造成农民的"失地化",这势必会对我国的粮食安全产生影响,甚至影响到我国社会的稳定和发展。下面就土地流转可能产生的社会后果进行详细的分析。

1. 失地化趋势

在土地流转过程中,农民在流转期限内将会失去土地的经营权,他们只能够脱离土地,从事其他行业的生产,难以参与自己所承包土地的收益分配,这样就使农民走向"失地化"。在我国农村土地制度的约束下,农民是集体的一分子,也就拥有土地的一部分所有权,也拥有土地的承包权,流转出去的只是暂时的经营权,所以不是彻底的失地化,而是"半失地化"。然而在调查研究中发现,很大部分农民为兼业农户(半工半农),还有流转其他农户土地的中等经营规模农户,一旦土地被"强制"流转,他们将失去土地,兼业农户将失去农业的这条"拐杖",而中等经营规模农户也将不得不出去务工,他们所得到的补偿仅仅只是土地的流转费用,这远远低于他们自己从事农业所取得的收入,造成生活质量下降。由此可见,土地的经营权对大部分农民来说还很重要。

由图 7.3 可以看出,在被调查者中,47%的农民认为没有土地是不能保障生活的,而有 11.3%的农民则认为即使没有土地也能保障自己的生活,另外有 41.7%的农民则表示不清楚。绝大部分的人认为土地能对自己的生活起到保障作用,只有 11.3%的小部分人认为,土地没有保障作用。而这 41.7%的农民之所以不清楚的原因在于,他们还需要农业这一条退路,一旦在目前支撑家庭的收入来源缺失之后,还有土地来保障生活,更不用说另外 47%认为没有土地不能保障生活的那部分农民。如在农村中占多数的兼业农户和中等经营规模农户,之所以选择农业是他们基于现实条件下的最优选择,兼业农户可以获得比单纯务工和农业更多的收入,而中等经营规模农户也可以获得相对而言更多的利益。

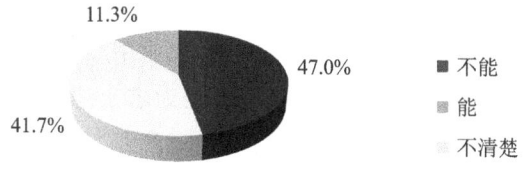

图 7.3 土地保障态度

在李端镇新和村便有这样的一个实例,周大哥今年 43 岁,儿子已经外出务工,独立生活;家中老母亲 82 岁需要照顾,所以他不得不回到农村照顾老母亲。他承包了 11 亩的土地,因为农村市场信息不对称,不知道种植什么经济作物,所以现在均种植粮食作物(曾种植过柑橘,但是卖不出去),为一个典型的处于特殊家庭周期的中等经营规模农户案例。

需要土地来保障生活,还有另外一个原因,那便是养老保险不健全。由图 7.4 可以看出,55.6%的农民买了养老保险,有 44.4%的农民依然没有买养老保险。图中显示,超过半数的农民已经拥有了养老保险,但在现有国情下,中国农村地区广布,农民众多,44.4%的农民没有养老保险,在老龄化严重的中国,足以成为巨大压力。也许我们会乐观地看到已经有 55.6%的农民买了养老保险。也就是说,过半的农民解决了自己的养老问题。但是事实并非如此,在访谈调查中获悉,农民渴望的养老保险被他们直观地解释为每月 55 元的养老金。随着中国经济的高速发展,伴随而至的除了经济繁荣外还有物价上涨的现状,所以每月 55 元的养老金是微不足道的。可以试想一下,用 55 元生存一个月的情景。实地调查中,农民表示"55 元怎么够哦,还是要自己种地才够吃。"那么,可以说,城市居民拥有养老保险、失业保险等社会保障,而农民没有,农民唯一拥有的是土地,土地于农民的保障作用相当于社会保障对于居民的保障功能。

图 7.4 购买养老保险的比例

如此,大规模土地流转后,"失地"农民就只能选择进城务工。自加入 WTO 以来,中国融入世界经济的大潮流,市场经济在带来机会的同时,附加的是包括失业在内的各种风险。农民工处在制度与市场的双重边缘化中,并且这种农民工的边缘化现象将长期存在。要想让农民工融入城市,需要经历一个漫长的过渡阶段。那么,是否应该思考可能出现的问题和解决问题的退路?巴西和印度等发展中国家出现的贫民窟现象,以及我国出现的工人跳楼、飞车撞人、黄赌毒等现象都给人以警示。同时,不要忘了我国在这之中起着关键性调节作用的土地。我国没有出现如印度、巴西那样的贫民窟也主要是因为打工者有地。正因为有地,打工的农民工就能进得去城也回得去村。所以,在这个农民工还无法轻易融进城市且这种现象还会长期存在的过渡阶段,土地作为农民的退路,有必要长期稳定农民的土地承包经营权。这样,哪怕农民在城市中遇到困难也能"回得去"。

2. 非农化趋势

我们所研究的农地非农化就是在土地流转中,将农业用地非法或者是强制转化为建设用地。我们都知道,资本是逐利的,大规模土地流转就是为求土地利益最大化的表现(笔者认为小规模的自发土地流转更为适合),不过,农业属于第一产业,从本质上盈利空间很小,甚至可以说农业是"无利可图"的。那么企业进村进行大规模土地流转为在资本的逐利本性的驱使下私自把土地他用,如发展为观光农业、鱼塘、房产及其他建设用地,从而直接导致农地"脱农",走向农地的非农化。据农业部相关统计,截至 2012 年底,全国家庭农场经营耕地面积达到 1.76 亿亩,占承包耕地面积的 13.4%;土地流转中,流入农民合作社的占 15.8%。然而,截至 2012 年底,我国土地流转中流入工商企业的面积为 2 800 万亩,比 2009 年增加了 115%,占流转总面积的 10.3%,尽管总量不高但增速显著。张桃林认为,一方面是担心强势工商资本的进入会对农民造成损害,挤压他们的利益空间;另一方面则是由于工商资本具有更加强烈的趋利冲动,担心由此造成大量耕地"非农化"。张红宇也表示,从调查看,一些地方土地流转后"非粮化"倾向明显,有的甚至用来搞休闲度假村和房地产开发等"非农"建设。这势必危及18亿亩的耕地红线,给国家粮食安全带来巨大隐患,必须高度重视。在实地调查研究中也发现,大规模土地流转导致农地非农化绝非是杞人忧天。下面就宜宾的龙头山镇的流转情况进行说明。

龙头山在土地流转的政策背景下,一、二队全部及三队部分的土地被集体流转。之前的农用土地在流转后大量被用于修建了房屋,还有观光花卉园,为将这些设施进行资本利益的转化,还修建了大量的宽阔道路以方便交通。在龙头山大规模土地流转后,建设用地不断增加,农用地不断减少,龙头山流转土地很大部分已经非农化。当地农民的选择是向龙头山五、六、七队搬迁,如果想继续留下居住则需买房,说是有一定补贴,但已经搬迁的农民反映是,都是农民中的精英及富人才能买得起,对于大部分普通的当地农民还是不现实的。搬迁农民得到的利益补偿不能和他们拥有的土地所获得的各种利益相提并论。特别是对其中原本就是靠大量种地来生存的农民来说,更是一种生存的挑战,他们的境况正在每况愈下。当然,对于大规模流转方来说这确实是最佳选择,达到了资本的逐利预期。

这说明大规模土地流转将造成的非农化社会后果不容小觑。我们应该警惕大规模土地流转给农业用地带来的非农化问题。在各路资本下乡加入土地流转的背景下,农业部也有强调"非农化"的底线。张红宇表示,土地流转"非粮化""非农化"与家庭农场本身没有必然的关系,耕地不管流转到哪个主体都不能"非农化",这个政策是坚定不移的。

大规模土地流转目的在于向农业现代化发展,提高农业产量,解放生产力和劳动力。然而在资本逐利的本性下的非农化却事与愿违。某种程度上说,反而基于小农的自发的小规模土地流转实现了各种因素下的农业生产方式的最优。要在现阶段就大力推进大规模的土地流转将是一个值得深思的问题。

3. 加剧去粮化趋势

以四川为例,国家统计局四川调查总队的数据显示:2011年,四川省的粮食产量为3 291.6万吨;2012年产量为3 315万吨;2013年产粮3 387.1万吨。2013年,四川省粮食产量位居全国第六,由此可见,四川是我国的产粮大省,然而流转之后却出现了以下情况。

大规模流转下的土地可分为两种情况:一种是种植大田作物,即粮食作物;另一种是去粮化,即包括种植经济作物和转为建设用地。

先来看第一种情况,承包土地种植大田作物,从开始土地流转到土地生产这一条时间轴线来分析。公司拿到土地,首先就是对土地进行平整,化零为整,从而方便机械化耕作,达到降低生产成本的目的。其次,在播种、插秧时,不能太过密集(受收割机限制,太密集会导致收割时产生大量损耗),从而单产不如农户自己种植。最后,在收割时,一旦出现恶劣天气,水稻出现倒伏等现象,由于机械收割是不能对倒伏的水稻进行收割的,从而损耗要高出农民手动收割很多。还有一个贯穿始终的问题,那就是雇工。在调查中,一位姓陈的农户这样说道:"如果一斤粮食按一元钱算,那么其中4毛钱是种子、肥料等成本,要雇工的话还得另花5毛钱,最后只剩下1毛钱的收入,这1毛钱收入中农民还要承担风险。"把这个推广到大规模种植之中,即使有一定偏差，但大规模流转还会涉及地租问题。由此可见，大规模流转后种植大田作物，盈利空间太小（其中还包括农机购置、谷仓修建等其他投资，这里就不做讨论了）。

所以现在市场上规模流转后的土地一般都不会种植大田作物，即第二种情况较多。公司资本下乡，进行规模流转主要有以下三个动机：一、借政府开展特色农业、发展观光农业的政策支持，将一部分土地拿来修建住房，进行销售；二、进行"圈地"，截取国家的粮食补贴；三、获得政府的承诺，以获取项目的优先交易权。

现在很多公司进行规模流转都是发展特色农业，形成规模之后，便开始制造噱头，发展观光农业。最后利用规模流转可将一部分土地转为建设用地的法律空隙，将这一部分土地用于修建别墅等，吸引其他地方的人来购买、居住。这是一个流转土地后普遍的套路。根据贺雪峰（2010）的观点，诸如水果蔬菜、药材、花卉等高价值的经济作物，因为消费有限，而产量近乎无限，全国耕地中，注定只能以不超过10%的比例来种植这类经济作物，超过这个比例，在市场需求有限的情况下，经济作物的价格就会发生大的波动。也就是说商家即便种植了很多，但实际收益是不会随着产量的增加而增长的。"圈地"也是现在一些公司流转的主要动机，由于国家政策，对农业的补贴也越来越多和丰富，一部分公司便利用这个机会，截取国家对农业、农民的补助。而政治承诺则是指，规模土地流转可以作为一些基层政府的政绩，但是公司都是逐利的，土地流转之后不赚钱，谁还会来流转。于是进行规模流转的部分公司，便会得到基层政府的一个"隐形"的政治承诺，即便在农业生产领域中亏本，也可以从其他渠道中补回来，并且会获得更大的政策优惠。

在宜宾市凉姜乡和思坡乡便有这样的案例，小李大学毕业后，筹得资金500万元，在凉姜乡承包土地333亩，用于草莓的种植，发展采摘型旅游；思坡乡临江村A公司进来后，同样大力发展"鱼塘＋水果"模式，将大量土地开垦为鱼塘，发展"采摘垂钓乡村旅游"。（就研究区域来看，还没有出现企业或者个人承包大量土地之后用于大田作物种植的。）

A公司现准备在已有硬化土地基础之上，新添硬化土地，修建住房以便利旅游产业的发展，拟在园区外围修建一条硬化的自行车道。然而一个不可忽视的问题出现了，承包期一到，这些土地又该如何反垦。鱼塘和硬化地的反垦，现在成了被承包农户心里的一根刺，万一公司跑了，农民又该找谁？无法反垦的土地势必又将造成农民的无产化，由此可见无产化、非农化、去粮化三者之间是互相联系和交叉的，只是各自的侧重点不一样罢了。

正是由于规模流转后的去粮化现象突出，那么如何利用好这18亿亩耕地来保证我国的粮食安全，便是一个不得不正视的问题。

上面已经说到大规模土地流转因资本的逐利性使其向非粮产业发展，影响粮食产量。而其接下来产生的间接或者说后期影响则是土地生产能力受损。大规模土地流转就是希望通过规模经营获得规模效益，这是种粮与否都不能改变的根本立足点。所以，我们对土地流转规模化经营对土地生产能力的影响进行如下讨论。

在实地调查研究中，有大规模土地流转的地方并未获取土地流转的规模经济效益，资本家都会有渠道修建、地表修整、道路建设的行为，有的甚至修建厂房，而这些带来的地貌改变、土质变化，使得土地生产能力无法回到从前。土地生产能力被破坏后的修复是极其困难的。也就是说，如果大规模土地流转破坏了土地的生产能力，恢复极难。

中国人多地少，要想通过外部供给来实现粮食供给是很不安全的，所以，几亿农民的长期粮食自给对中国粮食安全做出了巨大贡献。为了更详细地了解农村粮食自给状况，我们在实地调查中收集了大量相关数据。

从图7.5中可以看到,粮食完全自家供给占到48.5%,部分买部分自家供给占到21.8%,完全靠买占到19.5%,部分出售部分自给占到10.2%。由此可见,58.7%的农户完全实现了粮食自给,其中10.2%的农户还能有部分出售,只有19.5%的农户需要完全靠买。也就是说,绝大部分的农户自己解决了自己的吃饭问题,但如果这种状态被打破,这部分农民不但无自给,还要求外部提供粮食保障,那将是一个难以想象的局面。

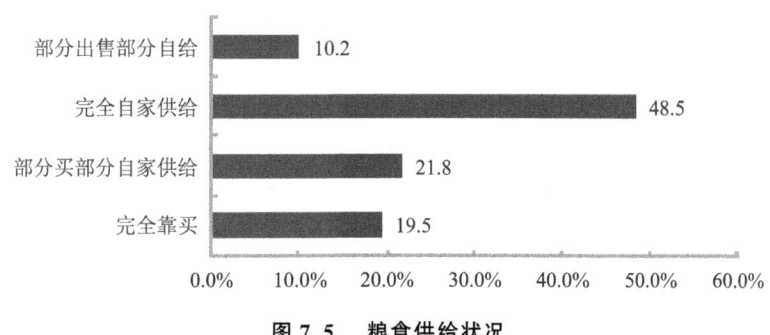

图7.5 粮食供给状况

大规模土地流转,是打破农村现有粮食供给状态的风险因素。大规模土地流转的推行,将农民手中的土地流转出来,他们只能靠买粮,而大规模土地流转能否保障粮食供应是一个值得慎重考虑的事情。中国农业大学文学与发展学院王晓东教授2012年在《对"农地流转有利于保障粮食安全"的质疑》中说到:农地流转不利于增加粮食产量;农地流转不能保证粮食的稳定供给;农地流转不能保证粮食的合理分配。因此,可能产生大量失地农民从而威胁社会稳定。由此可见,土地流转与粮食安全密切相关。

7.2.6 结论与建议

1. 结 论

综上所述,本研究转换了以往专注于推广大规模土地流转的视角,而是从小农立场来研究、分析推行大规模土地流转的可行性。通过实地走访调查,从当前土地流转现状、农民土地流转意愿分析、农民工市民化概况、土地流转的社会后果四方面来综合研究、论证基于小农立场的规模化土地流转的合理性。

土地是农民最大的社会保障,土地不仅能够解决农民的就业、生存问题,还能起到养老的作用。当前我国社会保障体系还不够健全,医疗养老制度还不够完善。医疗保险虽已覆盖整个农村,但养老保险在农村覆盖面很小。因此,土地对于农民来说仍然很重要,起着社会保障的功能。大规模土地流转要想通过种粮而获得高效益是很困难的,资本的逐利性将催生非粮化的问题,这会使耕地面积锐减,严重威胁耕地安全和粮食安全。

农村劳动力在向非农产业转移的过程中,其身份和地位都处于一种极不稳定的状态。调查研究显示,农民工市民化进城指数并不高,城市对劳动力的需求量和承载力有限,无法容纳所有的农村剩余劳动力的转入,他们中绝大部分是无法转化为市民的。绝大多数农民工最终还是要回到农村,土地则成为他们回归农村的退路和保障。他们的就业和生存都将依赖自己的"一亩三分地",大规模农地流转存在使农民失地的风险,这样返乡农民工就陷入进退两难的地步。而农户自发的小规模土地流转,在农村熟人社会的规则下正常运转,对农民起着保障作用。在调查研究中发现,农耕文化、村社文化和农村熟人社会与土地流转之间的关系还有待进一步研究和更深刻的探讨。

2. 建议

(1) 因地制宜,分批推进

在调查区域,近郊地区距市中心近,经济发展潜力大,农民素质相对较高,进城生活转化为市民的可能性更大,土地流转变现能力更强,愿意投资近郊的企业更多。针对以上情况,近郊地区土地流转市场已经较为成熟,地方政府应跟随市场,鼓励土地流转的进行。较近郊而言,远郊地区经济落后,地理位置偏僻,土地分散。并且远郊农村中留守的大部分是中老年人和妇女,由于年老和文化程度低的原因,无法在城市工作,农民市民化的程度很低,种地成为了他们的选择。农民间自发的土地流转,保证了地有人耕和人有事做,使得资源得到优化配置,一旦地方政府违背市场规律,太过于着急地进行土地流转,势必导致上述的一系列社会后果。所以,地方政府在远郊农村中应该采取的策略是:奖励流转,为规模流转进行热身,对达到一定规模的农户(如20亩)进行奖励性补贴,并可以随着流转面积的增多,酌情提高奖励;对于愿意进行土地流转以发展特色农业的农户,进行政策支持和技术指导。

(2) 完善流转和监督机制

规范土地流转市场,建立和形成规范的中介组织,确保流转信息的对称。加大监督力度,坚持"自愿、有偿、规范、有序"的流转原则。在大规模的土地流转中,可能会产生利益纠纷,这时,则需要政府不断完善土地流转机制和监督机制,维护土地所有者、承包者和经营者的合法权益,保证土地流转市场的规范化和合理化。就调查区域而言,在前期,政府应鼓励成立社会志愿中介组织(如高等院校),接受其参与流转合同的制定,以及对流转过程进行监督。随着土地流转进程不断加快,逐渐形成规范化的中介组织。

(3) 完善农村社会保障机制

建立和完善社会保障机制是经济发展的必然趋势。改革开放以来,我国经济持续发展,但是经济水平仍然不高,受经济水平的限制,逐步建立了以城市为主的社会保障制度。而近几年伴随着我国经济水平的提高,特别是农村经济、基础设施、教育等方面的发展,在推动农村城镇化建设的过程中,也刺激了农村对社会保障机制的需求。而现实的情况是,医疗保险制度已经全面覆盖城镇,养老制度在农村的覆盖率却相对低。这种社会保障制度的"供需"矛盾正是困扰我国农村土地不能进行规模流转的重要原因。这种矛盾具体表现为一方面在农村中占多数的是老年人,他们由于身体原因不能从事农业生产,因此他们对农村的社会保障机制非常渴求;另一方面,社会保障制度没有覆盖农村或是并不完善,土地于他们而言就极其重要,所以,农民不愿意将土地流转出去,想以此维持生计。而这正说明了我国农村中,农民流转意愿高,而流转行为却非常低的现实原因。因此,在解决当前农村土地流转问题时,要大力促进经济发展,逐步完善社会保障制度,扩大医疗保险、养老保险在农村的覆盖面,在一定程度上保障农民的生活,减少农民对土地的依赖性,这样才能顺利进行合理化、规模化的土地流转。

(4) 政府加大扶持力度

增加对农业生产的补助,提高农民收入。我国农村现阶段土地流转遭遇困境的一个重要原因便是农业的比较收益偏低。农民是经济人,他们是理性的,由于农业与外出务工的比较收益差距大,所以大多数农民都不愿意待在农村中耕地,而是选择外出打工,而留在村里的都是老人和孩子。那么,要解决农业收益偏低的问题,就必须降低农业成本,提高农业产量,进而增加农民收入,激发农民从事农业生产的积极性。我国在2003年取消农业税的政策就是降低了农业成本,结果取得了这些年粮食不断增收的效果。而在当前的农村,由于农业生产要素价格的不断上涨,农民从事农业生产的成本不断提高,收入日益减少,从事农业生产的积极性也不断受到打击,农村就出现了土地撂荒而无人耕种的局面。那么,要摆脱农业比较收入偏低的困境,就必须从两方面考虑,一是降低农业成本,二是增加农业产量。在降低农业成本方面,首先政府可以在农村设立专业的农业咨询队伍,采用科学的方法而不是农民依靠传统的经验方法从事农业生产,以此在保障农业产量的基础上来减少农业不合理的投入。其次是加大对农民购买农具的补贴力度,增加政府的报销比例。并且想要加快土地流转,政府应该加强对农民非农技能的培训,培训一些可用的、能切实帮助农民谋生的技能,能让农民脱离土地,进入城市,而城市可创造机会提供更多的工作岗位。

(5) 加大法律宣传力度

积极开展提升农民民主意识的教育活动。加强法律宣传,确保在"政策的最后一公里"不出现问题,提升农民的法律认识度,从而改变农民在土地流转中的弱势地位,提高农民民主意识,使广大农民意识到自己的民主权利。只有提高农民的民主意识,农民才会真正参与到民主管理中去,继而有效维护自身权利,减少法律纠纷,形成有益于流转双方的土地流转。

在村上设立基层宣传机构,每村配备一名独立于基层政府的"乡村律师",由专业律师事务所的律师挂证上班,平时他们不用在村就职,但是要负责每季度对农户进行土地流转的相关法律宣传、对土地流转纠纷的协调与处理,而且为农民提供随时的信息咨询,改变农民的弱势地位,使农民和企业之间达到信息对称。他们直属于市辖区,由市辖区进行工作考核,工资由市辖区发放,与基层政府无利益关系,从而保证公平。

7.3 案例评析

该作品获得第十二届"挑战杯"四川省大学生课外学术科技作品竞赛三等奖。案例选题针对西南欠发达地区的土地流转在现阶段存在的问题,通过田野调查法、饱和经验法、访谈法和文献法对川、滇、黔三省12个乡镇的农村土地流转进行调查,采用Logistic模型及农民工市民化进城指数对数据进行分析,对西南三省的农地流转的现状及农民工市民化进城指数进行研究,对农村土地流转的发展提出建议。本研究首先对农民进城市民化进行研究,根据调查的基本数据汇总分析,在农民的土地流转现状、土地流转意愿、农民工市民化指数和社会后果等方面进行综合数据分析,客观反映出适度规模的土地流转阶段在西南欠发达地区存在的合理性。调查选取的12个乡镇涵盖了三省欠发达地区的代表性地区。学生团队利用周末、节假日等课余时间,深入农村地区开展实地调查和访谈,从四川、云南、贵州三个省份的乡镇农村土地流转情况中,获取了大量的第一手资料。结合三省12个乡镇的实际情况,最终得出结论。

作品针对西南欠发达地区的土地流转在现阶段存在的问题,以川、滇、黔三省12个乡镇的具体情况为例,运用科学的调查方式和规范的分析技术,采用以点带面的方式,对西南欠发达地区的土地流转的发展方式应基于小农立场的规模化土地流转进行论证研究,最终得出结论并提出建议。作品的特色与优点在于:第一,在研究数据资料来源上,以实地调查数据为主,以文献和现有统计数据为辅,能够更为全面地对研究对象的客观规律进行更为准确的反映。为了更好地掌握西南欠发达地区的土地流转发展模式,本研究在现有统计数据和文献政策的基础上,以田野调查法、实地走访为主要形式,深入乡村基层,真实了解西南三省农村土地流转在现阶段存在的问题,可以为政府部门的相关决策提供参考依据。第二,在研究视角的选取上,不仅从政府决策的角度考虑,而且将研究重点放在了当前土地流转现状、农民土地流转意愿分析、农民工市民化概况、土地流转的社会后果四方面,以综合研究、论证基于小农立场的规模化土地流转的合理性,使政府的相关政策措施能够更好地适应西南地区的实际情况,可以为农村社会经济的发展提供更好的指导和帮助。

参考文献

[1] 杨凯,刘敏,等.农村土地流转存在的问题及对策研究——以宜宾市为例[D].宜宾:宜宾学院,2013.

[2] 王德福,桂华.大规模农地流转的经济与社会后果分析[J].华南农业大学学报(社会科学版),2011(2):1-2.

[3] 贺雪峰.论农地经营的规模——以安徽繁昌调研为基础讨论[J].南京农业大学学报(社会科学版),2011.11(2):5-8.

[4] 侯胜鹏.基于粮食安全下的土地流转分析[J].湖南农业大学学报(社会科学版),2009.1:9.

[5] 万广华,程恩江.规模经济、土地细碎化与我国粮食生产[J].中国农村观察,1996(3):3-7.

[6] 官兵.管庄的土地转包[J].社会学研究,2004(1):6-8.

[7] 张曙光.土地流转与农业现代化[J].管理世界,2010(7):9-14.

[8] 聂建亮,钟涨宝.土地流转策略选择与资源动用——基于云南省W村的个案调查.[J]南京农业大学学报(社会科学版),2013.13(2):8-13.

[9] 冯小.资本下乡的策略选择与资源动用——基于湖北省S镇土地流转的个案分析.[J]南京农业大学学报(社会科学版),2014(1):12-16.

[10] 钟涨宝,聂建亮.论农地适度规模经营的实现[J].农村经济,2010(5):14-20.

[11] 贺雪峰.土地流转意愿与后果简析[J].湛江师范学院学报,2009(2):1-5.

[12] 钟涨宝.中介组织在土地流转中的地位与作用[J].农村经济,2005(3):6-9.

[13] 郭亮.不完全市场化:理解当前土地流转的一个视角——基于河南Y镇的实证调查[J].南京农业大学学报(社会科学版),2010.10(4):11-13.

[14] 武义青,刘孟山.推进新型自耕适度规模经营的思考[J].经济与管理,2009(6):18-20.

[15] 贺雪峰.取消农业税后农村的阶层及其分析[J].社会科学,2011(3):6-8.

[16] 刘传江,程建林,董延芳.中国第二代农民工研究[M].济南:山东人民出版社,2009(4):89-95.

[17] 刘成玉,杨琦.对农村土地流转几个理论问题的认识[J].农业经济问题(月刊),2010(10):18-20.

[18] 黄丽萍.东南沿海农地承包经营权连片流转探析——基于浙江、福建和广东三省的调查[J].农业经济问题,2009(8):5-9.

[19] 林建伟.关于土地承包经营权流转问题的若干思考——以农民集体与农民的关系为视角[J].福建论坛(人文社会科学版),2009(11):20-36.

[20] 李力行.合法转让权是农民财产性收入的基础——成都市农村集体土地流转的调查研究[J].国际经济评论,2012(2):2-6.

[21] 刘双良,马安胜,姜志法.集体建设用地流转的困境及其突破路径[J].现代财经,2009(10):3-5.

[22] 李新安.加速农村土地使用权流转的对策探讨[J].青海社会科学,2004(4):7-12.

[23] 郭立建.健全农民土地承包经营权流转机制研究[J].科学社会主义,2007(1):9-16.

[24] 叶鹏.江苏省农地承包经营权流转的调查[J].经济纵横,2009(8):5-13.

[25] 黄廷廷.论导致农地规模化的几种因素——兼谈我国农地规模化的对策[J].经济体制改革,2010(4):2-8.

[26] 罗建朝.论农地流转市场化与农民职业保障社会化的政策[J].河北学刊,2000(5):11-13.

[27] 蒋玲珠.农村耕地抛荒的原因分析[J].中国统计,2004(12):21-27.

[28] 蒲艳萍,黄晓春.农村劳动力流转对农业生产的影响[J].南京师大学报(社会科学版),2011(3):8-17.

[29] 陈金明,吴淑娴.农村土地流转:目标、问题与对策[J].江西社会科学,2010(3):1-6.

[30] 杨昊.农村土地流转驱动因素与制动因素分析及其建议[J].林业经济,2009(10):13.

[31] 刘莉君.农村土地流转与适度规模经营研究[J].求索,2010(3):3-5.

[32] 徐嘉鸿.农村土地流转中的中农现象——基于赣北Z村实地调查[J].贵州社会科学,2012(4):4-7.

[33] 朱建军,郭霞,常向阳.农地流转对土地生产率影响的对比分析[J].农业技术经济,2011(4):5-9.

[34] 樊万选,郭立义.农地使用权流转的市场化配置研究[J].中州学刊,2009(2):7-8.

[35] 何京蓉,李炯光,李庆.农户转入土地行为及其影响因素分析——基于三峡库区427户农户的调查数据[J].经济问题,2011(8):2-7.

[36] 钟怀宇.农业比较收益与农地流转根本性制约因素[J].经济与管理研究,2009(3):11-16.

[37] 石胜尧.土地承包经营权的继承:流转的依据与对策[J].中国土地科学,2010(1):12-14.

[38] 蒋永穆,杨少垒,杜兴端.土地承包经营权流转的风险及其防范[J].福建论坛(人文社会科学版),2010(6):6-15.

[39] 闫岩,李放,唐焱.土地承包经营权置换城镇社会保障模式的比较研究[J].经济体制改革,2010(6):11-13.

[40] 王国敏,卢婷婷.我国粮食安全面临的复杂矛盾[J].社会科学研究,2011(5):20-27.

[41] 杨光.我国农村土地承包经营权流转的困境与路径选择[J].东北师范大学学报(哲学社会科学版),2012(1):21.

[42] 宋伟,倪九派.基于农户调查的农用地流转影响因素研究——以重庆市典型区(县)为例[J].中国人口·资源与环境,2011(S1):8-13.

[43] 方文.农村集体土地流转及规模经营的绩效评价[J].财贸经济,2011(1):2-4.

[44] 洪名勇,关海霞.农户土地流转行为及影响因素分析[J].经济问题,2012(8):2-7.

[45] 杨万江,方志伟.突破农业两大难题:粮改与土地流转[J].河北学刊,2002(2):3-6.

[46] 章辉美.中国农村社会保障制度的变革与社会发展[J].社会科学辑刊,2006(6):7-9.
[47] 李燕琼.我国传统农业现代化的困境与路径突破[J].经济学家,2007(5):61-66.
[48] 金高峰.大户经营:现代农业规模经营的有效模式[J].农村经济,2007(7):89-91.
[49] 范爱军.中国农业现代化的关键一步:提高农业耕作规模[J].山东大学学报(哲学社会科学版),2003(3):148-151.
[50] 杨国玉,武小惠.农业大户经营方式:中国农业第二个飞跃新路径[J].福建行政学院福建经济管理干部学院学报,2004(3):12-16.
[51] 罗必良.农地规模经营的效率决定[J].中国农村观察,2000(5):18-24.
[52] 贺振华.农村土地流转的效率:现实与理论[J].上海经济研究,2003(3):11-17.
[53] 林善浪.农村土地规模经营的效率评价[J].当代经济研究,2000(2):37-43.
[54] 刘凤芹.农业土地规模经营的条件与效果研究:以东北农村为例[J].管理世界,2006(9):71-79.
[55] 罗伊·普罗斯特曼,蒂姆·汉斯达德,李平.中国农业的规模经营:政策适当吗?[J].中国农村观察,1996(6):17-29.
[56] 温铁军.征地与农村治理问题[J].华中科技大学学报(社会科学版),2009(1):1-3.
[57] 孟勤国,等.中国农村土地流转问题研究[M].北京:法律出版社,2009:5-8.
[58] 潘维.农地"流转集中"到谁手里?[J].天涯,2009(3):28-30.
[59] 陈柏峰.农地的社会功能及其法律制度选择[J].法制与社会发展,2010(2):143-153.
[60] 陈锡文,韩俊.如何推进农民土地使用权合理流转[J].中国改革(农村版),2002(9):35-37.
[61] 郭亮.土地流转的三个考察维度[J].调研世界,2009(4):32-35.
[62] 陈柏峰.土地流转对农村阶层分化的影响——基于湖北京山县调研的分析[J].中国农村观察,2009(4):57-64.
[63] 陈成文,罗忠勇.土地流转:一个农村阶层结构再构过程[J].湖南师范大学社会科学学报,2006(7):5-10.
[64] 吴晓燕.农村土地承包经营权流转与村庄治理转型[J].政治学研究,2009(6):45-53.

第8章 四川省高校学生对双创环境满意度调查研究

8.1 选题背景

创新是民族进步之魂,创业是就业富民之源。党的十八大报告中"创新"一词出现频率达58次之多,党和国家的"五大发展理念"也以创新发展为首。在2017年3月召开的全国两会上,政府工作报告中提出以创新引领实体经济转型升级,创新创业再次引起热烈讨论。

自2014年李克强总理在达沃斯论坛上发出"大众创业,万众创新"的号召以来,"创新创业"成了每年政府工作报告中必不可少的部分,也成了两会中的高频词。在经济下行的压力下,政府鼓励个人、企业勇于创业创新,在全社会厚植创业创新文化。在2016年的政府工作报告中再次提到"发挥大众创业、万众创新和'互联网+'集众智汇众力的乘数效应"。李克强总理在2017年政府工作报告中再次将"双创"作为2017年的重点工作任务,新建一批"双创"示范基地,鼓励大企业和科研院所、高校设立专业化众创空间,加强对创新型中小微企业的支持,打造面向大众的"双创"全程服务体系。由此可见,大众创业、万众创新在国家经济下行压力下的重要程度以及国家对"双创"的重视程度,推动"双创"发展,势在必行。

在国家的大力鼓励及支持下,社会各界掀起一股创新创业的热潮,"双创"成为创新驱动发展战略的代名词。本选题以顺应时代发展的潮流,以创造出更多价值、更多资源为核心要义,围绕如何让创新真正成为引领发展的动力,使创新创业常态化,把创新引领发展的战略落到实处这一值得高度关注的问题做出深入的调查研究和创新回答。

本选题切合公共管理本科专业研究方向,目前如何通过公共组织的有效介入激发社会创新创业动力也成为一大话题。选题以创新创业为出发点,以目前创新环境存在问题为切入点,在指导老师的带领下,结合学生专业技能,基于国内外的研究成果,遵循理论与实践相结合的原则,通过定性与定量分析相结合的方法,旨在针对四川省普通高等学校的薄弱环节,提出具体对策建议,为四川省高校创新创业环境改良方案研究提供参考。

8.2 作品展示

四川省高校学生对双创环境满意度调查研究

8.2.1 绪 论

1. 研究背景

我国制定的发展目标之一是到2020年进入创新型国家行列,2030年进入创新型国家前列。党的十八大报告中"创新"一词出现频率达58次之多,党和国家的"五大发展理念"也以创新发展为首。在2017年3月的两会上,政府工作报告中提出以创新引领实体经济转型升级,创新创业进一步成为大众关注的焦点。

自2014年李克强总理在达沃斯论坛上发出"大众创业,万众创新"的号召以来,创新创业成了政府工作报告中十分重要的一部分,成了两会中的高频词。2016年政府工作报告中提到"发挥大众创业、万众创新和'互联网+'集众智汇众力的乘数效应"。李克强总理在2017年政府工作报告中再次将双创作为2017年的重要工作任务。可见,大众创业、万众创新在国家经济下行压力下的重要程度以及国家对双创的重视程度,推动双创发展,势在必行。

在国家的大力鼓励及支持下,社会各界掀起一股创新创业的热潮,"双创"成为创新驱动发展战略的代名词。如何让创新真正成为引领发展的动力,使创新创业常态化,充分发挥大学生的创新创业能力,把创新引领发展的战略落到实处,是一个值得高度关注和深入探究的问题。

随着我国高等教育事业的快速发展,高等教育已经大众化,大学生群体面临的就业问题日益严峻。如图8.1所示,2007—2016年,普通高等学校毕业生人数从447.79万人增加到759万人(注:数据来自国家统计局统计年鉴),预计未来高等学校毕业生人数将继续增长。毕业生人数的快速增长与工作岗位增速缓慢的矛盾日益突出,为缓解严峻的就业形势,政府大力提倡以创业带动就业。

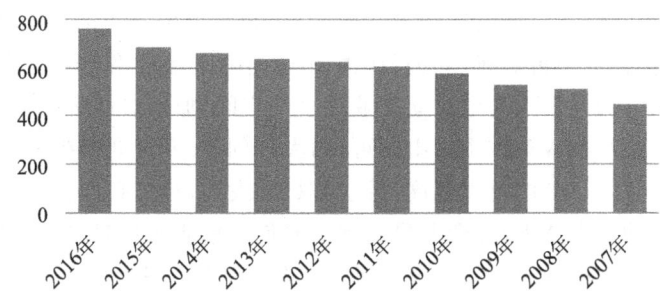

图8.1　普通高等学校毕业生人数(万人)

双创是推进供给侧重大结构性改革的一大助力,既可以大幅增加有效供给,增强市场经济活力,加速产业发展,又可以扩大就业、增加居民收入,是经济发展的引擎。此外,创新创业的发展对于带动社会发展、科技进步也具有重要的意义。

对四川省高校学生进行"双创"环境满意度调查研究有利于了解四川省大学生对于现有的"双创"环境的看法,从而发现"双创"的环境问题,在此基础上对其进行研究,找出影响大学生满意度的原因并提出优化四川省双创环境的办法,提高大学生对"双创"环境的满意度,力求达到更多大学生践行"大众创业,万众创新"。

2. 研究方法

本研究的主要方法见表8.1。

表8.1　主要研究方法及内容

研究方法	内　　容
文献研究法	查阅期刊、学术论文和著作等,了解创新创业现有的理论观点,为开展四川高校学生"双创"环境满意度调查研究提供理论指导

续表 8.1

研究方法	内　容
问卷调查法	自行设计关于四川省高校学生对创新创业环境满意度的调查问卷,通过发放网上问卷和实地调查的方式收集数据
访谈法	进行实地走访,参观调研各大高校的创业基地以及创新创业工作开展的实际情况,寻找到相关人员进行访谈,了解该校的创新创业相关信息并做记录

3. 研究路线

本章的研究路线见图 8.2。

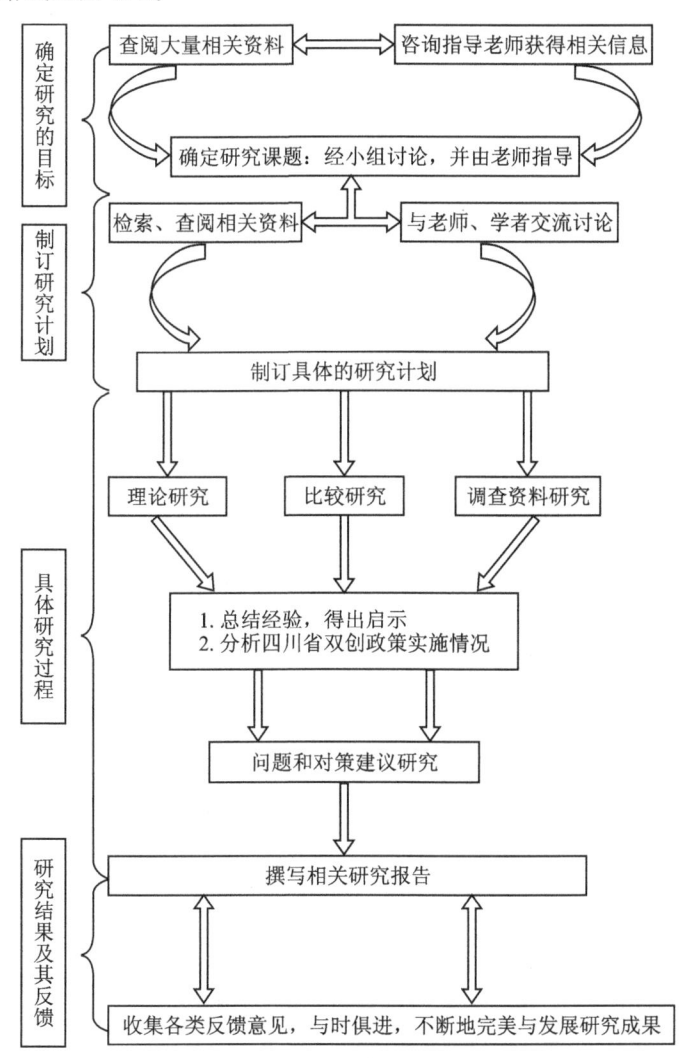

图 8.2　研究路线图

4. 调查学校的选取

(1) 四川省区域划分

结合四川的行政区域划分、能源资源以及经济发展的地域分布特征,将四川划分为成都、川东北、川南、攀西、川西北 5 大经济区。

（2）学校选取

此次调查范围涉及四川省各区域的多所高校。其中成都地区选取的学校数量远多于其他地区,其原因如下:首先,成都作为国家中心城市之一、区域中心城市以及四川省省会城市,其经济水平遥遥领先川内其他地区,高校科研能力占据绝对优势。其次,四川的高校呈现出分布不均的现象,目前全川全日制本专科高校共 109 所,成都地区占据了 89 所高校,其余高校则零散分布于其他地区。此外,目前成都地区拥有四所教育部直属的高校,它们拥有雄厚的科研技术、良好的创业氛围以及较为完善的政策支持,整个地区良好的创业氛围使得成都地区的高校在创新创业方面拥有得天独厚的优势。

本次调查共选取了四川省内四十余所高校,所选取高校在创新创业方面都具有一定的代表性,其中包含了国家重点高校、省重点高校、全日制普通本/专科高校以及全日制民办高校,较为全面地包含了各个批次的高校(见表 8.2)。

表 8.2 各区域选取的高校名称

学校区域	学校名称	
成都片区	四川大学	西南科技大学
	电子科技大学	四川旅游学院
	西南民族大学	绵阳师范学院
	西南财经大学	成都理工大学
	四川农业大学	成都文理学院
	四川师范大学	西南财经大学天府学院
	西华大学	四川师范大学文理学院
	西南石油大学	四川工商学院
	成都医学院	四川财经职业学院
	成都体育学院	四川城市职业学院
	成都大学	四川建筑职业技术学院
	乐山师范学院	
川南片区	西南医科大学	宜宾学院
	四川理工学院	宜宾职业技术学院
	内江师范学院	内江职业技术学院
	四川警察学院	泸州职业技术学院
川东北片区	西华师范大学	达州职业技术学院
	四川文理学院	南充职业技术学院
	川北医学院	四川信息职业技术学院
攀西和川西北片区	四川民族学院	攀枝花学院
	阿坝师范高等专科学校	西昌学院
	四川机电职业技术学院	

8.2.2 国内外研究现状

1. 国外研究现状

西方许多学者对创业有深入的研究,但众学者对于创业的定义还没有达成一致。管理学大师 Peter F. Drucker 认为,仅仅是开一家"既没有创造出新的令人满意的服务,也没有创造出新的顾客需求"的熟食店,这种没有创新的企业创建活动不是创业。而学者杰夫里·提蒙斯认为,创业是创业者对自己拥有的资源或通过努力能够拥有的资源进行优化整合,从而创造出更大的经济或社会价值的过程。国外最早提出创新是在经济学领域,由美籍奥地利裔经济学家 Joseph A. Schumpetes(1912)首次提出创新的理论。他认为,"创新就是建立一种新的生产函数"。Stevenson 等三位教授给出的定义经常被引用,他们认为:创业是一种被感知到的机会所驱动的行为,而不是被现有资源控制的行为。

2. 国内研究现状

国内的著名学者也对创业进行了深入的研究,复旦大学的郁义鸿教授等人定义"创业是一个发现和捕捉机会并由此创造出新颖的产品、服务或实现其潜在价值的过程"。张玉利教授认为:创业是基于创业机会的市场驱动行为过程,表现为创业者抓住创业机会,并最终实现新企业创办与成长的行为过程。刘国新等人认为:创业是个体在动态的时间与环境中通过一定的组织形式,发掘并利用潜在机会来创造价值的过程。从国内外学者的分析我们不难看出,虽然对"创业"一词的概念众说纷纭,但是不难发现,创业需要一个过程,需要抓住机会,并且要实现价值。

对于创新,我国的众学者也进行了研究,张鸽(2012)、樊鹏(2014)认为创新有狭义和广义之分。狭义认为是理论或技术等方面的发现、改进或新组合。而广义认为,创新是力求将教育、科学、技术等与经济互相融合,对原有的东西进行重新组合。张英杰等学者认为创新是人的创造意识的集中体现,它是人类所具有的特殊能力,其本质是能够创造出"新"的事物。阎国华(2012)认为创新是主体凭借自身品格、知识、能力来发现和解决问题的实践活动。

通过上述研究,本研究认为创新有广义与狭义之分。广义的创新就是创造出新的事物,是一种变革。狭义的创新就是通过对现有资源的融合整理,运用自身的信息,按照一定的目标,从而实现个体质的一个变化,提升个体的价值的一个过程。

8.2.3 四川省高校学生对双创环境满意度的分析

1. 双创环境满意度的内涵

本章阐述的双创环境满意度是大学生在高等教育下,从各个方面,将自己对创业的认知和所处的创业环境跟自身的预期进行比较,最终产生的一种心理感受,这种感受就是满意度。当大学生对创业环境的实际认知超过预期,他们就会感到满意;反之,则会感到不满意。大学生对创业环境的实际认知与预期大小的比较,就是满意度的比较,利用这一评判标准确立大学生对双创环境满意度的基本评判标准。大学生对于创业环境从自身、社会环境、学校环境、政策环境四个方面来感知,这四个方面基本涵盖了大学生所处的创业环境。

2. 双创环境满意度指标体系

通过查阅相关资料后建立双创环境满意度指标体系(表8.3),目的在于得出四川省大学生对双创环境的最终满意度评价,在设计上遵循了规律性、科学性、可操作性原则。指标体系设置一级指标和二级指标,一级指标是指影响大学生创新创业环境满意度较高一层的因子:自我认知、学校环境、政府环境以及社会环境。二级指标就是指每个一级指标所对应的子因素。

表 8.3 创新创业环境满意度测评指标体系

目标层	一级指标	二级指标
四川省大学生双创环境满意度	自我认知	自身的创业技能
		自身的创新能力
		自身的创业心理素质
		自身的社会经验
	教育环境	学校宣传双创政策的力度
		学校创业培训课的开展形式
		学校创业培训课的内容
		学校创业培训课的课程效果
		学校创业指导老师的指导水平
		学校创业指导老师的理论水平
		学校创业指导老师的创业实践能力
		学校提供的众创空间
		学校提供的创业场地
		学校的双创政策总体
	政府环境	当地政府宣传双创的力度
		当地政府关于大学生的创业培训
		当地政府部门关于创业方面的业务办理
		当地政府负责创业工作人员的服务
		当地政府在创业方面的补贴和优惠
		当地政府扶持大学生自主创业方面的政策和法规
		当地政府关于大学生的创业孵化支持力度
	社会环境	社会团体对大学生创业的支持力度
		当地的创业信息交流平台
		当地的创业氛围
		当地的经济发展状况

3. 双创环境满意度的量化

本次问卷分析运用了李克特式五级量表分析法,将满意度分为"非常满意""满意""一般满意""不满意""非常不满意",并用"1～5"表示满意程度,满意度越高,数字就越高,反之则越低。

利用均值和标准差公式计算四川省高校接受调查的大学生总体满意度,计算成都地区、川南地区、川东北以及攀西、川西北地区大学生满意度的均值、标准差,将各地区满意度与总体满意度、其他各地区的满意度进行比较分析,得出结论。公式如下:

$$\bar{X} = \frac{1}{N}\sum_{i=1}^{N} x_i \tag{8.1}$$

$$\sigma = \sqrt{\frac{1}{N}\sum_{i=1}^{N}(x_i - X)^2} \tag{8.2}$$

8.2.4 问卷分析

创新创业活动离不开环境体系的支持,良好的环境有利于培养大学生创新创业的素养,是大学生创新创业生存和成长的重要基础。本章以四川省大学生创新创业群体为研究对象，建立评价创新创业环境的指标体系，采用 SPSS 17.0 软件对四川省大学生创新创业环境进行数据分析，据此总结出优化大学生创新创业环境的建议。

1. 调查对象概况

此次调查对象为四川省大学生群体，调查小组成员通过各种渠道和各高校学生进行联系，以实地调查为主、网络问卷为辅进行调查。此次调查共回收有效问卷 1 764 份，基本情况见表 8.4。

表 8.4　调查对象的基本信息

样本特征	类　别	人　数	构成比/%
性别	男	822	46.60
	女	942	53.40
年级	大一	294	16.70
	大二	786	43.50
	大三	498	28.20
	大四	204	11.60
专业	理工	480	27.20
	经管	420	23.80
	人文	684	38.80
	其他	180	10.20
学校所在地	成都片区	1 206	69.31
	川南片区	210	11.55
	川东北片区	120	6.60
	攀西、川西北片区	228	12.54

2. SPSS 数据有效性分析

本研究利用 SPSS 17.0 软件、KMO 样本测度法和 Bartlett 球体检验法，对调查问卷的原始数据进行检验分析，得出 Bartlett 的卡方值为 3 346.363，水平较显著，KMO=0.843>0.8，Bartlett 球体检验的卡方统计值的显著性概率是 0.000<0.01。故可证明所取样本的数量充足，且数据的相关性较强，可以进行主成分分析。从原始变量之间的相关系数矩阵观察，许多变量之间直接的相关性比较强，存在信息上的重叠。如表 8.5 所列。

表 8.5　KMO 和 Bartlett 的检验

KMO		0.834
Bartlett 的球形度检验	近似卡方	3 346.363
	Df	0.946
	Sig.	0.000

通过 SPSS 17.0 统计软件的分析，得出此次调查数据具有显著的代表性，并且各变量之间

存在较强的相关性,有利于下一步的分析。

3. 问卷满意度分析

本章将采用比较法来分析不同地区的满意度,首先针对问卷发放的不同地区分别计算其满意度,再将各地区满意度进行对比。通过 SPSS 数据分析得出四川省总体满意度以及各地区满意度的对比(注:本章所出现的 a1、a2…a25 都代表满意度问题的题号,问卷见附件)。

通过对比发现,四川省总体满意度大于 3.0,成都地区平均满意度高于 3.3,川南地区、攀西、川西北地区满意度均值低于 3.0,川东北地区平均满意度低于 2.8。由图 8.3 可知,四川省大学生双创满意度总体呈现为"一般满意",但是地区差异较大,成都地区满意度最高,川东北地区总体满意度最低。上述结果表明,四川省高校学生对双创环境满意度整体上呈现为"一般满意"。首先,学生对地区经济发展现状和学校的支持力度尤为关注,甚至很多大学生认为这是决定一所学校创新创业能力的主要因素。其次,大学生创业者对家庭和社会对创业支持的满意度较高,这表明了四川省整体有一定的创业意识和创业氛围。此外,导致学生对"双创"环境呈现出"一般满意"的原因还包括学校的创新课程设置、创新教育不到位以及各方面的政策支持力度有待加大等因素。

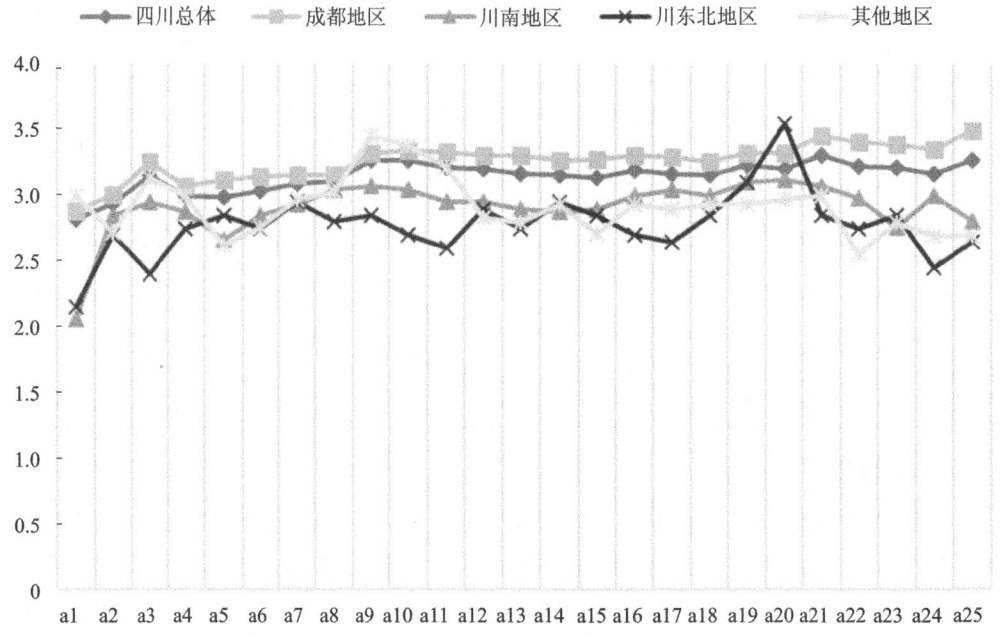

图 8.3　各地区总体满意度的比较

4. 问卷各主要要素分析

(1) 个人感知

创业因人而异,不同的人对创业的认知度不同。在本次调查对象中有超过 70% 的人对双创有所了解,有超过 80% 的人(见表 8.6)表示条件允许的情况下愿意创业(注:本章所出现的 b1、b2…b18 代表附件问卷第二部分)。在对个人感知的满意度调查中发现,大学生对自己在创新创业能力方面的满意度普遍较高(见图 8.4)。

表 8.6 个人感知

题 号	选 项	频 率	百分比/%
b1	非常了解	54	3.1
	了解	342	19.4
	一般了解	888	50.3
	不了解	480	27.2
b2	是	1458	82.7
	否	306	17.3

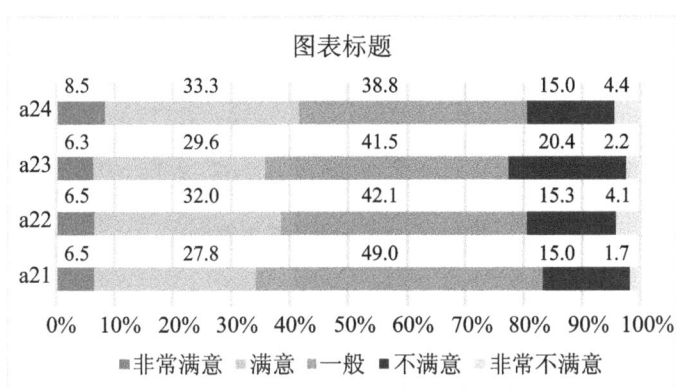

图 8.4 个人感知满意度

(2) 学校环境满意度分析

学校在大学生双创道路上发挥着不可替代的作用,学校良好的双创环境有助于培养学生的创新创业意识。创业课程的开设、众创空间的建立、创业基金的扶持等影响着大学生的创业意愿(见图 8.5)。根据本次调查数据分析,几乎所有的学校都开设了关于双创的课程,部分学校甚至将创新课程作为学生的基础课。超过 50% 的学校都举办过创新创业比赛,但是仍有部分学校在这方面有所欠缺,导致学校缺乏良好的创新创业氛围。除此之外,部分学校还专门为学生提供创业实践的机会。但是由于学校资源的有限性,并不能给大多数学生提供实践机会,导致学生对社会创新创业的认知具有一定的局限性。

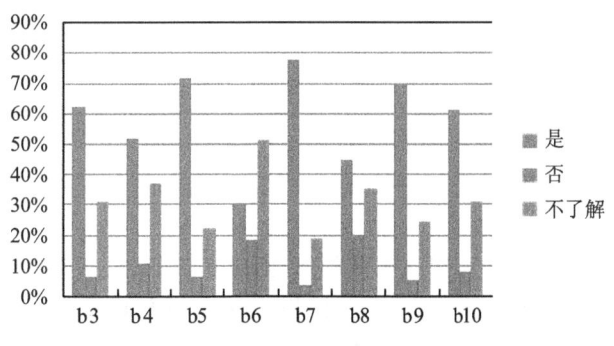

图 8.5 学生对高校因素的感知

学校良好的创业氛围有助于学生对其有更加广泛的了解,构建好的创新创业平台、众创空间、创业信息交流平台等,有助于调动学生的创业积极性。经过调查统计发现,学生对学校提供的相关设施设备、资金投入等总体感到一般满意,这表明部分学校在这方面做得有所欠缺(见图8.6)。

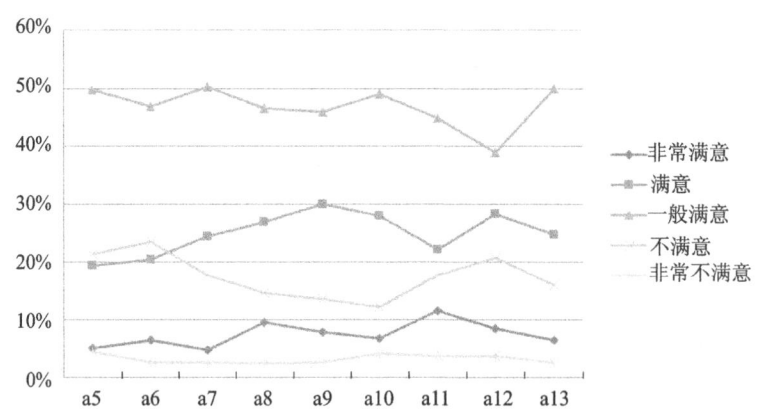

图8.6 学校相关因素满意度

(3)政府环境

自李克强总理发出"大众创业,万众创新"的号召后,全国掀起创新创业的热潮。四川省各相关单位也出台了关于扶持"创新创业"的文件,各高校积极响应该号召。但经过几年的发展,仍有部分人群对"双创"政策不了解(见图8.7)。

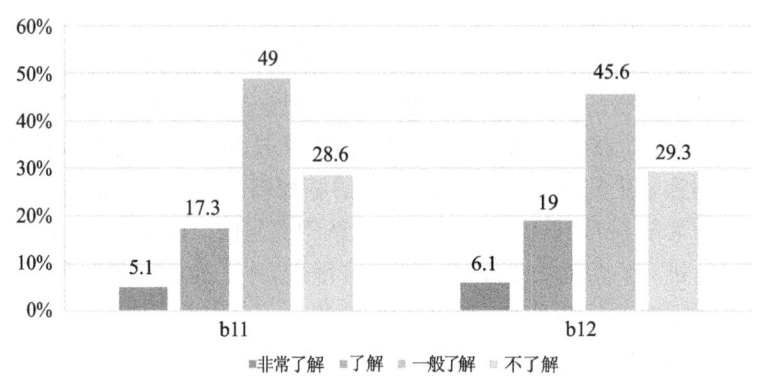

图8.7 政府成效柱状图

据分析,被调查者对当地政府的工作整体呈现出一般满意的态度(见图8.8),其中关于当地政府对双创业务办理满意度最高,而在创业政策和提供金融支持等方面的满意度较低。

(4)社会环境

良好的社会环境有利于创新创业团队的培养,在国家提出"双创"的口号后,整个社会表现出了较为积极的一面。根据本次调查,当前四川省在双创方面的社会整体满意度呈现为一般满意(见图8.9),仍有部分学校的学生对此感到不满意。虽然社会团体、社会组织在双创的参与度上略高于其他因素,但总体满意度仍然不高。社会环境对某一领域发展的影响极其重大,

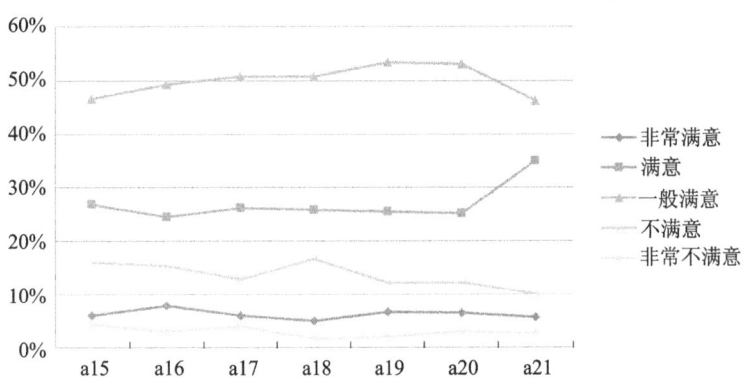

图 8.8　政府各因素满意度

在双创的发展过程中,社会组织等应进一步加大对其的支持和帮助。

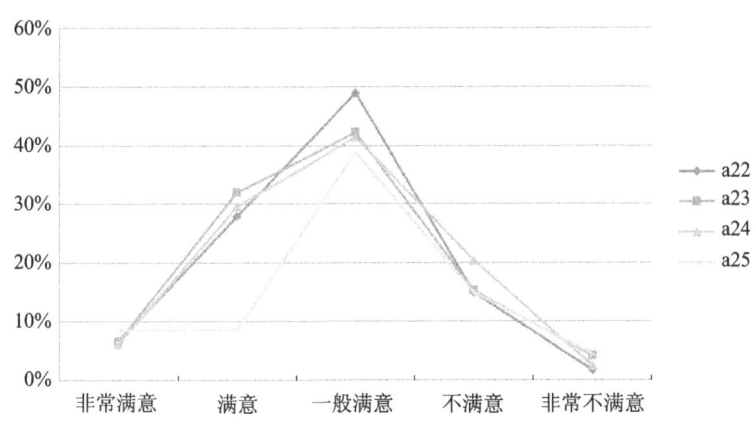

图 8.9　社会整体满意度水平

8.2.5　四川省大学生创新创业环境中存在的不足

1. 大学生对双创满意度呈现出区域差异

随着双创浪潮的兴起,四川省各大高校也开始重视创新创业教育。通过对不同院校学生进行双创环境满意度的调查,发现成都地区与四川省其他几个地区出现明显的地区差异:

其一,成都地区大学生对学校环境满意度总体高于四川省其他地区,其他地区满意度起伏最大,如图 8.10 所示。

其二,大学生对当地政府提供的双创环境总体满意度较高,但地区之间满意度存在明显的高低之别。据调查,成都地区的学生对政府在双创方面的支持力度感到满意,具体在政府宣传双创的力度、大学生的创业培训、创业方面的业务办理、负责创业的工作人员的服务、在创业方面的补贴和优惠、扶持大学生自主创业方面的法规政策方面满意度均高于其他几个地区,尤其是对当地政府关于大学生的创业孵化支持力度的满意度远高于川南地区、川东北地区、其他地区,具体见图 8.11。由此可得出成都地区政府对双创的重视程度较高。

其三,大学生对双创的社会环境满意度区域差异大,成都地区社会环境满意度明显高于其

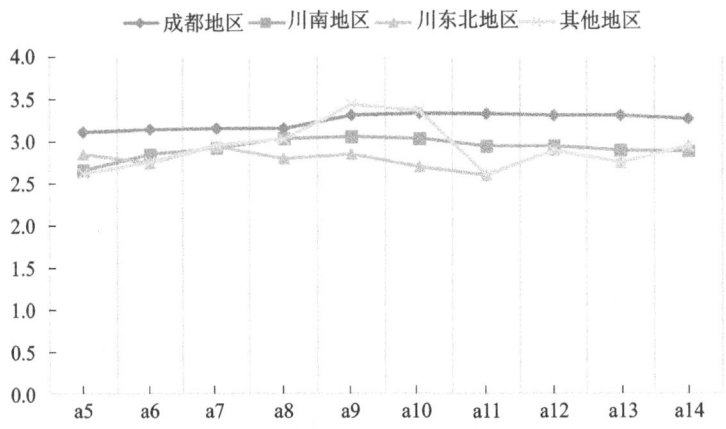

图 8.10　大学生对学校双创环境的满意度

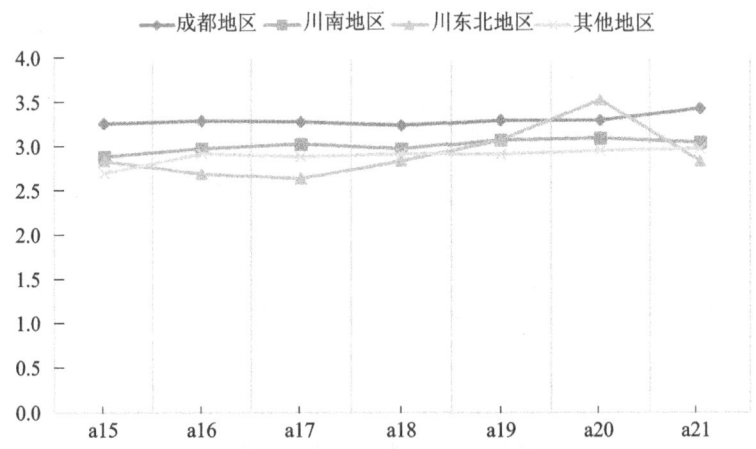

图 8.11　大学生对政府提供的双创环境的满意度

他区域,详见图 8.12。成都地区的学生普遍对社会团体在创新创业方面的支持力度、创业信息交流平台以及创业氛围感到满意。在当地经济发展状况中,成都地区的满意度远远高于川南地区、川东北地区以及其他地区。而成都地区经济相较于川内攀西、川西北地区发展得较好,给大学生创新创业实践提供了更多外部机会。

2. 四川省各地对创新创业投入不均衡

四川省内各区域对创新创业的投入不均衡,影响着大学生创新创业的发展。本章将从四川省各区域的经济发展、科学研究与试验发展(R&D)情况中加以分析。

各区域 GDP 总量很大程度上决定了区域政府对于创新创业投入的力度。一般来说,GDP 总量越高的地区,政府对双创的投入力度越大,该区域创新创业发展越好,反之越差。如图 8.13 所示,成都地区经济总量大,对创新创业投入的能力相对较强,其余依次为川南地区、川东北地区、其他地区。

政府对科学研究与试验发展的投入本身就是政府对科学研究、创新发展的重视程度的反映,政府投入的 R&D 经费越多,该地区的科研条件就越好,创新动力就越强。从 2015 年四川

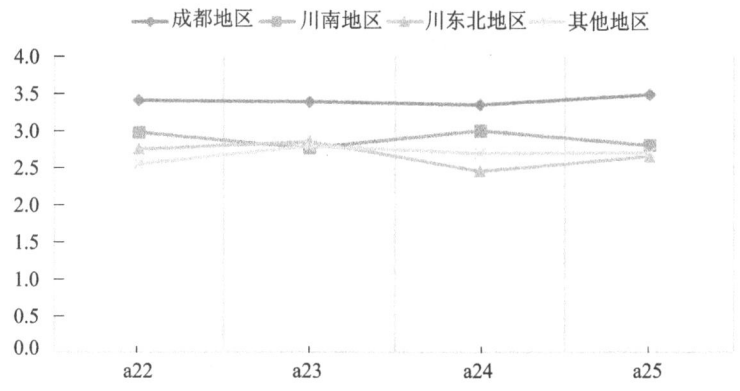

图 8.12 大学生对社会双创环境的满意度

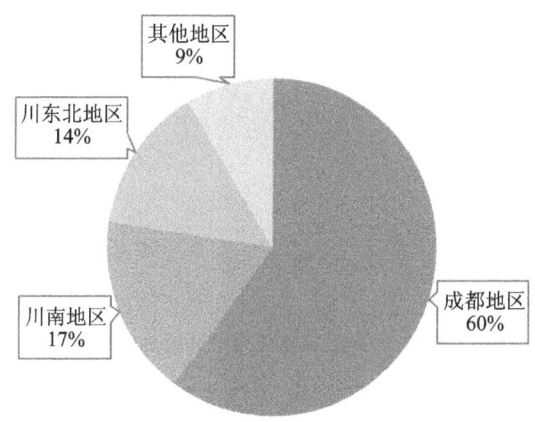

图 8.13 2015 年四川省各地区生产总值占比

省各区域 R&D 情况(表 8.7)可知,四川省各区域对 R&D 投入差距大,成都地区经常费支出远远高于其他区域,并超过其他区域的经费之和,且 R&D 投入的其他各个指数均远远高于攀西、川西北地区。地区之间的科学研究与试验发展(R&D)投入差异直接导致各区域科研条件、创新创业条件的不同,间接导致这些地区大学生双创环境满意度的差异。

表 8.7 四川省各区域研究与试验发展(R&D)情况

区域/情况	R&D人员折合全时人员/人年	研究人员/人	R&D经费内部支出/万元	经常费支出/万元
成都地区	96 709	57 838	4 369 467	3 707 022
川东北地区	3 682	2 009	94 317	81 260
川南地区	10 958	4 906	386 452	316 222
攀西、川西北地区	5 500	2 278	178 525	169 612
合计	116 849	67 034	5 028 761	4 274 116

注:数据来源为四川统计年鉴 2016。

3. 社会组织对双创发展支持力度不足

社会环境是人类社会发展过程中影响并制约个体、群体、组织心理与行为发展的重要因素。有利的社会环境有助于形成浓厚的创新创业氛围,推动双创事业的发展。在本次调查中发现,本地电商平台没有发挥对大学生双创的支撑作用。

电商平台是未来互联网+金融发展的趋势,具有融合信息、协调过程、加速信息流通等作用。一方面,电商平台突破了时间和空间的限制,节约了创业者的时间、人力、物力、财力等;另一方面,电商平台降低了一切流通环节的交易成本,大大减轻了创业者和消费者的压力。本次调查设置了与电商平台相关的问题,经过数据分析(图 8.14)得出:77.2%的受访者表示不清楚学校所在市的电商平台,22.1%的受访者表示知道电商平台的存在。

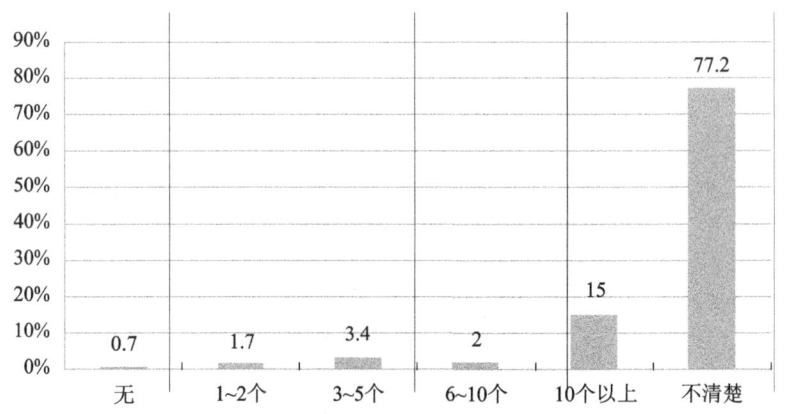

图 8.14 所知的本地创业者开设的电商平台

由此可知,大学生对本地创业者开设的电商平台并不了解,本地创业者开设的电商平台未走向大学生、面向大众,它的作用局限于小部分人群中。

4. 四川省高校双创环境有待改善

学校作为大学生活动的主要场所,是大学生创新创业环境的主要组成部分。学校为学生提供的创新创业环境的好坏很大程度上影响着大学生的创新创业意向,而创业意向又决定了学生是否进行创业。由此可见,高校关于创业课程的设置、创新创业训练、创新创业实践板块工作做得越好,大学生创新创业的意向就会越高。

从问卷分析得出,四川省高校为学生提供的创新创业环境差别十分明显,高校为学生提供双创环境的能力也各有高低。从总体上看,成都片区高校为学生提供创新创业环境的能力最强,其他地区高校在这方面的表现较成都地区弱。具体表现在:

其一,高校对双创的课程重视程度不同,成都地区高校对学生创新创业能力培养的意识明显强于四川其他地区高校。从问卷分析中得出如下结论:成都地区58%的接受调查的学生表示学校开设了关于创新创业的课程,42%的学生表示不了解或学校没有开设关于双创的课程。其他地区44%的学生知道学校开设了有关双创的课程,其余56%的学生表示学校没有开设或不了解。

其二,创新创业导师库建设不完备。创业导师库实为"社会精英人才"和"学校创业指导老师"的集合,是推动社会创新创业发展的重要力量。但是以目前各高校的情况来看,创业导师库并没有真正建立起来,只是停留在理论阶段。大多数学校的创业导师由本校教师担任,虽然其理论知识完备,但是却没有真正意义的创业经历,无法满足学生在创新创业道路上的要求。如图 8.15 所示,65%的学生对创新创业导师的实践能力呈现为一般满意及以下的态度。这说明创业导师的制度存在一定的缺陷。

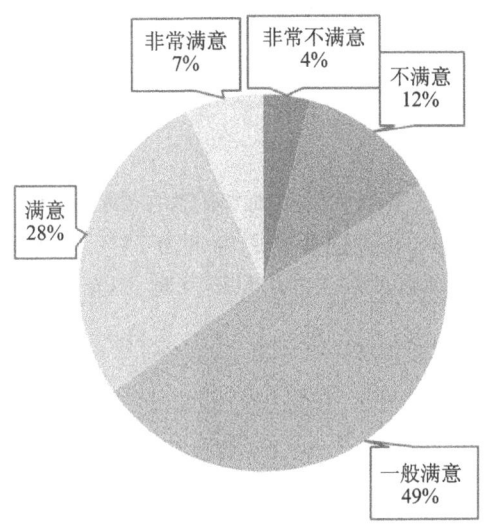

图 8.15　大学生对创业导师实践水平的满意度

5. 双创资金和基础设施的投入力度有待加大

在大学生创业过程中最希望得到支持的选项中,选择创业资金扶持的占 95%,选择场地支持的占 80%,其他的政策和服务占比远低于这两项,这两项数据说明资金和场地是影响大学生创业的主要因素。因此,在实际创业过程中,四川省大学生面临的一个共同问题,就是创业资金和场地的问题,大部分创业项目在没有资金和场地的支持下就无法正常启动。

(1) 资金的支持政策体系有待完善

其一,在调查的四个区域的高校中,基本上所有的高校都设立了专项创业扶持基金。除川南地区外,50%以上的受调查者都确认学校提供了创业基金扶持大学生创业,但是仍然有大部分学生不了解,甚至不知道有基金扶持政策,以至于部分同学在创业过程中没有充分利用好学校所给予的创业资金。

其二,在调查的四个区域的高校中,30%的大学生对政府提供创业资金的渠道不了解,40%~50%的人为一般了解,这说明大学生对于政府提供创业资金的渠道不甚了解。在访谈中得知,有过创业经历的大学生认为申请创业资金的程序烦琐,在一定程度上打击了创业者的创业积极性;有大学生则认为政府提供的创业基金相对较少,对创业项目的帮助有限。

(2) 对创业空间满意度低

在满意度调查中(表 8.8),只有成都地区高校的满意度均值达到 3.0 以上,呈现为一般满意状态,而其他三个区域低于 3.0,总体偏向于不满意。四川省国家级众创空间集中分布在成都片区,对成都高校来说有得天独厚的优势。受学校自身发展及学校政策的影响,一些"985""211"重点高校为学生提供了"创业街""创业园""创业俱乐部"等创业孵化基地,但多数高校因条件较差而无法提供。

表 8.8 满意度均值表

类别/区域	政府补贴优惠	学校提供的场地
成都地区	3.230	3.170
川南地区	3.100	2.900
川东北地区	3.100	2.750
攀西、川西北地区	2.930	2.790

6. 双创政策宣传有待加强

从图 8.16 数据分析得出,各区域大学生对"双创的了解程度"总体为"一般了解","不了解"的受访者占比也较大。其中,有过创业经历者仅为 18%,表明双创的宣传效果不明显,没有达到预期,大学生在接收各项有关双创的信息不及时、不充分、不全面。

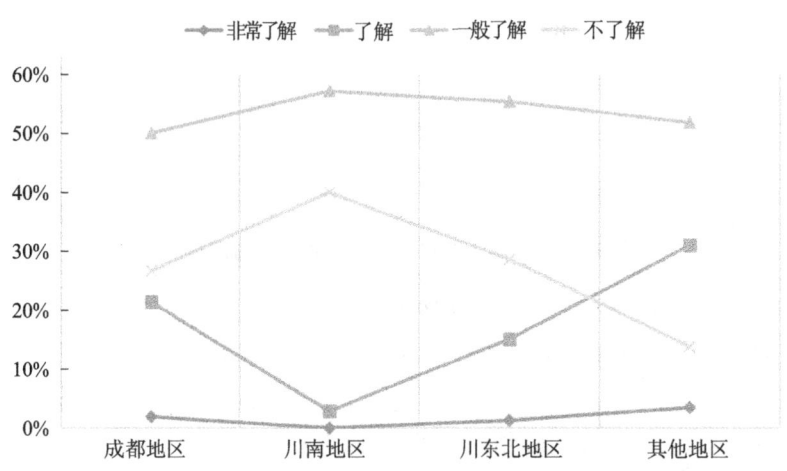

图 8.16 大学生对双创的了解程度

究其原因有以下两点:

其一,学校宣传不到位,没有收到预期成效。为了解各区域高校对双创工作宣传的真实情况,查阅各大高校门户网站统计得出以下数据(表 8.9)。

2014—2016 年四川省各区域 30 所高校有关双创的新闻数量为 5 282 条,平均各校每年约 59 条。新闻作为一种重要的宣传形式,各高校都将其作为一种载体来宣传大学生创新创业活动。但总体上学生对双创的了解程度表现为一般了解或不了解,说明高校在进行宣传时存在形式主义的倾向。

其二,政府未有效利用媒体进行广泛宣传。根据表 8.10 数据分析统计:四川省 2014—2016 年发布的有关双创的新闻总量达到了 6 000 多条,但地域差距过大,除成都地区外,四川省其他区域大学生对政府宣传力度满意度皆小于均值。这表明多数地方政府对双创政策的重视程度不高,没有充分利用新闻媒体的舆论导向作用,对双创政策进行宣传并引导大学生的创新创业活动。

表 8.9 2014—2016 年四川省各区域高校大学生双创新闻数量统计

年限 区域	2014 年	2015 年	2016 年	合　计
成都地区	730	1 535	2 958	5 223
川南地区	11	14	25	50
川东北地区	1	1	3	5
攀西、川西北地区	0	4	0	4
合计	742	1 554	2 986	5 282

注：数据来源为四川省各高校官网。

表 8.10 2014—2016 年四川省各区域双创新闻的统计

年限 区域	2014 年	2015 年	2016 年	合　计
成都地区	2 207	1 772	1 381	5 360
川南地区	41	146	153	340
川东北	41	83	163	287
攀西、川西北地区	10	27	45	82
合计	2 299	2 028	1 742	6 069

注：数据来源为四川省各地区政府官网。

8.2.6　四川省大学生创新创业环境的建议

1. 发挥省会城市辐射带动作用，开展地域间的高校帮扶

据调查，各高校、地区双创发展不平衡。为缩小区域差距，开展区域间高校的联动合作，实行高校间"一对一"或"一对多"的结对帮扶活动就尤为重要。充分发挥省会城市和双创示范高校的辐射带动作用，以促进各高校双创教育平衡。具体措施如下：其一，双创示范高校为双创工作相对落后的高校提供支持，将本校创业人才进行知识和经验输出。双创工作较落后高校应主动学习经验、吸取教训，力争将学校双创工作建设好。其二，拥有国家级众创空间的高校开放现有的众创空间，允许本校以外的项目入驻创业孵化园，更大化地发挥高校国家级众创空间的优势，以影响或带动更多创新创业项目的发展，努力缩小因地域发展不平衡带来的差距，实现互利共赢。其三，建立高校创业资源共享机制和创业资源配置体系，提高高校的双创资源利用率，进行优势互补，达成共赢，使得其他发展水平较低的高校能够得到更多的双创资源。最后，各高校可实现网络的互通，利用互联网开展创新创业基础教育，以更灵活的学习方式、更低的成本实现高校间创新创业的交流和学习，从而改善其他地区创新教育的环境。

2. 贯彻落实科学发展观，鼓励大学生创新创业

地方政府在落实双创发展的过程中，要深入贯彻落实科学发展观，坚持统筹兼顾的原则：要兼顾地方经济的发展和创新创业事业的进步。为此提出以下建议：其一，地方政府响应国家号召,推动双创发展,贯彻落实创新驱动发展战略,推动经济结构优化升级,给大学生创新创业提供更好的经济环境。其二,地方政府深入开展创新教育实践活动。加强地方政府在双创教育方面的投入,建立创新创业专项资金,加强对具有科研能力的高校的财政投入,扶持大学生创新创业活动。其三,完善创新创业激励体系。首先是物质激励,地方政府要建立科学合理且激励作用显著的双创激励制度,给予取得成绩的大学生一定的物质奖励。其次是精神激励,帮助大学生实现自我价值,在对双创中成绩突出的大学生在进行物质激励的同时,授予荣誉称号,使其成为其他大学生乃至社会上的榜样和标杆,最大限度地满足大学生的精神需求。其四,各地政府从实际情况出发,建设一个创新创业教育开放性平台,集企事业单位、社会组织及其他资源于一体,为大学生提供信息交流、经验共享等与社会实践接轨的综合性平台。

3. 凝聚社会力量,扎实推进"双创"工作向纵深发展

社会组织作为政府和民众之间的第三方团体,能够有效调解公共服务中资源配置不均、政府管理中的缺位等问题。这种特殊的组织定位,决定了其在推进"双创"工作发展中具有重要的作用,在整个"双创"的过程中既扮演了参与者的角色,又对双创的发展产生影响。一方面,社会组织作为参与者具有特定的优势:一方面社会组织作为独立于政府和市场的存在,可为学生提供所需的创业信息、技能培训等;另一方面,社会组织的特性不同于企业、政府,它能够最大限度地为创新创业提供空间和环境,推动多种要素的组合,实现资源共享。

社会组织的发展,一方面有利于营造良好的社会创业氛围,促进大众创业;另一方面,可以为大学生创新创业提供更多的实践机会。因此,积极综合社会组织的各种资源,凝聚社会力量,可以极大地促进双创深入发展。

4. 加强创新教育,优化高校双创环境

培育大学生自主创新创业的意识,符合国家的发展战略,高校要充分认识开展创新创业教育的重要意义,要借助有效的方法来促进高校创新创业教育活动,支持大学生创业。首先,各大高校要转变教育观念,提高创新创业教育的课程比重,注重理论与实践并重。其次,高校应加强对学生的创业指导,坚持实践与理论结合的原则,构建学生创新创业教育培养体系。把创业教育作为学生的基础教育,使其贯穿整个教育过程,形成"教""学""用"三位一体的创新教育体系。此外,鼓励学生参加大学生创新创业实践,让其切身体验创新创业的过程。

高校作为大学生接触社会的过渡地带,应注重培养大学生全面发展,不断加强创新创业教育,优化高校创新创业的环境,为学生创业提供良好的外部条件。

5. 加大双创资金投入,完善双创基础设施建设

资金缺乏是大学生创业意愿大于创业行为的主要原因之一,而政府作为创业投资市场中一个重要而特殊的主体,对大学生创新创业发挥着独特的作用。要加大对大学生创新创业的支持力度,进一步加强财政资金的导向作用,例如:加大双创专项资金投入、创业培训补贴、创业启动资金补贴等。另外,针对不同大学生的不同情况,政府应有针对性地提供创业扶持:一是无偿性扶助,二是贴息性扶助,三是一般性扶助。高校应设立大学生创业专项基金,加大双创教育和创业园区建设投入力度。社会方面,发展面向大学生创业者的公益性资助基金及盈利性基金,拓宽融资渠道,对可行的大学生创业项目进行资金扶持等。

在基础设施方面,建设集约化、规模化的大学生创业园区,为创业者提供必要的创业条件,如办公场地等,以及提供创业软件服务(包括提供一键式注册服务、财务服务等),建立低门槛创业进入机制,引进优秀的创业实践者,对大学生创业者进行积极的引导,树立创业榜样。

6. 重视双创宣传,建立受众反馈机制

在信息化时代,做好宣传工作,使信息准确高效地传播给受众是一件值得重视的事情。在双创政策的宣传过程中,大多数高校或其他宣传主体仅仅是以发布"新闻"单项式灌输的方式进行宣传。在信息传播的过程中,因传播主体的差异性容易造成信息失真、信息浓缩,使得宣传成效大打折扣。针对信息传播收效甚微的情况,建议建立信息反馈机制,这样可以充分地检验传播客体的信息接收程度,并收集相关意见和建议,从而形成传播主体与传播客体之间的双向沟通。此外,政府、高校等可以充分利用自媒体注册用户多、范围覆盖广、自主化程度高、互动性强等特点进行双创宣传,这样信息传播主体通过自媒体可以实时动态地接收反馈信息,作为政策调整的民意依据。

8.2.7 结 语

创新创业事关国计民生,是解决大学生就业问题的有效渠道,是推进经济结构调整和经济方式转变的重要途径,同时也是实现伟大中国梦的组成部分。我国对高校学生创新创业的政策引导,虽然起步晚,但是发展迅速,尤其是李克强总理提出"大众创业,万众创新"的理念后,各省市都积极推动大学生创新创业工作的开展,但是在客观上我国大学生创新创业还处于发展和完善阶段,社会环境的支持功能没有全面发挥,高校的主导作用并未完全体现,创新创业的体系单一,且政府的政策保障有待完善。因此,在大学生创新创业发展过程中,四川省要整合学校、政府、社会三方面的资源,构建三位一体大学生创新创业的发展体系:一是要充分体现高校的主导作用,增强高校的内生动力,完善组织模式,改进创新创业教育的内容与方法;二是要提高政府政策的实施效能,突出长久的发展战略规划,特别要强调政策的针对性;三是要全面发挥社会的支持作用,完善融资渠道,建立专业化的社会服务机构。通过以上三方面的合力,形成多方位互动的大学生创新创业体系,从而有效推动大学生创新创业发展,促进中华民族的伟大复兴。

8.3 案例评析

该作品获得第十四届"挑战杯"四川省大学生课外学术科技作品竞赛三等奖。案例选题针对四川省普通高等学校创新创业环境满意度现实情况,通过对四川省内部分普通高校针对性投放调查问卷,对问卷调查结果进行汇总归类,并基于 SPSS 软件采用科学的统计方法和分析方法对收集数据进行量化分析和可视化呈现,将数据分析结果同实际背景相结合,通过大数据比对探讨目前四川省内高校大学生双创环境建设存在的不足与缺陷。同时项目组成员通过实地走访四川大学、四川师范大学、成都理工大学、成都体育学院、电子科技大学、成都大学、西南民族大学、四川财经职业学院、四川师范大学文理学院等省内知名高等院校,对其校内孵化园、众创空间、创业街等特色大学生创新创业机构进行探访,并积极与高校内诸如大学生创新创业联合会、创新创业俱乐部等大学生双创自我管理服务组织进行访问和交流学习,互相分享经验、学习优势、正视不足,并在访谈过程中积极协商改进方案,谋求互助合作。所有访谈内容都形成记录。

作品针对四川省普通高校创新创业环境满意度问题,以四川省各个典型高校的具体情况为例,运用科学的调查方式和规范的分析技术,以小见大地对四川省高校大学生创新创业环境存在的问题进行客观分析,并给出针对具体问题的对策与建议。作品的特色与优点在于:第一,在研究数据资料来源上,以实地调查数据为主,以现有统计数据为辅,能够对研究对象的真实情况进行更准确的反映。为了更好地掌握四川省内高校大学生对于双创环境的满意度调查的一手资料,本研究在现有统计数据的基础上,以问卷调查、实地走访为主要形式,真实了解、反映在读大学生的诉求和心声,可以为地方政府和各个高校优化双创环境的相关改良方案和政策实施提供参考依据。第二,在研究视角的选取上,坚持以人为本,深深扎根于大学生的基本利益诉求,问题反映有依据、接地气,始终以解决问题、优化现状、满足需求为根本导向,不追求空中楼阁,脚踏实地,具有可操作性较强的现实意义,可以为单位、组织的工作起到一定启示作用,为优化四川省内高校大学生双创环境提供参考。

附件 调查问卷

四川省大学生"双创"环境满意度调查

您好!我们是宜宾学院的学生,目前正在参加"挑战杯"大学生课外学术科技作品竞赛。为了了解四川省高校学生对"大众创业,万众创新"环境的满意度,制作此问卷,希望您能抽出一点时间完成问卷,感谢您的配合!

问卷1

第一部分 为了方便我们的数据统计,请回答以下问题。

1. 您的性别?
   ○ 男　　　　○ 女
2. 您所就读的学校:_____
3. 您所在的年级:
   ○ 大一　　○ 大二　　○ 大三　　○ 大四
4. 您的专业类型:
   ○ 文学　　○ 艺术学　　○ 历史学　　○ 哲学　　○ 经济学　　○ 管理学　　○ 法学
   ○ 教育学　　○ 理学　　○ 工学　　○ 农学　　○ 医学　　○ 其他
5. 您是否有过创业经历:
   ○ 是　　　　○ 否

第二部分 基于您对双创的了解,请回答以下问题。

1. 您对双创的了解程度如何?
   ○ 非常了解　　○ 了解　　○ 一般了解　　○ 不了解
2. 在条件允许的前提下,您是否愿意创业?
   ○ 是　　　　○ 否
3. 您所在的学校是否开设关于双创的课程?
   ○ 是　　　　○ 否　　　　○ 不了解
4. 您所在的学校是否开展过系统的创业培训?
   ○ 是　　　　○ 否　　　　○ 不了解
5. 您所在的学校是否举办过创新创业比赛?

○ 是　　　　○ 否　　　　○ 不了解

6. 您所在的学校是否承办过省级及以上的创新创业比赛?
　　○ 是　　　　○ 否　　　　○ 不了解
7. 您所在的学校是否提供过创业实践机会?
　　○ 是　　　　○ 否　　　　○ 不了解
8. 您所在学校是否设立了众创空间?
　　○ 是　　　　○ 否　　　　○ 不了解
9. 您所在的学校是否有创业信息交流平台?
　　○ 是　　　　○ 否　　　　○ 不了解
10. 您所在的学校是否提供了创业基金扶持大学生创业?
　　○ 是　　　　○ 否　　　　○ 不了解
11. 您是否了解政府出台的双创政策?
　　○ 非常了解　　○ 了解　　○ 一般了解　　○ 不了解
12. 您是否了解政府为大学生提供创业资金的渠道?
　　○ 非常了解　　○ 了解　　○ 一般了解　　○ 不了解
13. 您是否参加过政府单位举办的创业比赛?
　　○ 是　　　　○ 否　　　　○ 不了解
14. 您是否参加过社会团体组织的创业项目比赛?
　　○ 是　　　　○ 否　　　　○ 不了解
15. 您学校所在的城市有多少本地创业者开设的电商平台?
　　○ 10个以上　○ 6~10　○ 3~5　○ 1~2　○ 0　○ 不清楚
16. 您会选择何种方式来培养自己的创新创业意识?(多选题)
　　○ 多参与学校相关社团的活动
　　○ 多学习理论知识或多选修有关课程
　　○ 到校外参加兼职,增加社会经验
　　○ 积极参加各种创新创业比赛
　　○ 参加各种学术性的研讨
17. 如果学校开设创业指导课程您希望课程内容更注重哪些方面?(多选题)
　　○ 市场营销
　　○ 财务、税收、法律
　　○ 企业管理
　　○ 案例分析
　　○ 工商注册
　　○ 人际交流与沟通技巧
　　○ 开展一些与自己专业相关的创业实践活动
18. 您认为政府在大学生创业方面最应该做哪些扶持?(多选题)
　　○ 大学生科技创业创新基金支持
　　○ 专业化的管理服务
　　○ 积极宣传相应政策
　　○ 创业场地支持

问卷2

以下是双创环境满意度的调查,请您回答以下问题。(其中满意程度我们将用数字1~5来衡量,1代表非常不满意,2代表不满意,3代表一般满意,4代表满意,5代表非常满意。)

非常满意（5） 满意（4） 一般满意（3） 不满意（2） 非常不满意（1）					
1. 您对自身的创业技能是否满意?	1	2	3	4	5
2. 您对自身的创新能力是否满意?	1	2	3	4	5
3. 您对自身的创业心理素质是否满意?	1	2	3	4	5
4. 您对您的社会经验是否满意?	1	2	3	4	5
5. 您对学校宣传双创政策的力度是否满意?	1	2	3	4	5
6. 您对学校创业培训课的开展形式是否满意?	1	2	3	4	5
7. 您对学校创业培训课的内容是否满意?	1	2	3	4	5
8. 您对学校创业培训课的课程效果是否满意?	1	2	3	4	5
9. 您对学校创业指导老师的指导水平是否满意?	1	2	3	4	5
10. 您对学校创业指导老师的理论水平是否满意?	1	2	3	4	5
11. 您对学校创业指导老师的创业实践能力是否满意?	1	2	3	4	5
12. 您对学校提供的众创空间是否满意?	1	2	3	4	5
13. 您对学校提供的创业场地是否满意?	1	2	3	4	5
14. 您对学校的双创政策总体上是否满意?	1	2	3	4	5
15. 您对当地政府宣传双创的力度是否满意?	1	2	3	4	5
16. 您对当地政府关于大学生的创业培训是否满意?	1	2	3	4	5
17. 您对当地政府部门关于创业方面的业务办理是否满意?	1	2	3	4	5
18. 您对当地政府负责创业工作人员的服务是否满意?	1	2	3	4	5
19. 您对当地政府在创业方面的补贴和优惠是否满意?	1	2	3	4	5
20. 您对当地政府扶持大学生自主创业方面的政策和法规是否满意?	1	2	3	4	5
21. 您对当地政府关于大学生的创业孵化支持力度是否满意?	1	2	3	4	5
22. 您对社会团体对大学生创业的支持力度是否满意?	1	2	3	4	5
23. 您对当地的创业信息交流平台是否满意?	1	2	3	4	5
24. 您对当地的创业氛围是否满意?	1	2	3	4	5
25. 您对当地的经济发展状况是否满意?	1	2	3	4	5

参考文献

[1] 谌志亮.浅谈我国的高校创业教育[J].新西部(下旬.理论版),2011(1):154-155.

[2] 崔玉波,张万筠,邹学军.谈如何指导大学生创新创业训练项目[J].科技视界,2014(20):34.

[3] Samuelson. J A. The pure theory of public expenditures[J]. Review of Economics and Statistics,2004(11):387-396.

[4] 高建等译.新企业与创业者[M].北京:清华大学出版社,2002.

[5] 杨曼英.创新教育导论[M].长沙:湖南师范大学出版社,2009.

[6] 李志能,郁义鸿,罗博特·D·希斯瑞克.创业学[M].上海:复旦大学出版社,2000.

[7] 杨俊,张玉利.基于企业家资源禀赋的创业行为过程分析[J].外国经济与管理,2004(2):2-6.

[8] 陈震红,刘国新,董俊武.国外创业研究的历程、动态与新趋势[J].国外社会科学,2004(1):21-27.

[9] 樊鹏,李忠云,胡瑞.我国大学生创业政策的现状与对策[J].高等农业教育,2014(6):74-77.

[10] 张英杰,薛炜华,杨波.论大学生创新能力的培养[J].中国青年研究,2009(7):101-103.

[11] 阎国华.工科大学生创新素质的提升研究[D].徐州:中国矿业大学,2012.

[12] 董海涛.构建大学生创业人才培养新模式[J].山西高等学校社会科学学报,2010(5):10-107.

[13] 时丽红."十二五"时期大学生自主创业浅析[J].金田,2012(3):332-333.

[14] 屠春飞,卢佳芳.基于导师制的大学生创新创业教育路径探究[J].宁波大学学报(教育科学版),2015(3):116-119.

[15] 刘军.我国大学生创业政策体系研究[D].山东大学,2015.

[16] 国务院办公厅.关于建设大众创业万众创新示范基地的实施意见[J].中华人民共和国国务院公报,2016(15):30-35.

[17] 贺腾飞,康苗苗."创新与创业"概念与关系之辩[J].民族高等教育研究,2016(4):7-12.

[18] 唐志敏,苗月霞,庞诗.我国高校毕业生创业政策分析[Z].深圳:中国人事科学研究院,2012.

[19] 陈婷婷.少数民族毕业生就业创业政策及其演变历程(2000—2015年)[J].内蒙古师范大学学报(教育科学版),2016(9):75-78.

[20] 董长麒.千方百计促进高校毕业生就业[J].新闻前哨,2013(7):15-18.

第9章 方便之所：四川省12地市公厕现状与对策研究

——基于城市居民的实证调查

9.1 选题背景

城市公厕是保障城市正常运转的基本公共服务设施之一，是一个城市文明化和现代化的重要标志，是一座城市建设的细节表现，是建设和发展现代化城市的必需。四川省大部分城市特别是地市级城市的公共厕所随着城市经济的发展和公共设施的完善而逐步得以改进，城市居民的日常生活水平和公共卫生条件得到了较大程度的提升。但由于每个城市的规模、结构、定位和发展阶段不同，城市公厕的建设状况也存在着较大差异。尽管相对以前城市公厕在环境、卫生、设施等方面有了较大的改善，但在外观设计、空间布局、日常管理维护等方面仍存在一些问题，与城市居民及游客对公共设施日益提升的需求之间仍存在着一定的差距。公厕管理与服务作为城市管理的重要组成部分，已成为提升城市整体形象的一个重要环节。

本选题构思最初来源于指导老师所教授的《公共政策学》课程实践任务，要求同学们对与日常生活密切相关的政策问题进行调研和分析，撰写政策分析报告。其中一学生小组选择以市民对城市公共设施满意度作为研究对象，但在实际选题构思过程中，因为城市公共基础设施范围过大，最终将调查范围缩小到城市公厕的建设情况及市民满意度调查研究。从完成作业和课堂实践任务的需要出发，将调查范围确定为宜宾市主城区，以宜宾城区公共厕所的建设管理现状和市民满意度为调查重点，以实地走访、问卷调查、居民访谈为主要手段，较好地完成了课程作业的任务。后根据参加"挑战杯"的需要，对调查区域进行了进一步的拓展，完成了参赛作品。

9.2 作品展示

方便之所：四川省12地市公厕现状与对策研究
——基于城市居民的实证调查

9.2.1 导 论

1. 研究背景

从2001年在新加坡举行的第一届厕所峰会以来，厕所问题备受关注，该会议决定将每年的11月19日设立为"世界厕所日"。世界厕所组织（World Toilet Organization，WTO）是一个关心厕所和公共卫生问题的非营利组织,口号是"关注全球厕所卫生",目的是让人们长期关注厕所问题以及国际民生问题。2004年第4届厕所峰会在北京召开,传递了"以人为本,改善生活环境,提高生活质量"的主题理念。2011年在中国海南召开了第11届厕所峰会,公共厕所问题逐渐发展成为人们广泛关注的问题,卫生环境差、设备陈旧、缺乏人性化、管理不规范等问题都被暴露出来。厕所革命,已经成为公共服务体系建设和文明旅游的切入点、引爆点、示范点。针对厕所"脏乱差少偏"这一旅游业服务的薄弱环节,2015年国家旅游局发起厕所革命,部署启动全国旅游厕所建设与管理三年行动。三年行动目标是:新建、改扩建旅游厕所5.7万座,其中新建3.3万座、改扩建2.4万座,到2017年末最终实现"数量充足、干净无味、实用免费、管理有效"的目标。

自2007年四川省实施城乡环境综合治理工作以来,通过落实城市总体规划和环卫设施建设专项规划,周密布局并大力建设市政环卫设施,部分城市"如厕难"的问题得到一定的缓解。2011年7月,在提请四川省人大颁布的《四川省城乡环境综合治理条例》中,对公厕的建设、管理做出了专门规定。2015年4月,《四川省旅游厕所建设管理三年行动计划(2015—2017)》明确提出了三年内全省将新改建旅游厕所3 500座(新建2 148座、改扩建1 352座),打造省级示范旅游厕所300座,示范市(州)6个,示范县(市、区)30个,努力建成"全国旅游厕所革命示范省"。但是,厕所在什么地方建,怎么建,怎么管理等仍是难题,这些问题的解决需要依托对各城市公厕建设的现状以及广大群众的现实需求做深入了解。因此,对于城市公共厕所的使用现状及满意度调查成为重中之重。

反观国内对城市公厕的政策方针、建设管理现状等问题的研究大都停留在认识层面,很少涉及城市开发、规划管理、人性化设计、社会文化、市民实际需求等多角度综合的实质性问题。虽然表面上我国在城市公厕建设上进行得如火如荼,但事实上很多地方的公厕建设并没有真正体现"以人为本"的理念,没有从每个地区城市公厕的现状及市民的实际需求出发,科学合理地进行规划建设和标准化、规范化的管理。2017年是旅游厕所建管行动的收官之年,2015—2017年,通过政策引导、资金补助、标准规范等方式持续推进,全国共完成建设旅游厕所50 916座,其中新建35 856座,改扩建15 060座,占厕所革命三年计划(共5.7万座)的89.33%。27个省区市主要领导就厕所革命做出批示和要求,各地纷纷成立厕所革命工作领导小组,将厕所革命纳入综合考核指标。本章将城市公共厕所的使用现状及满意度调查作为研究课题,对于加强城乡环境综合治理工作,检验厕所革命三年行动成果,反映各城市基础设施建设和市政公共服务改革的现状,提升城市建设与管理水平以及提高政府公共服务能力具有重要意义。

2. 理论意义

本章以城市公共基础设施的相关理论为基础,借鉴社会学、统计学、政策学、管理学等其他学科的相关理论,对城市公共厕所的使用现状及满意度进行调查研究,对于丰富和完善城市公共基础设施建设和公共物品供给的相关理论有一定的参考意义。

3. 现实意义

厕所,这个看似很小的地方,却已成为一座城市乃至一个国家文明的缩影。由于过去在厕所问题的认识上不够深刻,导致城市公厕不仅数量上相对欠缺,布局不合理,而且还引发出诸如环境污染、资源浪费、卫生健康等一系列社会问题。随着现代文明的推进,厕所问题已被列入城市基础设施与运营管理的重要课题,是衡量城市基础设施建设水平的尺度之一,是反映社会文明进步程度的重要标志,是树立城市形象的重要窗口。合理规划布局城市公厕、加快公厕建设步伐、全面提高公厕管理水平既是广大市民和中外游客的强烈要求,也是建设现代化文明城市的迫切需要。通过对城市公厕的现状及市民满意度的调查,对各类公共厕所建设中的问题及相应对策进行阐述,旨在为公厕建设中面临同样难题的地区提供切实可行的解决方案,进一步增加城市公厕的保有量及提升其管理服务质量,使"方便"之路真正方便;从侧面反映市民对政府公共服务的满意程度,为提高政府的公共服务能力提供支持,以实现"方便之所敞开,服务之心常在"。

9.2.2 研究方法及创新点

1. 总体思路

城市公共厕所的使用现状及满意度调查研究,遵循提出问题、分析问题、解决问题的一般科学研究路线。首先收集整理有关公共厕所和基础设施建设问题的文献资料;然后在前期文献分析的基础上,设计出调查问卷,对四川省部分城市的公厕满意度进行实地调查;最后完成调查问卷的收集工作,通过专业化的数据分析工具分析存在的主要问题,并且提出具体解决方案,得出结论。

2. 研究方法

(1) 文献研究法

本研究围绕公厕布局、公厕设施、公厕卫生、公厕管理以及对公厕的意见和建议等内容,利用中国知网(CNKI)、万维网等数据库检索收集相关文献资料进行研究分析,从中获得以往的研究经验和成果,为本调查的实际操作研究提供参考。

(2) 问卷调查法

本研究选取四川省成都市、绵阳市、泸州市、宜宾市、眉山市、乐山市、雅安市、内江市、南充市、广元市、西昌市、巴中市作为样本单位,采取随机抽样方法进行现场调研,对市民进行问卷调查和现场访谈。

(3) 比较分析法

本研究通过实地考察四川省部分城市公共厕所建设和使用现状的信息,通过调查区域与省内外其他地区和调查区域之间的比较分析,对造成公厕建设问题的原因进行更为实证的分析。

3. 课题研究框架

通过图 9.1 所示思路设计问卷并对问卷进行分析研究。

研究技术路线如图 9.2 所示。

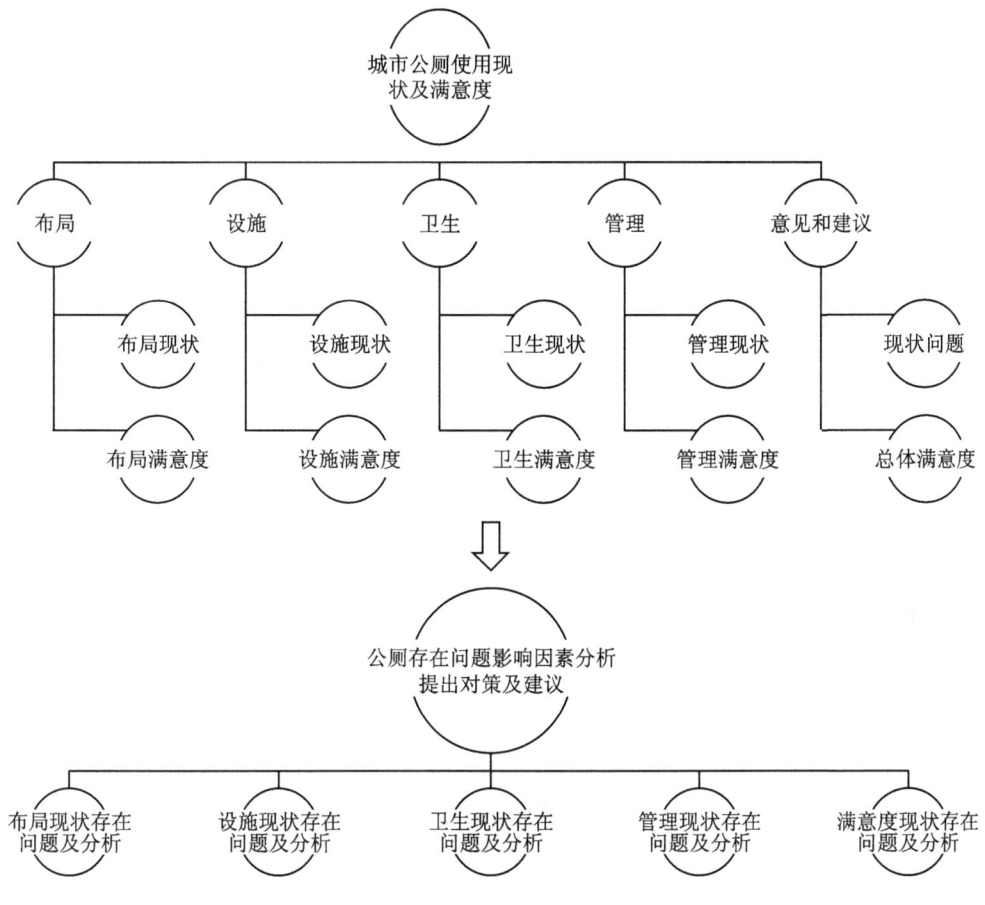

图 9.1 课题研究框架

4. 调查问卷

本次调查问卷分为两部分,采用定性和定量分析相结合的方式,通过实地调查获得的相关数据及资料,对调查地区城市公厕建设中面临的具体问题进行分析。基于对城市基础设施的考虑,确定调查问卷的主题和对象,并由此形成调查问卷的初稿。经过一系列文献的查找和理论的总结,从中找出问题,不断地完善问卷,最后确定正式的调查问卷。一部分问卷由小组调查人员经过实地考察进行填写,另一部分由受访谈市民进行填写。

5. 文献综述

城市公厕是城市基础设施的重要组成部分,是现代城市文明形象的窗口之一,体现着城市物质文明和精神文明的发展水平。随着现代文明的发展,城市公厕越来越受到人们的重视。我国专家学者对城市公厕的研究也越来越多,而且从不同的研究方向、方法、层次以及专业视角等,提出了不同的观点和建议。

史慧芳、张彦军、朱子君(2009)阐述了公厕对于城市发展的意义并指出了我国公厕的现状和存在的问题。对公厕设计从以人为本、布局、洁具及五金、环境四个方面提出了自己的建议和想法,并指出从 1994 年北京提出"公厕革命",我国就开始了一场针对厕所的改革工程,但作为"革命"并不能一蹴而就。我国的公厕还面临许多现实问题,还需要多方协作共同解决,

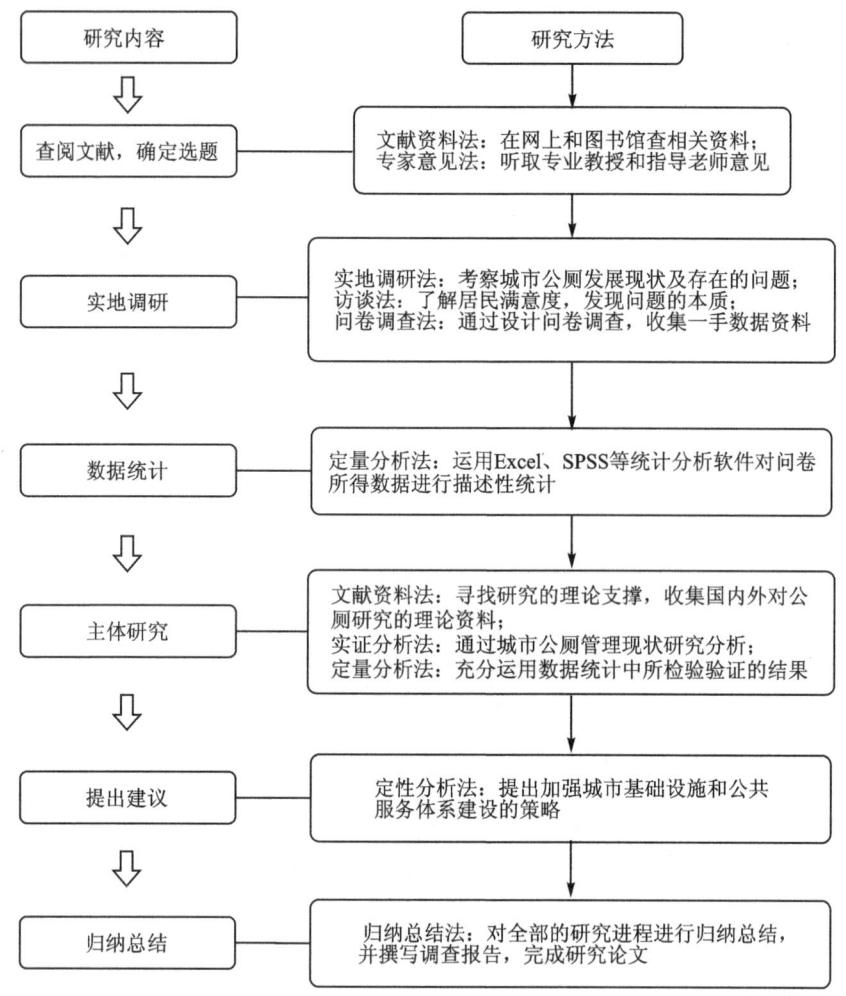

图 9.2 研究技术路线

以人性化的方法,满足公众对公厕的需求,促进社会经济和环境的协调发展。

高钰(2016)基于公共厕所指路牌现状和存在的问题,根据相关标准及规范,从指路牌版面布置、立柱尺寸、材料和制作、指路牌位置等四个方面分析了公厕指路牌设计要点,进一步提升了公厕指路牌的服务功能。从指路牌的现实意义指出"指路牌作为指导性标识物,具有十分重要的现实意义"强调指路牌作为一种指导性的标识物,应该给人醒目、美观的视觉冲击。

谢金宁、谭勇、刘怡妃(2011)运用人群密度分析法与人口分布分析法,以《城市环境卫生设施规划规范》(GB 50337—2003)、《广州市公共厕所建设规划》为参考标准,对湘潭市雨湖区公共厕所的数量、质量和空间布局进行了分析,得出目前雨湖区的公厕无论从数量、质量或空间上都没有达到供给和需求相统一的结论。

张芮(2008)以国民经济与社会文明的发展,我国城市进入迅速发展时期为背景进行研究,并得出"公共厕所的建设和改造成为衡量城市环境乃至整个国家文明程度的一个重要标志,我国各个地区和城市中,公厕分布密度和数量不合理。卫生和相关配套设施不尽如人意,给人们的生活带来了极大不便,成为阻碍中国城市文明发展的一大障碍,需要给予更多的重视"的结论。深入分析城市中的公共厕所存在的问题,为我国城市规划中公厕的建设和改造提出有效的解决方案,并确定其未来的发展方向。

上述专家学者的研究成果,从不同的研究方向、层次以及专业视角对城市公厕使用及管理情况进行分析,并提出了值得借鉴的政策建议。本研究总结上述学者的研究结果,汲取不同的经验和思路,以四川省12个地级市为例研究城市公厕的使用现状及满意度,同时将宏观数据与微观案例相结合,既分析了四川省12个城市公厕的使用情况的宏观现状,也通过个案调查对政策具体落实中存在的问题进行分析,从而为更好地加强城市基础设施建设提供借鉴。

6. 创新与不足

本研究通过以小见大的研究视角和深入实际的研究方法,考察四川省城市公厕发展现状、存在问题及市民对公厕的满意程度。通过对公厕建设中面临的问题和群众满意度的分析,反映城市基础设施建设以及城市管理实际工作的成效。

考察城市公厕的数据需要完整性和全面性。此次调查研究是对四川的城市公厕建设和居民满意度的调查,由于客观条件限制,调查的城市只是四川省的一部分城市,数据不够完整、全面。

9.2.3 研究综述

1. 调研地区

采用方便抽样的方式,根据四川省各个城市地理位置、经济发展程度等差异,选择一些具有代表性的城市。通过各方面的综合考虑,选择了成都、绵阳、宜宾、泸州、眉山、内江、雅安、南充、乐山、广元、巴中、西昌12个市区,各调查区域概况如下:

成都是四川的省会城市,经济发展状况和城市基础设施的建设都比其他城市优越许多。市区人口多、人流量大,加之大学云集,研究机构众多,旅游资源丰富,人文历史悠久,城市基础设施建设较为完善。成都的各个区内的公厕建设现状也存在着较大的差异,越靠近城中心的公厕不论是环境还是设施都要好些,而三环外的工厂集聚的郊区,公厕的环境和分布密度等较差。

宜宾市位于四川南部,是一座文化古城,面积共13 283 km^2,人口达540万余人。宜宾城区目前有公厕123座,就分布情况来看,71座属于翠屏区市容管理局,另外52座为私人或公司修建。71座公厕中,南岸、老城区、江北分别有15座、46座、10座。虽然近些年宜宾市对于公共基础设施建设的财政投入力度不断加大,公厕在数量和内部环境设施方面有了很大的改善,但仍存在市区分布较多,区域分布不均衡,厕所质量好坏不一等问题。

泸州市位于川南,2014年泸州市被列为全国首批25个新型城镇化综合试点地级市之一。2015年常住人口城镇化率46.1%,人口达120.4万人。随着城市建设步伐的加快、市民物质文化生活水平的不断提高,城市公厕的建设与管理对改善泸州市旅游环境、投资环境、居住环境、实现现代化等都有重要的现实意义。

眉山市位于四川省西南部,总面积7 186 km^2,人口350万余人。作为我国优秀旅游城市"三苏故里",游客众多。眉山市对公厕的需求和建设力度较大,存在的主要问题是卫生情况较差,内部设施建设不完整。近年来政府财政投入力度加大,状况得到了较大改善。

内江市位于四川省东南部,沱江下游中段,面积5 385 km^2,常住人口372万余人。2015

年内江城镇人口达 170.57 万人,城镇化率为 45.61%。内江市城区现有公厕 127 座,公厕数量不足,现有公厕档次低,很大部分需改造提升。

雅安市位于川西,人口 154 余万,面积约有 15 143 km²,雅安正在大力进行城市基础设施建设,打造旅游文化城市,完善公共服务设施。但就公厕建设方面还存在诸多问题,如公厕布局不合理,设施损坏较多,维修情况较差,整体卫生情况也较差等。

南充位于四川盆地东北部,地处嘉陵江中游,是闻名遐迩的丝绸之乡,面积 12 494 km²,总人口 730 万。南充市公厕城乡分布不均,公厕配置差距大,后期管理较差。2016 年 1—8 月,南充市基础设施建设投资 439.85 亿元,公共设施管理业已完成投资 212.91 亿元,公厕等公共基础设施不断完善。

乐山位于四川盆地西南部,面积 12 827 km²,2016 年人口 354.4 万。乐山市是我国唯一一个拥有三处世界遗产的城市,旅游资源丰富,人口流量大。乐山市存在部分新城区的公厕建设数量不足、布局不合理等现状。2011—2015 年,主城区公厕新(改)建 149 座,其中新建 79 座、改建 70 座,建设投资增大,状况逐步改善。

广元市古称利州,已有 2 300 多年的历史,位于四川省北部,面积 16 313 km²,2016 年人口 450 万。公厕建设力度不强,后期公厕维护力度小,分布不均,总体质量相比较差。2016 年第五期《阳光问政》直播节目对市城区路灯、公厕等公共设施维护不力进行了曝光后,公厕建设逐步改善。

巴中市位于四川盆地东北部,地处中国秦岭-淮河南北分界线,面积 12 325 km²,2016 年人口达到 400 万。巴中市公共基础设施建设发展较快,环境改善效果明显,城区公厕数量已有 148 所,但公厕布局不均,城乡设施差别较大。

西昌市位于四川省西南部,是攀西地区的政治、经济、文化及交通中心,面积 2 651 km²,人口 70 万。经实地调查,公厕建设区域差距大,公共设施投资力度大,但仍然存在收费不标准问题,部分公厕存在乱收费现象。

绵阳,自古有"蜀道明珠""富乐之乡"之美誉,位于四川盆地西北部,面积 20 249 km²,总人口 530 万,经济发展迅速,人口流量大。公共基础设施较完善,城区公厕分布密度较大,设施齐全,但公厕后期管理相对松懈,设备更新和维修速度较慢。

2. 调研对象及调研资料来源

本研究以四川省 12 地市城市居民为主要调查对象,采取随机问卷调查的方法,以问卷调查和实地考察获得的数据为基础,对城市公厕的使用现状及问题进行研究。为保证调查的顺利进行和数据的准确有效,在调查之前先对调查员进行集中讲解指导,确保调查员能向调查对象介绍清楚本调查的内容和目的,能回答清楚调查对象提出的相关问题。实际调查中,每张问卷都在调查员的陪同解释下完成,以确保问卷的完成质量与数据的准确性和真实性。

本次调查共发出问卷 4 100 份,收回 3 848 份,其中有效问卷为 3 440 份,有效率 89.4%,调查区域覆盖了四川省大部分城市。

调查区域分布见表 9.1。

第9章 方便之所:四川省12地市公厕现状与对策研究——基于城市居民的实证调查

表9.1 调查各区域样本数

调查地点	频 率	百分比/%	有效百分比/%	累积百分比/%
成都	1 162	33.8	33.8	33.8
南充	256	7.5	7.5	41.2
乐山	256	7.5	7.5	48.7
广元	170	4.9	4.9	53.6
巴中	163	4.7	4.7	58.3
宜宾	243	7.1	7.1	65.4
西昌	276	8.0	8.0	73.4
绵阳	300	8.7	8.7	82.2
泸州	170	4.9	4.9	87.1
眉山	173	5.0	5.0	92.1
雅安	123	3.6	3.6	95.7
内江	148	4.3	4.3	100
合计	3 440	100.0	100	

3. 调查对象的基本情况

本次调查的区域覆盖四川省12个地市,因为采用的是街头随机调查的方式,表9.2~表9.4中的数据反映,总体来看调查样本中男女性别比例接近持平,年龄以16~35岁之间为主,大部分被调查者都接受过初中及以上文化教育,调查对象主要为本地居民,符合问卷调查对样本分布的基本要求。

表9.2 被调查者的性别

调查地点	男 性	女 性	合 计
成都	409	753	1 162
南充	135	121	256
乐山	138	118	256
广元	107	63	170
巴中	103	60	163
宜宾	117	126	243
西昌	176	100	276
绵阳	107	193	300
泸州	95	75	170
眉山	99	74	173
雅安	59	64	123
内江	79	69	148
合计	1 624	1 816	3 440

表 9.3 被调查者年龄

调查地点	16 岁以下	16～35 岁	36～55 岁	55 岁及以上	合 计
成都	145	728	263	26	1 162
南充	56	113	77	10	256
乐山	62	121	53	20	256
广元	28	107	28	7	170
巴中	15	91	40	17	163
宜宾	57	123	49	14	243
西昌	43	168	58	7	276
绵阳	60	157	71	12	300
泸州	51	93	24	2	170
眉山	23	88	46	16	173
雅安	11	65	35	12	123
内江	7	61	62	18	148
合计	558	1 915	806	161	3 440

表 9.4 受教育程度

调查地点	小学及以下	初 中	高 中	大 专	本科及以上	合 计
成都	123	231	441	197	170	1 162
南充	24	102	55	33	42	256
乐山	49	83	70	24	30	256
广元	18	48	83	6	15	170
巴中	20	32	59	12	40	163
宜宾	29	96	58	20	40	243
西昌	32	59	89	39	57	276
绵阳	54	128	93	18	7	300
泸州	34	81	25	10	20	170
眉山	31	55	43	12	32	173
雅安	19	33	22	19	30	123
内江	15	40	30	21	42	148
合计	448	988	1 068	411	525	3 440

9.2.4 四川省城市公厕现状与存在的问题

城市公共厕所作为城市的基础公共服务设施,其建设水平和管理问题受到社会的普遍关注。但由于受资金、技术、管理手段等因素的影响,四川省各地市的公共厕所建设与维护呈现了诸多问题,居民满意度较低。

1. 公厕指示标志不明显,数量相对较少

(1) 公厕指示标志状况

城市公厕指示标志是城市文明的重要体现,它是影响市民"方便"之路是否方便的首要因素,如果没有指示标志或标志不明显,人们可能会对公厕的具体位置产生错觉,市民在内急之时,可能无法顺利找到方便之地。本次对公厕指示标志的调查数据见图 9.3。

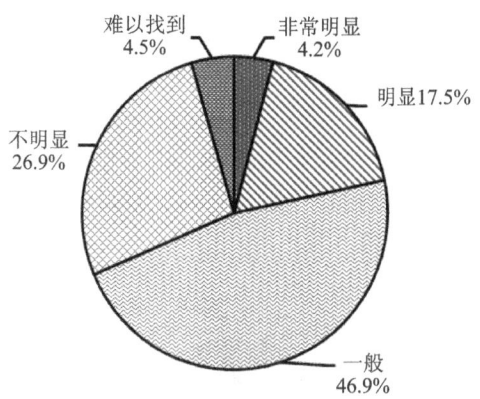

图 9.3 公厕指示标志

从图 9.3 中可以看出,被调查对象认为公厕指示标志明显和非常明显的比例分别为 17.5% 和 4.2%,46.9% 的被调查居民表示一般,这说明了四川省城市公厕指示标志建设还是有些成效,但仍不太令人满意,有大约 31% 的被调查者认为公厕指示标志是不明显的。公厕是城市的一扇便民窗口,政府部门不但要建设数量足够的公厕,还要让群众容易找到公厕,这才是真正的以人为本。调查数据显示,不同地区市民对公厕指示标志的满意度存在一定差异,具体情况见表 9.5。

表 9.5 公厕指示标志情况地区分布表

调查地点	非常明显	明显	一般	不明显	难以找到	合计
成都	33	151	518	382	78	1 162
南充	1	42	139	67	7	256
乐山	2	50	149	46	9	256
广元	4	40	119	7	0	170
巴中	16	54	63	27	3	163
宜宾	20	43	98	63	19	243
西昌	51	44	106	60	15	276
绵阳	1	14	142	142	1	300
泸州	3	32	104	30	1	170
眉山	2	65	67	29	10	173
雅安	5	28	52	27	11	123
内江	4	39	58	46	1	148
合计	142	602	1 615	926	155	3 440

如表9.5所列,成都市被调查者中有39.6%的居民认为城市公厕指示标志不明显与难以找到,分别为382人与78人。同时被调查者只有15.8%认为城市公厕指示标志明显,约有44.6%的被调查者认为是一般。这是由于成都市城区面积过大,新区建设较快,还有许多的指示标志需要完善。另外广元、巴中、西昌、眉山的被调查者认为城市公厕指示标志明显,分别为44人、70人、95人、67人,明显度是大于不明显以及难以找到的。而内江市、绵阳市、宜宾市、南充市由于城市定位以工业为主,导致这四座城市的居民对公厕指示标志的满意度较低,认为公厕指示标志不明显和难以找到的分别为47人、143人、82人、74人,这些数据大于认为明显的被调查者。

(2) 公厕数量状况

与东部的省市相比,四川省地级市的公厕数量严重不足,这是由于四川省的地理条件和经济发展水平的制约,导致了公厕的建设速度较为迟缓,为居民生活带来不便。被调查对象对当前公厕数量情况反映的数据分析见图9.4。

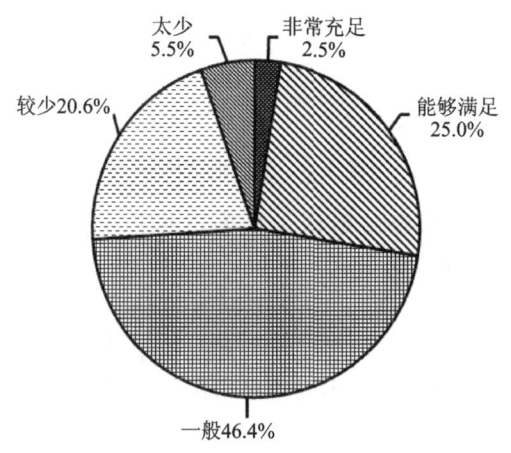

图9.4 公厕数量需求

从图9.4中可以看出,被调查市民对公厕数量的认识主要为一般,占46.4%,排在第二位的是能够满足,占被调查城市居民的数量的1/4。在实地调查中发现,城市公厕的数量分布有区域性,中心市区的厕所分布较为集中和扎堆,而其他的贸易区和车站等人流量大的区域厕所相对较少。大约有1/5的被调查市民觉得公厕数量较少,不能够满足需求,还有5.5%的城市居民认为公厕数量太少。总体而言,持有满意意见的多于持有不太满意意见的。这说明了四川省城市公厕建设在数量上还是得到了居民的肯定,但同时也看到约有一半的被调查者认为公共厕所的数量一般,约有26%的被调查市民认为公厕数量不能满足他们的需求,对城市公厕的合理规划问题理应得到更多的重视。

数据显示,不同地市被调查者对公厕数量多寡的认知不同,具体情况见表9.6。

如表9.6所列,城市公厕数量的问题与该城市的定位有关。众所周知,工业城市的公厕建设力度不如旅游城市,二线和三线城市公厕建设力度不如一线城市,地级市公厕建设力度不如省会城市。因此眉山、泸州和西昌的公厕满意度大于宜宾、内江与绵阳。虽然雅安市是一个旅游城市,但是地处川西,经济发展相对迟缓,公厕建设相对于其他地级市要落后一些,所以雅安公厕数量的满意度仅为15.4%。与此同时泸州和乐山作为全国卫生城市,公厕建设数量相对比较充足,被调查对象的满意度在一般以上的分别为146份和205份,占总体的80%左右。广元和巴中地处川北,属于革命老区,同时旅游业也比较发达,公厕建设数量比较完备,满意度在一般以上分别达到98.2%和75.5%。成都作为四川省的省会城市,人口较多,市民对公厕数量的需求较大,政府对公厕建设的投资较多,经济发展迅速,所以成都的被调查者对公厕数量的满意度较高,达到了73.4%。

表9.6 公厕数量需求情况地区分布表

调查地点	非常充足	能够满足	一般	较少	太少	合计
成都	26	308	519	235	74	1 162
南充	1	81	108	53	13	256
乐山	2	73	130	45	6	256
广元	4	45	118	3	0	170
巴中	8	46	69	33	7	163
宜宾	12	42	85	75	29	243
西昌	24	66	113	55	18	276
绵阳	0	38	194	65	3	300
泸州	3	56	87	23	1	170
眉山	0	65	69	37	2	173
雅安	2	17	39	43	22	123
内江	3	24	66	43	12	148
合计	85	861	1 597	710	187	3 440

2. 公厕面积基本满足需求,内外部装修及基本设施不够完善

(1) 公厕内部使用面积现状

公厕的内部使用面积与如厕舒适度息息相关,在调查过程中发现四川省城市公厕内部使用面积较大,基本能够满足需求,但部分公厕的内部使用面积尚未达标。具体调查数据情况见图9.5。

从图9.5中可以看出,被调查者认为公厕内部使用面积能够满足需求的占33.3%,24.6%的被调查者认为公厕的内部使用面积较小,42.1%的被调查者认为公厕内部使用面积一般,各调查地区具体情况如表9.7所列。

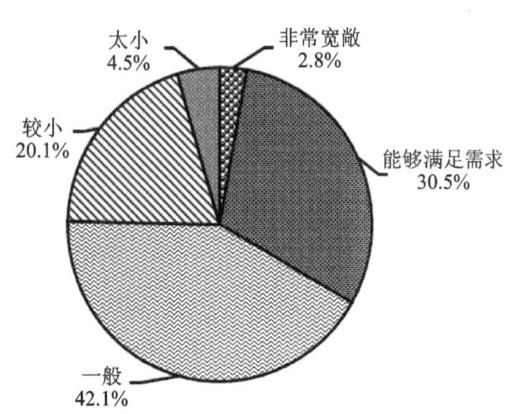

图9.5 公厕内部使用面积

表 9.7 公厕内部使用面积情况地区分布表

调查地点	非常宽敞	能够满足	一般	较小	太小	合计
成都	31	377	449	233	72	1 162
南充	3	65	117	59	12	256
乐山	6	84	130	31	5	256
广元	2	39	106	23	0	170
巴中	9	55	79	19	1	163
宜宾	16	50	105	52	20	243
西昌	28	58	126	54	10	276
绵阳	1	42	161	89	7	300
泸州	3	61	91	12	3	170
眉山	1	66	68	37	1	173
雅安	6	39	51	22	5	123
内江	2	40	65	35	6	148
合计	108	976	1 548	666	142	3 440

表 9.7 数据显示,成都市被调查者认为公厕内部使用面积较小的约占 20%,这说明了成都市居民对公厕内部使用面积要求较高。泸州、乐山、眉山、西昌、巴中 5 个地级市满意度较高,满意及以上的比例远大于不满意及以下,内江、绵阳、广元、宜宾、南充 5 个地级市的公厕内部使用面积满意度不太高,这说明了四川省地级市对公厕内部使用面积的规划设计较为合理,但仍需完善。

(2) 公厕内外部装修现状

公厕的内外部装修情况也与厕所的使用满意度息息相关。居民对四川城市公厕的内部装修总体满意情况较好,但仍存在着一定的问题。整体满意度情况见图 9.6。

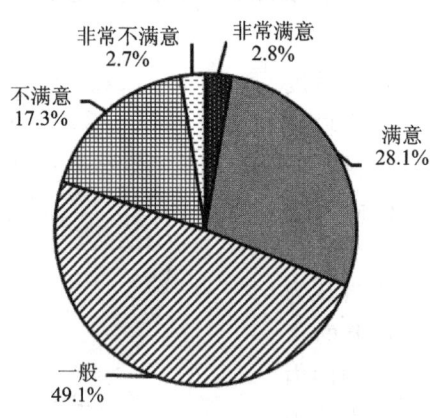

图 9.6 公厕内外部装修满意情况

从图 9.6 中可以看到,对于公厕内外部装修,总体上有将近一半的被调查者的认为是一般,28.1% 感到满意,另外还有 2.8% 非常满意,但仍有 20% 的被调查者是不满意的。各区域具体情况见表9.8。

表9.8 公厕内外部装修满意情况地区分布表

调查地点	非常满意	满 意	一 般	不满意	非常不满意	合 计
成都	29	355	553	195	30	1 162
南充	3	79	111	54	9	256
乐山	4	71	135	42	4	256
广元	2	51	107	10	0	170
巴中	14	56	72	21	0	163
宜宾	18	38	109	59	19	243
西昌	16	56	141	53	10	276
绵阳	1	90	137	69	3	300
泸州	6	74	78	10	2	170
眉山	0	36	95	37	5	173
雅安	2	31	68	17	5	123
内江	1	29	84	29	5	148
合计	96	966	1 690	596	92	3 440

从表9.8可以看出,泸州被调查者对公厕内外部装修满意的人数远高于不满意的人数,和这种情况相似的城市有广元、巴中、乐山、南充。同时对成都市公厕内外部装修持满意态度的人数为384人,高于不满意者225人,这说明了成都的公厕内外部装修还是比较完善的。宜宾、雅安、眉山、绵阳、西昌的被调查者的满意与不满意人数大致相当,例如对眉山公厕装修满意的人数为36人,而不满意和非常不满意人数为42人。总的看来,四川城市公厕内外部装修还是保持较好的状况。

(3) 公厕的内部设施现状

公厕不仅仅要搞好"面子"问题也要搞好"里子"问题,但最重要的仍然是"里子"问题,即公厕内部设施。公厕内部设施与居民的舒适度密切相关,但四川的城市公厕的内部设施总体来说还是不够完善,具体调查情况见图9.7。

从图9.7中可以看出公厕有洗手池的占68%,有隔间门锁的占67%,有自动冲水设施的约占62%,有厕内挂钩的占61%、有卫生纸的占52%,有梳妆台的占45%,有垃圾桶的占44%,有残疾人设施的占34%,有自动干手器的占30%,有管理间的占21%,有除臭装置和儿童专用设施的占17%和11%,其他占2%。公厕中的洗手池的比例较高是因为洗手池是关乎卫生的一项重要问题,而隔间门锁占比较高是因为这是涉及个人隐私的问题。为了有效地回收处理垃圾,垃圾桶是必要的。梳妆镜是一个厕所的必需品,它是给上厕所的人提供一个良好的整理仪表的设施。同时为了照顾残疾人和儿童,还需增加一些人性化的设施,而像干手器、管理间、除臭设施等的普及度还是很低的。

3. 公厕卫生状况整体一般,问题较多

(1) 公共厕所卫生现状

近年来,我国城市化发展取得了长足的进步,各城市的公厕建设与管理也随之改善,但仍

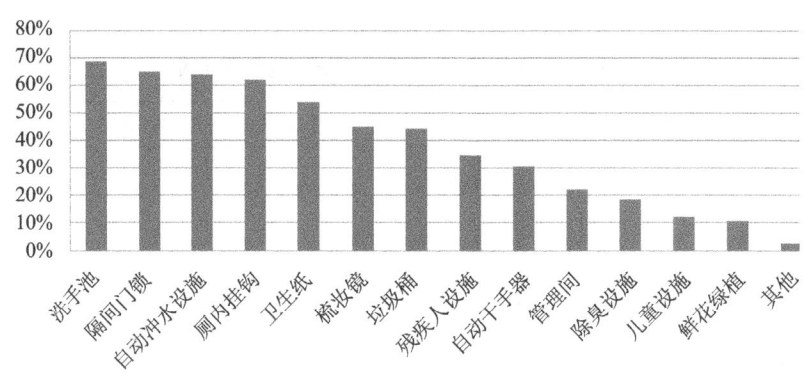

图 9.7 公厕设施配备情况

然存在许多问题,居民对公厕卫生状况的评价数据如图 9.8 所示。

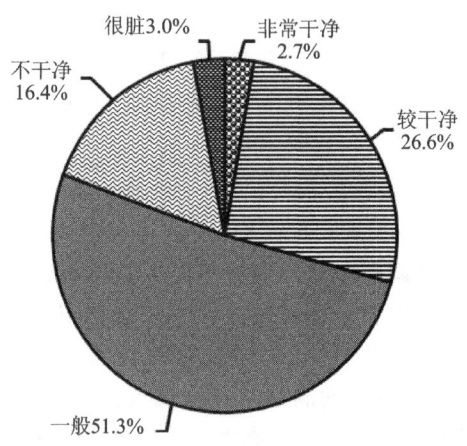

图 9.8 内部环境干净情况

从图 9.8 可以看出,被调查者中有 29.3% 认为公厕内部环境卫生干净,认为不干净的占 19.4%,认为一般的占 51.3%,各地市具体情况见表 9.9。

表 9.9 内部环境干净情况地区分布表

调查地点	非常干净	较干净	一般	不干净	很脏	合计
成都	19	346	537	201	59	1 162
南充	20	82	104	35	15	256
乐山	7	81	135	33	0	256
广元	2	45	123	0	0	170
巴中	7	43	93	20	0	163
宜宾	11	47	105	62	18	243
西昌	17	65	153	39	2	276
绵阳	0	27	197	75	1	300
泸州	5	72	83	10	0	170

续表9.9

调查地点	非常干净	较干净	一般	不干净	很脏	合计
眉山	0	46	92	33	2	173
雅安	4	27	57	30	5	123
内江	1	34	84	27	2	148
合计	93	915	1 763	565	104	3 440

从表9.9可以看出,认为成都公厕内部环境一般及以上的人数达到了902人,这是一个非常具有说服力的数字。泸州、眉山、泸州、成都、眉山、乐山、巴中、广元、西昌的被调查者对公厕内部环境卫生的满意度也比较高,远大于选择不满意的人数,说明这些城市公厕的内部卫生做得还是比较好的。但是绵阳、宜宾、雅安、内江的公厕卫生问题就比较令人担忧,例如宜宾的满意人数58人是低于不满意人数80人的。

(2)公厕卫生问题现状

调查发现公厕存在着垃圾较多、气味难闻、地面又脏又滑和冲洗不够等问题,具体情况如图9.9所示:

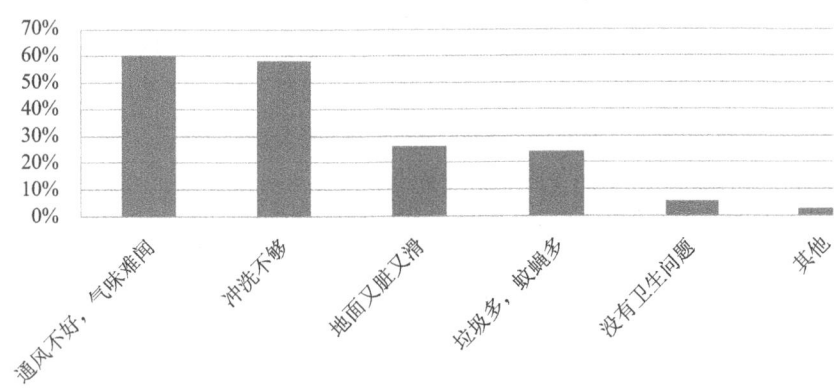

图9.9 公厕卫生问题

从图9.9中可以看出,被调查者有60%认为公厕内部环境卫生存在着通风不好、气味难闻这个问题,58%认为冲洗不够,25%认为存在地面又脏又滑的情况,23%认为存在垃圾多、蚊蝇多等问题,只有极少数人选择没有卫生问题和其他。

4. 公厕日常管理维护有待加强

(1)公厕收费问题

总体而言,在国家及地方政府相关政策的指引下,城市公厕数量增长较快,设施完善程度逐渐增强,管理模式也不断完善。公厕作为城市基础设施的一部分,与人民的日常生活息息相关,虽然国家相继出台了公厕免费政策,但仍有少部分地区存在收费现象,具体情况如图9.10所示。

从图9.10中可以看出,大部分公厕都已实行免费政策,但仍有部分存在收费问题。居民常去的公厕中,全部收费的比例仍然占到了6.9%,大部分收费的占17.2%,很少收费的占48.4%,只有27.5%的民众反映公厕全部不收费。根据这些数据可以看出,要做到公厕全面面向民众免费开放需要进一步加大建设力度,加强管理。

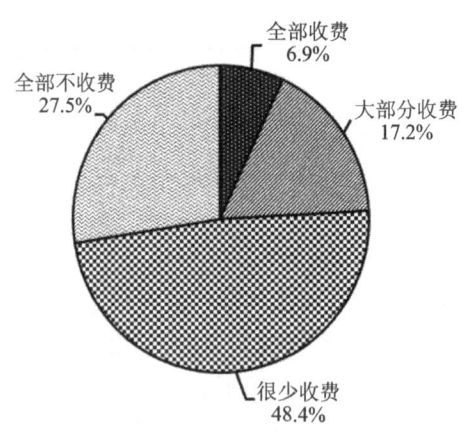

图 9.10 公厕收费情况

如表 9.10 所列,无论是经济较为发达的省会成都,还是泸州、眉山、宜宾、乐山、西昌等地级城市都存在公厕收费的情况。通过成都的 1 162 份问卷所呈现的信息来看,情况并不是很乐观,其中只有 299 份问卷反映全部不收费,约占 1/4,在全省经济最为发达的省会城市尚且如此,其他城市的情况就不言而喻了。这些调查数据体现了当前部分城市公厕收费体系的混乱现象,部分公厕需要收取 5 毛、1 元,甚至更高的费用,同时设施十分简陋,卫生环境脏乱差。

表 9.10 公厕收费情况地区分布表

调查地点	全部收费	大部分收费	很少收费	全部不收费	合 计
成都	13	95	755	299	1 162
南充	24	75	76	81	256
乐山	47	75	77	57	256
广元	11	38	51	70	170
巴中	4	16	92	51	163
宜宾	41	60	101	41	243
西昌	15	46	120	95	276
绵阳	2	88	202	8	300
泸州	59	35	35	41	170
眉山	20	50	85	18	173
雅安	0	11	50	62	123
内江	2	1	22	123	148
合计	238	590	1 666	946	3 440

(2) 公厕设施管理与维护现状

卫生条件的好坏及设施完善程度,体现着一个城市的整体形象和公共基础设施的完善程度。若相应的管理与维护跟不上,就不能建设完善的城市公厕体系,不能最大限度地体现一个城市的形象。本次调查中公厕保洁人员情况如图 9.11 所示。

最新的公厕卫生条例规定,城市公厕管理与维护应该保证以下两点:第一,公厕应有专人

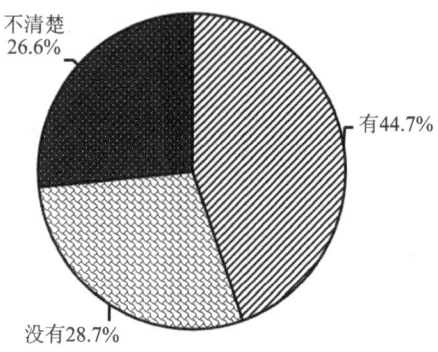

图 9.11 是否有公厕保洁人员

管理、有保洁制度;第二,公厕每天保洁次数应不少于 2 次。通过图 9.11 的调查数据显示,只有不到一半的被调查者表示公厕有专门的保洁人员,这表明政府应加强厕所保洁人员的配置与管理。具体调查区域情况如表 9.11 所列。

表 9.11 公厕保洁人员情况地区分布表

调查地点	有	没有	不清楚	合计
成都	405	398	359	1 162
南充	138	44	74	256
乐山	159	44	53	256
广元	65	78	27	170
巴中	53	45	65	163
宜宾	96	69	78	243
西昌	160	37	79	276
绵阳	69	194	37	300
泸州	144	6	20	170
眉山	103	27	43	173
雅安	69	15	39	123
内江	75	31	42	148
合计	1 536	988	916	3 440

表 9.11 的数据显示,成都虽是全省的政治、经济中心,但总体情况相对于其他地级城市较为严峻,回收的 1 162 份有效问卷中,只有 405 份问卷显示有专门的保洁人员,比例不到 1/2。而绵阳市作为四川第二大经济发达的城市,情况更为严重,300 份有效问卷中,仅有 69 份问卷显示有专门的保洁人员,说明这两个经济大市在经济快速发展的同时,对于以公厕为代表的城市公共基础设施建设投入力度与实际需求不相符。反观其他几个市的情况却要好得多,特别是内江市,在 148 份有效问卷中,表示有专门的保洁人员的问卷为 75 份,比例达到了 51.02%,这说明内江市在坚持传统的工业大市的基础上,对于城市公厕的投入力度正在逐渐增大。经济发展相对较弱的雅安和巴中,两个城市都作为全国优秀旅游城市,在公厕保洁方面情况较好。

本次调查中公厕内部设施损坏情况如图9.12所示。

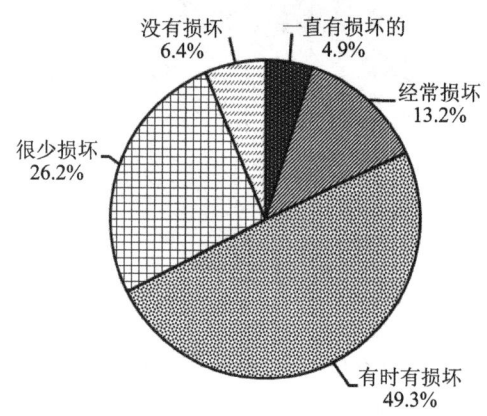

图9.12 内部设施损坏情况

图9.12显示,对于公厕内部设施损坏问题,只有6.4%的受访者认为从未有损坏,认为很少有损坏占26.2%,认为经常有损坏和一直有损坏的比例分别为13.2%和4.9%,这一比例相对来说是很高的,除此之外还有49.3%认为有时有损坏,这说明有损坏的情况占大多数。这种情况可以从几个方面来分析:一是公厕设施呈现出老旧的现象,设施更新速度慢;二是市民对于公厕设施的保护意识较弱;三是维护力度较弱,所以设施损坏情况严重。

公厕内部设施损坏的维修及时情况,如图9.13所示。

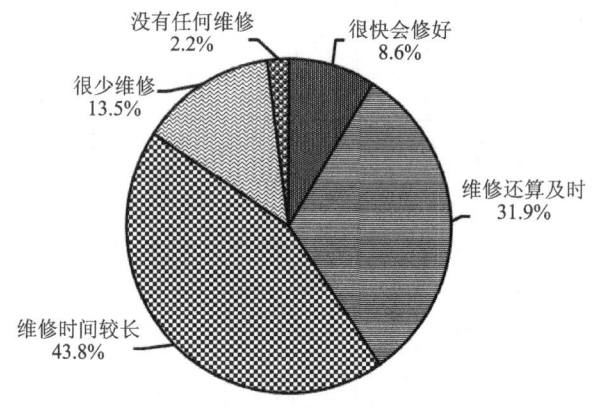

图9.13 公厕设施损坏维修情况

从图9.13可以看到,总体上公厕设施维修力度还算不错,回收的3 440份有效问卷中,只有2.2%的问卷数据显示对于公厕设施损坏没有任何维修,这说明总体上公厕设施损坏修理还是能最大限度地进行。但从另一个方面也注意到,认为维修时间较长的占43.8%,很少维修的占13.5%,两点共占57.3%,接近六成,这说明城市公厕设施损坏的维修不够及时,维修力度还有待加强。

5. 市民需求及反映问题分析

(1) 市民使用公厕最在意的环境卫生状况

了解市民在使用城市公厕时最在意的方面,可以为更好地提升公厕建设和服务水平提供有益的建议。从图 9.14 可以清晰地看出,使用者在使用公厕时最在意的是环境卫生状况,其次分别是设施完善程度、个人隐私方面、环保措施及其他。这些大都体现了使用者的具体要求,与公厕的卫生管理及设施配置密切相关,从另一个方面也说明需要加强公厕管理和设施建设。

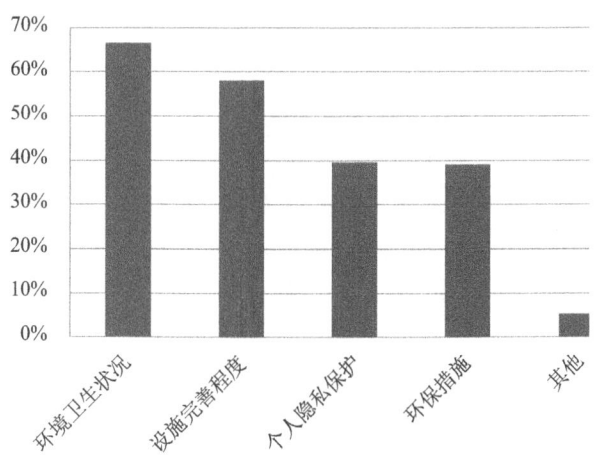

图 9.14 使用者在意的方面

(2) 市民对公厕存在问题的看法呈现多样化

随着城市化的快速推进,越来越多的农村户籍人口涌入城市,这对城市公共基础设施的要求也越来越高,所面临的问题也越来越多并呈现出多样化趋势。图 9.15 反映出了 12 个城市公厕存在的主要问题,最大的问题是数量少,分布不合理,比例高达 68.7%,卫生差,气味难闻、指示标志不明显、后期管理维护不到位、设施不全、面积小、过于拥挤、私密性差、收费高,比例分别为 55.3%、39.8%、32.2%、25.5%、25.3%、22.9%、7.1%,这说明对于城市公厕的规划建设及管理的投入力度应该加大。

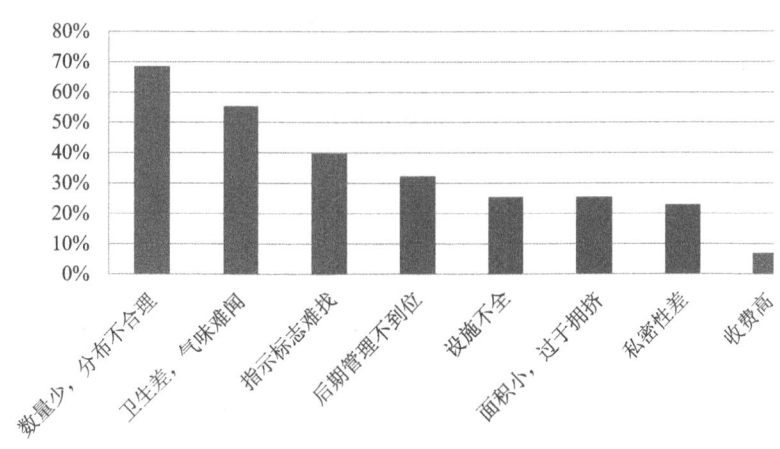

图 9.15 公厕存在的主要问题

对于是否应该加大对公厕的规划投入问题,从图 9.16 我们可以看到,认为必须的占比 29.0%,认为应该的达到了 50.1%,只有 18.7% 和 2.2% 的人认为无所谓和不应该,这说明市民对城市公厕的现有基础设施与维护的满意度较低,需要加大投入力度。特别是成都、泸州等作为旅游城市,外来游客多,人流量大,对公厕的需求量大,公厕的基础设施与维护就显得尤为重要。如果公厕这一最基本的公共基础设施建设不好,就会从整体上影响这个城市的形象,同时,要适应城市化的快速发展带来的影响,建设让人民满意的生态宜居城市,必须从群众的需求入手,提高公共服务的能力和水平。

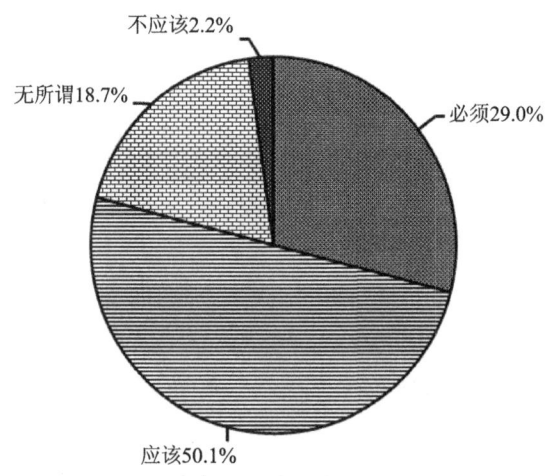

图 9.16　公厕规划和投入力度

6. 公厕整体状况的满意度分析

(1) 公厕总体布局满意度情况

如果你在城市中没有为如厕焦急过,那你一定是幸运的人了。城市中人口稠密,如厕排队屡见不鲜。如何解决城市的如厕问题,看似事小,实则不然。首先是数量及布局问题,厕所数量需求与人口密度呈正相关,人多则厕所需求大;厕所布局规划一定要合理,密度太大会浪费资源,密度太小又不能满足需求。所以,公厕的数量及布局应根据每个地区的人口分布和实际需求规划。调查中,市民对公厕总体布局的满意度情况如图 9.17 所示。

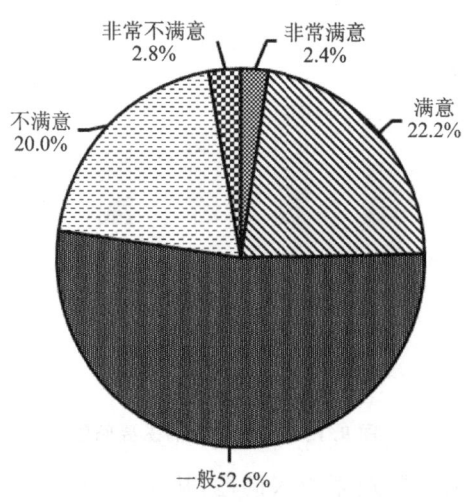

图 9.17　公厕整体布局满意度

图9.17数据显示,在公厕的整体布局满意度方面,有2.4%的受访者表示非常满意,22.2%满意,52.6%表示一般,20.0%不满意,2.8%非常不满意。由此可以看出,认为一般的所占比例最大,表示不满意以及非常不满意的占比超两成,公厕总体布局情况有待改善,需要当地政府做到科学规划、合理布局,以最大限度满足群众的日常需要。

（2）公厕整体设施配置满意度情况

城市公厕的设施配置水平反映了一个城市公厕建设的服务水平,也从另一个层面反映了一个城市的建设水平、经济发展水平以及市容市貌。因此,加大公厕设施的配置力度尤为重要。图9.18的数据反映出以下问题:一是总体满意度较低,对于公厕设施配置非常满意的仅占3.0%,满意的占21.5%,非常不满意的占9.0%,不满意的占12.5%;二是总体配置水平较低,54.0%的受访者认为设施一般,这说明一多半的人持中立态度。对此,当地政府应积极加大对设施配置的力度,同时还应积极进行民意调查,深入了解人民群众的真实需要,争取最大限度完善设施配置。

（3）公厕总体卫生状况满意度情况

前面的调查数据显示,城市公厕的卫生状况是市民最关心的一个方面,任何人都希望在使用公厕时有一个好的如厕环境,所以针对公厕环境卫生方面也做了相应的调查,具体数据如图9.19所示。

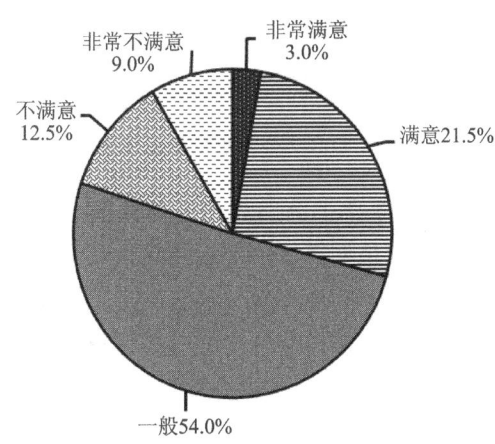

图9.18 公厕总体设施配置满意度

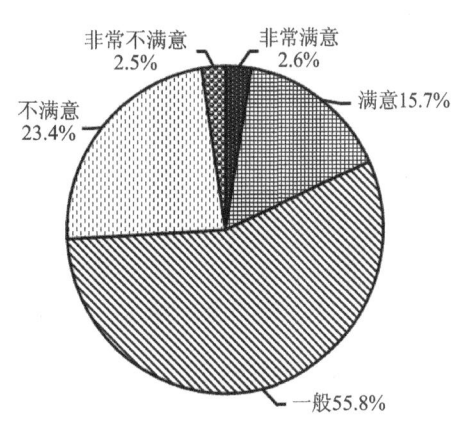

图9.19 公厕总体卫生状况满意度

从图9.19可以看到,对于公厕卫生非常满意、满意、一般、不满意、非常不满意的百分比分别为2.6%、15.7%、55.8%、23.4%、2.5%。这表明被调查城市的总体公厕卫生状况趋于一般甚至为不满意,故一方面当地政府应加大卫生整改,积极贯彻最新的公厕卫生条例,切实加强卫生管理;另一方面市民在如厕时也应保持厕所卫生环境的干净度。

（4）公厕管理维护总体满意度情况

根据《中华人民共和国城市公厕管理办法》第四章第十九条、第二十条、第二十一条的规定,城市公厕的管理与维护应当符合以下要求:第一,城市公厕的保洁,应当逐步做到规范化、标准化,保持公厕的清洁、卫生和设备、设施完好。第二,城市人民政府环境卫生行政主管部门应当对公厕的卫生及设备、设施等进行检查,对于不符合规定的,应予以纠正。

从图9.20公厕管理维护总体满意度数据显示,大部分受访者表示一般和满意,分别占

53.8%和24.1%,满意度总体趋于一般。部分受访者表示不满意和非常不满意,分别占15.8%和2.6%,说明管理方面还存在一些问题,仍需加强管理维修力度。城市公厕建设任重而道远,需要各级部门与人民群众共同努力,对于城市公厕的维护与管理应积极贯彻《城市公厕管理办法》的要求。

(5) 公厕总体状况满意度情况

城市公厕的总体满意度包括公厕的总体布局、设施配置、卫生状况、管理维护等多个方面,这些方面的总体满意度是对城市公厕建设情况的总体反映,具体情况如图9.21所示。

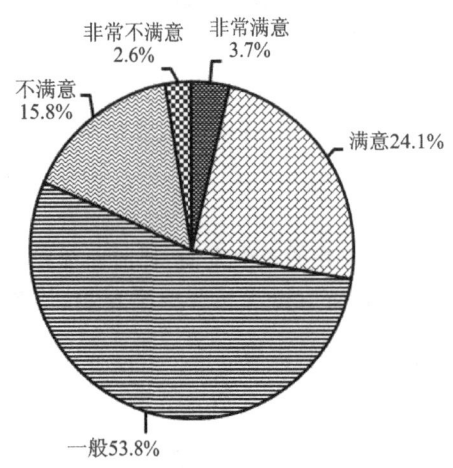

图9.20　公厕管理维护情况满意度　　　　图9.21　公厕总体情况满意度

从图9.21可以看到,63.6%的人满意度一般,这说明总体上公厕建设的整体满意度趋于一般;有近1/4的受访者表示满意和非常满意,这说明部分被调查城市的公厕建设还是有令人满意之处;但还有接近1/5的被调查者表示不满意和非常不满意,这说明仍存在一些问题有待改善,需要加大对城市公厕的统一规划建设和整体整改力度,建设让人民满意的城市公厕。

9.2.5　结论和建议

1. 结　论

1990年中华人民共和国建设部发布了《城市公厕管理办法》,随着时代发展和现代化建设的需要,国家又相继对该办法中的某些条款进行了修改。2001年"世界厕所组织"成立以来,中国积极参与其中,并分别于2004年、2011年在中国北京、海南举办了世界厕所峰会。2015年开始,全国各地又一次全面启动"厕所革命",各城市都在纷纷新(改)建公共厕所。由此可见,我国在为促进社会主义精神文明建设,加强城市公厕管理,提高城市公厕卫生水平,方便群众使用方面进行着不断努力。近年来,我国城市化和城市发展取得了长足的进步,但相比较而言城市公厕建设却严重滞后,存在许多问题。

① 缺乏统一的规划设计。很多城市对公厕未进行科学统一的规划设计,没有中长期的整体性规划,且公厕建设档次较低,与城市发展不协调,与城市环境格格不入。

② 数量不达标,布局不合理。从整体上看,在城镇化建设的推动下各地公厕数量明显增加,但由于城市发展速度较快,空间拓展也比较广,很多城市的公厕数量仍没有达到国家规定

的配备标准,市民也反映公厕难以找到。

③ 设施不齐全,缺乏人性化。一些公厕建设中没有配置盥洗台等必要设施,缺乏特殊人群的专用空间,如老年人、残疾人专用间,难以体现以人为本和人文关怀。

④ 缺乏管理与维护。许多城市重建轻管,缺乏专业保洁人员,公厕卫生不达标,后期管理跟不上,设施损坏严重。

⑤ 收费现象混乱。虽然国家已出台免费公厕的相关政策,但是许多城市的公厕仍然存在乱收费现象。

⑥ 男女厕位数量比例不合理。近年来,作为公共社会话题,男女厕位数量比例的问题被很多人关注。节假日,在商场、公园、景区等公共场所,女性经常遭遇上厕所排长队问题。

研究发现,绝大多数市民对于公厕的总体满意度趋向于一般,这种一般体现在公厕布局不合理、公厕设施不完善、公厕卫生不干净、公厕管理不到位等方面。在成都市区内,市民对公厕的整体满意度只有14.6%。成都市人民政府早在1992年就发布了《成都市公厕管理实施办法》,但是却没有很好地实施,公厕建设与城市的经济发展不协调。泸州市居民总体满意度较高,调查发现泸州市全市80多个城市公厕全部免费向民众开放,且公厕建设力度较大,说明泸州对城市基础设施建设较为重视,积极投入。眉山的公厕总体满意度也较高,说明眉山作为全国卫生城市、三苏故里、全国优秀旅游城市,充分利用紧邻省会成都这一执行区位优势及其旅游资源进一步建设全国宜居城市。而雅安市虽为旅游城市,居民的满意度较低,交通欠发达、旅游产业开发力度不足,经济较为落后,常年位于全省倒数,这很大程度上影响了其城市基础设施的建设。内江虽然紧邻泸州,但两市居民对于公厕的满意度差别较大,有以下几点原因:一是在建设工业城市还是旅游城市这个问题上定位不明确;二是在经济发展中过于偏向第二产业的发展,而忽略了民生建设和第三产业的发展,导致了民生建设较为滞后。广元素有四川北大门之称,多条铁路、高速公路通过且为全国十大宜居城市之一,对于城市基础设施建设较为重视,但由于经济发展较为落后,故城市基础设施建设水平一般。巴中虽有全国著名旅游城市之名,生态环境好、游客多,对于城市公厕的建设也较为重视,但由于经济发展较为滞后,公厕建设方面投入不够。南充作为四川的人口大市,城区建设面积大,人们对于城市公厕的需求较大,经济相对来说较好,故对城市公厕的建设投入力度大。绵阳作为中国唯一的科技城,经济较发达,按理说对于城市公厕建设应加大投入,但其第二产业所占比例较大,对于城市公厕的建设重视度较低。乐山有乐山大佛等著名旅游景点,但总体来说满意度较低,比较重视工业发展,而对于城市公厕的重视度不高。西昌位于高原地区,交通不便,地形相对闭塞,经济发展相对落后,所以公共基础设施建设较为落后,满意度较低。

2. 借　鉴

(1) 国外经验借鉴

世界上各发达国家,从解决公厕的数量入手到重视公厕的质量,甚至把厕所与饭厅同等看待。日本的自动如厕器在方便后可自动喷出暖水清洗、烘干,公厕可将人体排泄物在24小时内释成高级复合肥料,这既为人们提供了便利又健康环保;法国杜克思公司推出一种街头公厕,如厕的人们无不为它那内部清新无异味及提供的多种服务所吸引;有人说美国文明的三大标志是牛仔裤、可口可乐和抽水马桶,旧金山市引进欧洲电脑化自净公厕20间,引起了全国公厕大讨论。

发展中国家也开始重视公厕问题。如印度尼西亚30%人口居住的贫民区,公厕严重不足,政府已动员全国乡镇将在 21 世纪内新建 2 600 座公厕;印度公厕也从脏乱差到现在的公厕内多有民族风格的壁画,引导如厕者多往艺术方面发挥和联想。

(2) 国外经验启示

美国、日本、法国及发展中国家对我国城市公厕建设提供了如下启示:城市公厕应以社会效益为主、经济效益为辅,以为人民服务为根本立足点,以长远规划设计为战略着眼点,以加大政府投资为重要着力点,以充分发挥私人建设公厕和政府建设共同作用为关键切入点。推进管理制度改革,与民间资本相结合,吸收市民参与公厕建设管理和投资;完善相关法律法规体系,健全统一收费和管理制度;引入市场化机制,建立一批私人投资建设的公厕;加强公共基础设施的合作治理,充分发挥政府、企业及私人部门的资源优势,促进公厕建设的持续全面发展。

3. 建 议

城市公厕兼具生理代谢、卫生整理、休息乃至审美、文化、商业等多种功能,成为城市文明形象的窗口。为了政府能更好地发挥其职能,促进城市经济发展与城市基础设施的协调发展,进一步提升市民幸福指数,通过对国内外专家学者有关城市公厕对策的总结,结合本次调查的 12 个城市的具体现状和问题,提出如下建议:

第一,加强领导,落实责任,进行统一规划设计。规划部门应对城市公厕进行科学规划,调查已有厕所的使用情况、人流量的多少及公厕需求量大小等,对公厕现状进行实地考察后再进行改造建设,严格执行国家及地方环卫局、规划局有关文件的要求。政府部门应加强领导,充分落实各级党委、政府的责任,认真执行公厕建设的各项措施,强化责任意识,把公厕建设纳入改善民生的重要项目。

第二,完善内外部设施,提高"人性化"。公厕规划、建设、改造一定要坚持以人为本,把方便人们使用作为一个重要标准,应给予老人、儿童、残疾人等特殊群体的人文关怀。公厕要干净、卫生,有附属设施(卫生纸、冲水、洗手设施等)。公厕标志应当明显,方便市民寻找。总之,政府要加大资金投入,不仅在数量上,更要在质量上,提高市民的城市幸福感。

第三,提高女厕比例,试点建造无性别公厕。在美国,有 12 个州在 20 世纪 90 年代初通过了保证"如厕公平"的法案,法案要求兴建更多的公厕,并将女厕的数量增加两倍。实际上,早在 1989 年建设部出台的关于"城市环境设施标准"中就有明确规定:城市公共厕所男女厕位比例应达 2:3。基于女厕厕位不足的问题,上海首座无性别公厕呼之欲出。无性别公厕主要是为了进一步科学配置公厕男女厕位比,解决女性如厕排队时间过长问题。

第四,加快建立"第三卫生间"。第三卫生间也叫中性卫生间,是一种人性化厕所。设立第三卫生间是为了解决一部分特殊对象(不同性别的家庭成员共同外出,其中一人的行动无法自理)如厕不便的问题,诸如带着女童的父亲,带着年迈父亲的女儿,带着残疾伴侣的妻子/丈夫等情况的如厕尴尬。这种"无性别"的多功能卫生间在整合了残疾人卫生间、母婴卫生间等功能的同时,更大程度上发挥了各种资源优势。

第五,私人部门参与公厕的提供和经营,加强合作治理。近年来,许多城市的环卫部门将公厕拍卖当成了甩掉包袱、扩大收入的财源。通过拍卖等方式出让城市公厕经营管理权,由于管理上的不足出现了许多问题,但这种尝试的基本取向符合市场经济的运作要求。针对私人部门提供和经营公厕存在的问题,政府要做好自己的职能定位,要掌舵而不是划桨,引入市场化机制,拓宽基础设施建设的融资渠道,在加强与私人部门合作治理的同时做好监督管理工作。

第六,实行适当的收费和罚款制度。提高公厕管理水平和免费公厕面临双重考验。它既考验使用者的公德水平,又考验城市公厕的管理水平。一些城市公厕实行免费开放,结果出现不少问题:公厕内公物被毁损,水龙头和装饰画被盗走。收费罚款可以解决一些管理问题。以北京市为例,每个厕所的维护费、工人工资算起来每月至少要四五千元。若取消收费,政府补贴不够维持公厕运转,管理人员的积极性就会下降,厕所设施难免遭到不同程度的破坏。鉴于免费公厕面临着脏乱、破坏甚至成为吸毒犯罪黑窝的现状,无奈之下一些城市不得不恢复公厕收费,公厕的管理得到了改善。

第七,公厕的管理要标准化、规范化、制度化。市政管理部门要根据国家标准并结合本地的实际情况编制公厕管理维护标准,配套相应的监督考核办法,对公厕实行标准化、规范化管理。人民政府、地方人大等部门应出台关于城市公厕管理的规章制度,为城市公厕的管理提供强有力的法律支持。

第八,公厕设计应该文明化、现代化。公厕设计的最根本原则是要与周围的建筑和景观相协调,要让人们能接受,特别是一些历史文化名城的公厕建设应该体现出其文明化的气息。公厕最终服务的对象是人民大众,所以公厕设计方案应该让公众知晓并让公众参与,表达建议,这也是现代化的重要体现。人民是历史的创造者,是社会发展的主体,也是社会发展的动力源泉,人的发展、民生的发展已经成为时代关注的焦点。

9.3 案例评析

本研究采用"以小见大"的研究方式、"深入细致"的研究方法,本着"客观调查、实证分析"的原则,通过对四川省部分地市公厕使用现状和市民满意度的调查,以公厕这个具有代表性的公共设施作为研究对象,以小见大,反映城市基础设施的建设成效。根据问卷及实地调查的结果,客观分析当前四川省城市公厕建设管理现状及存在的问题,针对调查所反映的实际问题,参考市民意见和满意度分析,提出解决的具体方法和建议,旨在为加强基础设施建设和完善公共服务体系提供理论和数据的支持,提高政府相关管理部门对实际问题的关注度,加强城市基础设施建设,缩小区域差异,提高基础公共服务效率,塑造良好城市形象,实现公共利益最大化。

该作品在课程作业的基础上,经过进一步的补充调研和修改完善,在校级"挑战杯"竞赛中获得一等奖第一名的好成绩,顺利入选省赛候选作品。入选省赛后,学生团队利用假期时间,对项目调研区域和问卷数量做了进一步的扩大,从原有的8个地市拓展为12个地市,在调查对象的选取上更具有代表性,调查问卷数量也得到了成倍的增加,进一步提高了调查结果的可信度。团队成员为参赛作品的完成付出了极大的心血,但在省赛初评阶段却意外落选,失去了参与正式比赛的资格,没有进入最终的省级竞赛。后经团队内部总结及咨询相关专家意见,认为从该作品的完成度和规范性上已达到了入选省赛的要求,但相似选题在往届"挑战杯"课外学术作品竞赛中已出现过,从选题的新颖度及原创性方面存在一定的问题,缺乏必要的创新性和更高的学术价值。

这是本书所选案例中唯一一个没有获得省级奖励的作品,但在学生团队的投入度和作品的规范性上还是有值得肯定的地方。同时,该作品的最终成绩也提醒我们对作品构思和项目选题工作应给予更多的重视,对往届"挑战杯"获奖作品的选题方向和研究重点应进行深入的分析和总结。在考虑调查便利性和研究可行性的同时,对项目选题的创新性和实际应用价值给予更多的思考和关注。

参考文献

[1] 史慧芳,张彦军,朱子君.必备之所——城市公共厕所浅析[J].河北建筑工程学院学报,2009,27(1):44-46.

[2] 高钰.公共厕所指路牌设计要点[J].环境卫生工程,2016,24(1):61-64.

[3] 谢金宁,谭勇,刘怡妃.城市公共厕所布局合理性分析——以湘潭市雨湖区为例[J].环境卫生工程,2011,19(6):4-6.

[4] 张芮.城市规划中的公共厕所问题[J].硅谷,2008(22):87-88.

[5] 芦燕.省城116座公厕将全拍卖[N].济南日报,2006-03-07.

[6] 青木.德国公厕都让企业包了[N].环球时报,2003-12-03.

[7] 罗意云.关于"厕所革命"引发的思考[J].中山大学学报论丛,2006,26(7):21-24.

[8] 邹茜,廖利,吴丽.深圳市公厕规划建设研究[J].城市管理与科技,2006,8(6):263-266.

[9] 克莱拉·葛利德.全方位城市设计——公共厕所[M].屈鸣,王文革译.北京:机械工业出版社,2005.

[10] 倪玉湛.公共厕所双重属性的演变及其重要性浅析[J].山西建筑,2005(1):11.

[11] 傅崇兰,白晨曦,曹文明等.中国城市发展史.北京:社会科学文献出版社,2009.

[12] 吴江,黄欣."现代城市公厕设计策略研究"[J].包装工程.2007,(8).

[13] 张仙桥."公厕问题与公厕革命"[J].社会学研究,1996,(5).

[14] 林雄弟.城市公厕建设的理论思考[J].江苏城市规划,2007(6).

[15] 陈小韦.城市公厕建设存在的问题及对策[J].城市管理技术,2008(5).

[16] 沈嘉,栾吟今.厕所——城市文明的延伸[J].信息导刊,2003(2):20-22.

[17] 黎志涛.城市公厕刍议[J].新建筑,1994(4):49-50.

[18] 崔学纯.重视公厕建设,推动文明进程[J].当代建设,2001(2):59-60.

[19] 胥传阳,顾承华.公厕管理概论[M].上海:同济大学出版社,2005.

[20] 李子韦,柴晓利.公厕设计通论[M].上海:同济大学出版社,2005.

[21] 魏志春.公共事业管理[M].上海:上海教育出版社,2004.

[22] 李正刚.公共卫生间设计如何体现以人为本[J].工业建筑,2006(10).

[23] 胥传阳,顾承华.公厕管理概论[M].上海:同济大学出版社,2005:12-13.

[24] [美]凯文·林奇.城市意想[M].北京:华夏出版社,2002:1-2.